大模型

我的科普创作助理

杨文志　包明明　著

重庆大学出版社

图书在版编目（CIP）数据

大模型：我的科普创作助理 / 杨文志，包明明著
. -- 重庆：重庆大学出版社，2024.6
ISBN 978-7-5689-4513-4
Ⅰ.①大… Ⅱ.①杨… ②包… Ⅲ.①自然语言处理
Ⅳ.①TP391
中国国家版本馆CIP数据核字(2024)第111589号

大模型：我的科普创作助理
DAMOXING: WO DE KEPU CHUANGZUO ZHULI
杨文志　包明明　著

策划编辑：游　滨　　责任校对：关德强
责任编辑：陈　力　　责任印制：张　策
　　　　　王思楠　　内文制作：常　亭

重庆大学出版社出版发行
出版人：陈晓阳
社址：（401331）重庆市沙坪坝区大学城西路 21 号
网址：http://www.cqup.com.cn
印刷：重庆升光电力印务有限公司

开本：787mm×1092mm　1/16　印张：25.75　字数：334千
2024年6月第1版　2024年6月第1次印刷
ISBN 978-7-5689-4513-4　定价：78.00元

前　言

习近平总书记强调，科学普及、科技创新是实现创新发展的两翼，要把科学普及放在与科技创新同等重要的位置。人类历史的长河中，科技与文明始终是推动社会进步的强大引擎。如今，人类正处在百年未有之大发展、大变革、大调整的大变局时代，以人工智能为主要驱动力量的新一轮科技革命和产业变革，正在重构全球创新版图、重塑全球经济结构，世界多极化快速发展。当今世界之变无不源于科技，科技从来没有像今天这样深刻影响着国家前途命运，也从来没有像今天这样深刻影响着人民生活福祉。中国要强盛、要复兴，就一定要科技创新，实现高水平科技自立自强。我们正处在以中国式现代化全面推进强国建设、民族复兴伟业的崭新时代，迫切期待全面提升国家科普能力，推动科普高质量发展。与此相适应，知 AI（人工智能）、知科普、会创作、会对话，就成为新时代科普人的“应知应会”和标配。

新时代科普人，必须知 AI。习近平总书记 2023 年 5 月 5 日主持召开二十届中央财经委员会第一次会议，强调要把握人工智能等新科技革命浪潮。当今世界，未来已来，唯变不变，新一轮科技革命和产业变革深入发展，特别是生成式人工智能愈发成为驱动人类社会思维方式、组织架构和运作模式发生根本性变革、全方位重塑的引领力量，为我们创新路径、重塑形态、推动发展提供了新的重大机遇。信息技术革命正在以前所未有的速度和强度，深刻改变着世界，也必然会改变科普服务。

随着科技的不断发展，人工智能、云计算、物联网、大数据、虚拟现实等现代信息技术的应用，使智能、泛在、体验、对齐、抵达的科普服务成为现实，特别是生成式人工智能（Generative AI）已成为当今科技领域的热门话题。这种技术通过模拟人类大脑的工作方式，可以自主学习和创造新的内容，正在改变我们生成、获取和传播科学知识的方式，促使传统“科普人”退场。大模型的出现，改变了世界，改变了科普范式，改变了科普创作模式，改变了科普服务场景，开启了人机协同的科普创作新时代。在过去，科普工作者依靠自身的知识和经验进行创作，但如今，大模型不仅成为辅助科普创作的智能助手、智能工具，还是新时代“科普人”的伙伴和伴侣。大模型的加持，让新时代“科普人”如虎添翼，让科普的世界发生翻天覆地变化，我们再也回不到那个科普的从前。

新时代科普人，必须知科普。新时代，面向世界科技前沿、面向经济主战场、面向国家重大需求、面向人民生命健康，全面提高全民科学素质，厚植创新沃土，迫切需要发展高质量科普。高质量科普，本质上应该是有意义、有效率、开源、对齐、抵达的科普。在大模型时代，科普人的任务变得尤为重要，必须理解并遵循科普的原理和方法，必须确保所传播的科学知识是准确且可信的，应该以简洁明了的方式表达科学知识，避免使用过于专业化的术语和复杂的语言结构，可以采用故事化的手法来为科学知识增加趣味性和吸引力，必须根据不同受众的背景知识和兴趣来调整和定制内容，巧妙借助多媒体技术，如图片、图表、视频等，来更好地传达科学知识，及时了解最新的科学进展，并将其传播给受众。总之，在大模型的使用和传播科学知识的背景下，科普人必须坚持准确性、简洁明了、趣味性、个性化、多媒体应用和跟进科学进展等原则和方法，以确保科学知识能够被正确传播和理解，同时激发公众对科学的兴趣和参与。

新时代科普人，必须会创作。科普创作，是新时代高质量科普的基础和源泉。大模型的协同，使得科普创作不再只是“科普人”的专利，而是“科普人”与人工智能体的人机协同，科普创作也不是单纯的文字描述，而是可以通过自然语言处理、图像识别、语音合成等技术，以及强大的学习能力、内容生成能力、多模态的统一能力、与人类需求对齐能力等，实现更加生动、直观、多模态、个性化、实时性的科普表达。这种科普创作呈现的科普形式，使科普内容更加贴近受众的认知，更加符合不同受众的语言风格和表达方式，使科普内容表达更加有料、生味、有趣，不仅能吸引更多人的关注，而且以新科普的“千人千面”，改变着传统科普“千人一面”的状况，使科普的实时性、对齐性、人性化、个性化、有效性、抵达率等得到根本改变。

科普创作作为科学传播的重要环节，迫切需要变革。大模型的引入，使科普创作由按天计的“读天时代”，转变为大模型时代按秒计的“读秒时代”，科普创作的效率和质量得到显著增强，这为新时代科普传播带来更广阔的发展空间和更多的可能性。大模型加持科普创作和传播，有望彻底改变科普的“真相还没穿鞋，谣言已经走遍天下”的尴尬境遇。在传统科普创作和传播中，由于信息传播的速度和覆盖面有限，往往导致真相难以快速传播，而谣言却能够迅速扩散。大模型加持科普创作和传播，能够提高科普作品的质量和多样性，实现科普实时性回应、个性化推荐、对齐化传播等方式，有望解决传统科普中存在的传播滞后、谣言扩散等问题，彻底改变后真相时代科普的被动局面，为科普创作和传播带来革命性的变化。

新时代科普人，必须会与大模型对话。大模型本质上是一种人工智能体，是一种工具，它没有实际的“五官”，也没有实际的“四肢”和身体，感知科普创作者需求、感知现实情景、感知它自己的角色和它需要执行的任务，这一切都需要通过科普创作者的提示和请求来完成。大模型作为核心控制器，必须在科普创作者明确告知它所处的背景，并赋予它相应角色、执行的具体任务指令后，才能真正成为一种通用的、多功能的智能机器。也就是说，需要通过对话框，向大模型输入相关背景信息，并提出问题或请求，大模型才能发挥它的强大功能和作用。由此，大模型辅助科普创作中，与大模型的对话就变得无比重要，掌握对话要领，成为利用大模型辅助科普创作成败的核心和关键。

大模型辅助科普创作需要不断创新和大胆尝试。据本书作者的亲身体验，大模型在生成科普的文章、讲稿、讲解词、视频脚本、展览脚本、新闻稿、科技产品说明书等许多方面表现优异，会大大出乎人们的意料并颠覆其认知，也会给科普创作者带来极大惊喜。然而，正如李德毅院士等在《人工智能看智慧》一文中所言："智能脱离了人的意识、欲望、情感和信仰，拓展到体外存在，成为人工智能，成为人造工具和机器，长于思维，长于控物，长于具身行为，长于一以贯之的工具性。自操控的认知机器服从人赋予它的使命，以提高人类社会的生产能力，发展经济，这才是人类最需要的，也正是人类的智慧所在。机器无需达到、也不可能达到人之为人的那部分智慧。"[1] 的确，本书作者在实践中也深刻地体会到，大模型并非万能，目前还存在大模型之间良莠不齐、有些大模型的数据质量不高、有些大模型生成内容质量不高，以及独白（可能会无限循环生成相似的内容）、幻觉（可能会编造虚构的情节或信息）、失禁（可能会输出不恰当、冒犯或不合适的内容）、文本缺乏文采和情感等种种不足和问题，对此我们需要保持警惕，确保科普创作内容的准确性和可信度。科普创作者必须对大模型生成的科普内容进行审慎的审查和

1 李德毅，刘玉超，任璐. 人工智能看智慧 [J]. 科学与社会，2023, 13(4): 131-149.

修正，避免出现误导性的内容信息；同时，要认识到大模型辅助科普创作，并不是要替代传统科普创作，而是辅助、赋能、融合传统科普创作；还要认识到大模型不是科普创作的唯一工具，在实际应用中，科普创作可以根据具体情况选择其他合适的方法和工具；在使用大模型辅助科普创作时，我们还需要关注大模型在处理数据时可能存在的隐私和伦理问题，确保科普创作活动符合社会道德和法律规定。

为适应新时代科普高质量发展的新形势，满足大模型辅助科普创新的实际应用的迫切需要，本书作者基于长期和深入的科普经验，又在近期的亲身和深度体验基础上，将人工智能基本原理（知 AI）、科普理论方法（知科普）、科普创作技巧（会创作）、与大模型对话技巧（会对话）等四者深度融合和精准对齐，聚焦于大模型在科普创作中的广泛而深度应用，撰写了这本实用性工具书《大模型：我的科普创作助理》。本书系统介绍了人工智能基本原理及其对人类学习、工作、生活的深远影响，深刻揭示了科普的基本原理和科普创作方法，深入系统和详尽地解析了大模型辅助创作科普文章、科普讲稿、科普讲解词、说明书、科普活动方案等基本遵循和实用方法。

希望本书对科技人员、科技教师、科技传播者、科普员、科普工作者等从业者，以及大学生和研究生、初中和高中学生、科普志愿者等预期从业者的学习和培训有重要帮助，也希望对科普研究、科普管理、人工智能应用开发人员、大模型应用推广人员等的实际工作有所参考和帮助。

在编写过程中，本书作者借助了文心一言、讯飞星火、ChatGPT 等大模型，正是这种有效的人机协同，才使本书的内容更加丰富和精准，也使本书能在很短时间内高效率、高质量地顺利完稿。本书编写过程中，得到中国科协有关领导和同志的悉心指导和大力支持，在此表示衷心感谢！在本书撰稿过程中，参阅大量研究文献，并引用一些公开发布的文件、文献资料，在此也对文件起草者、文献作者表示衷心的感谢！

科普是不断迭代的伟大事业，大模型等人工智能发展远远没到尽头。由于作者的学识、经验、眼界等所限，不足之处在所难免，恳请专家、学者和广大读者批评指正。

本书作者

2024 年 2 月

目 录

第十五章　大模型辅助科普创作的管控

第一章

大模型带来的变革

当今世界，新一轮科技革命和产业变革突飞猛进，以 ChatGPT 为代表的大语言模型（LLM，简称大模型）声势浩大、迭代迅猛，引起广泛关注。科学研究的范式变革决定着人类探索未知世界的深度和广度，世界科学的发展正在进入全新的第五范式，而加速这场变革的重要驱动力就是人工智能领域涌现出的大语言模型。从通过实验描述自然现象的经验范式，到通过模型或归纳进行研究的理论范式，再到应用计算机仿真模拟解决科学问题的计算范式，人类发现科学规律的手段越来越依赖于海量科学数据的挖掘和更加智能化的推理计算。[1] 作为引领新一轮科技革命和产业变革的重要驱动力，人工智能正深刻影响和改变着人们的生产、生活和学习方式，这也是新时代给予科普的新命题。

人工智能革命浪潮

20 世纪 50 年代以来，人工智能技术经历了三次波澜（图 1–1）。第三次转折始于 21 世纪第二个十年，其特点是计算能力的大幅增长、大数据的广泛应用、新的算法和深度学习技术的进步，标志性事件则是 2016

1 张奇，桂韬，郑锐，等．大规模语言模型从理论到实践 [M]. 北京：中国工信出版集团、电子工业出版社，2024.

AlphaGo 下围棋胜过人类冠军。这些因素共同推动了人工智能领域的发展，促使智能系统在各个领域的广泛应用，人工智能正深刻地改变着人类的生活方式、学习工作方式以及社会结构，对全球政治、经济、社会、文化等发展产生了深远的影响。

人工智能的原理

人工智能（Artificial Intelligence，AI）是指由人类制造出来的具有类人智能、能够理解、学习、推理、适应和解决问题的系统。它是计算机科学的一个分支，旨在研究、开发和应用模拟、扩展和辅助人类智能的理论、方法、技术及应用系统。人工智能的目标是使计算机或其他设备，能够执行通常需要人类智能才能完成的任务，如语音识别、图像和自然语言处理，以及进行决策和解决问题等。其原理主要基于以下方面：

1. 知识表示与推理。知识表示是将现实世界中的信息转化为计算机能够理解和处理的形式。常见的知识表示方法有逻辑表示法、产生式规

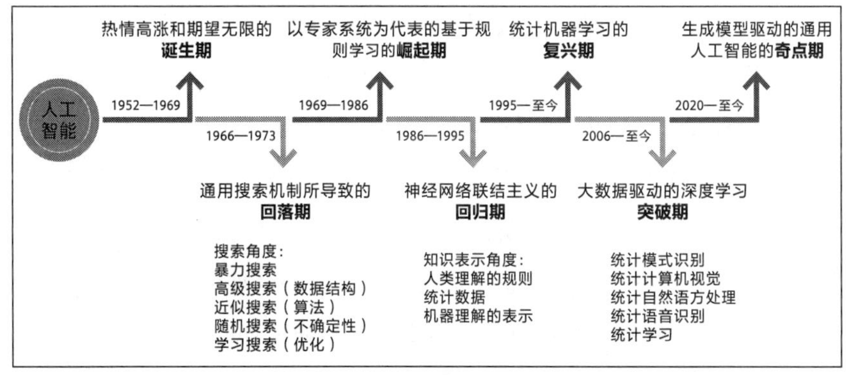

图 1-1　人工智能的发展历程

资料来源：张志华 . 现代人工智能：本质、途径和方向 . 统计之都 .

则表示法、语义网络表示法等。推理则是计算机根据已有的知识进行逻辑推断，从而得出新的结论。常见的推理方法有前向推理、后向推理、模糊推理等。

2. 机器学习。机器学习是人工智能的一个重要分支，它使计算机能够通过学习数据来自动改进其性能。机器学习的方法主要分为监督学习、无监督学习和强化学习。监督学习是通过已知的输入—输出来训练模型，使其能够预测未知数据的输出；无监督学习是在没有标签的数据中，寻找模式和结构；强化学习是通过与环境的交互，来学习如何做出最优决策。

3. 神经网络。神经网络是一种模拟人脑神经元结构的计算模型，它由大量的神经元（节点）组成，这些神经元之间通过连接（权重）进行信息传递。神经网络的基本单元是感知器，通过多层感知器可以构建出复杂的神经网络模型。神经网络在图像识别、语音识别、自然语言处理等领域已经取得丰富的成果。

4. 自然语言处理。自然语言处理（Natural Language Processing，NLP）是人工智能的一个重要应用领域，它主要研究如何让计算机理解和生成人类语言。自然语言处理的方法包括词汇分析、句法分析、语义分析、情感分析等。随着深度学习技术的发展，自然语言处理领域已经取得了很多突破性成果，如机器翻译、语音识别等。

5. 计算机视觉。计算机视觉是研究如何让计算机理解和处理图像及视频数据的科学。计算机视觉的主要任务包括图像识别、目标检测、目标跟踪、场景理解等。计算机视觉的方法包括特征提取、特征匹配、模式识别等。近年来，深度学习技术在计算机视觉领域已经取得重要突破，如卷积神经网络（Convolutional Neural Networks，CNN）在图像识别方面的应用。

人工智能的特点

人工智能的主要特点如下：

1. 智能性。人工智能系统具有一定的智能，能够理解、学习、推理和解决问题。这种智能性使得人工智能系统能够在一定程度上模拟和扩展人类的智能。

2. 自主性。人工智能系统具有一定的自主性，能够在特定环境下独立完成任务。这种自主性使得人工智能系统能够在无人干预的情况下进行学习和工作。

3. 适应性。人工智能系统具有一定的适应性，能够根据环境变化和任务需求进行调整和优化。这种适应性使得人工智能系统能够在不断变化的环境中保持良好的性能。

4. 交互性。人工智能系统具有一定的交互性，能够与人类用户进行有效的沟通和协作。这种交互性使得人工智能系统能够更好地为人类服务。

5. 泛化力。人工智能系统具有一定的泛化能力，能够将在某一领域学到的知识和技能应用到其他领域。这种泛化能力使得人工智能系统具有更广泛的应用前景。

人工智能的奇点

生成式人工智能的出现，堪称人工智能发展的奇点。生成式人工智能，又称为生成模型，是人工智能的一个重要子领域，它专注于使用深度学习技术来生成新的内容，即它通过学习大量数据和语言模式，能够自动生成全新的、真实的、有用的数据，包括文本、图像、音频和视频等。生成式人工智能的发展，被视为人工智能进步的重要标志，它的应用前景广阔，并且正在引起越来越多的关注，广泛应用于各个领域。

1. 在媒体制作领域，生成式人工智能技术能够帮助快速生成高质量的内容，提高制作效率和效果。例如，利用自然语言处理技术和深度学习技术，可以自动化地生成各种语言的新闻报道和体育比赛解说；利用图像识别技术和深度学习技术，可以自动化地处理和编辑各种图片和视频素材；利用语音识别技术和深度学习技术，可以自动化地转录和编辑音频素材。这些技术的应用将极大地提高媒体制作效率和质量，为媒体行业的发展注入新的动力。

2. 在科学研究和工程领域，生成式人工智能技术能够帮助模拟和预测各种复杂的现象和系统。例如，利用深度学习技术，可以自动化地处理大量的科学数据和工程数据，从中提取有用的信息和知识；利用自然语言处理技术和深度学习技术，可以自动化地分析和处理各种科研论文和技术文献；利用图像识别技术和深度学习技术，可以自动化地检测和识别各种工程设备中的缺陷和故障。这些技术的应用将极大提高科学研究和工程的效率和精度。

3. 在医疗保健领域，生成式人工智能技术能够帮助更好地诊断和治疗各种疾病。例如，利用深度学习技术，可以自动化地分析和处理医疗影像数据；利用自然语言处理技术和深度学习技术，可以自动化地分析和处理病历数据；利用图像识别技术和深度学习技术，可以自动化地检测和识别各种病变和肿瘤等。这些技术的应用将极大地提高医疗保健的效率和精度。

4. 在教育领域，生成式人工智能技术能够帮助实现个性化教育和学生辅导。例如，利用深度学习技术，可以分析学生的学习情况和难点问题；利用自然语言处理技术和深度学习技术，可以为学生提供个性化的学习资源和辅导方案；利用语音识别技术和深度学习技术，可以为学生提供语音交互的学习体验。这些技术的应用将极大地提高教育的质量和效率。

大模型时代到来

随着深度学习和神经网络技术的成熟应用，人类进入大模型时代。大模型具有强大的学习能力和表征能力，能够处理复杂的任务和数据，在自然语言处理、语音识别、图像识别等领域取得了重大突破，成为人工智能技术发展的重要转折点。

大模型的原理

大模型基于生成式人工智能的原理，是通过分析大量的文本数据来学习语言的规律和模式，然后根据已有的语言知识来生成新的文本。其主要基于以下技术：

1. 深度学习：深度学习是生成式人工智能的核心技术之一，它通过多层神经网络对大量数据进行无监督或半监督学习，自动提取数据中的特征和规律。深度学习的方法包括卷积神经网络、循环神经网络、长短时记忆网络等。

2. 生成对抗网络：生成对抗网络是一种特殊的深度学习模型，它由两个相互竞争的神经网络组成：生成器和判别器。生成器负责生成新的数据，判别器负责判断生成的数据是否真实。通过这种对抗性的训练过程，生成器能够逐渐学会生成越来越真实的数据。

3. 自然语言处理：自然语言处理是生成式人工智能的一个重要应用领域，它主要研究如何让计算机理解和生成人类语言。自然语言处理的方法包括词嵌入、序列到序列模型、注意力机制等。通过这些方法，生成式人工智能可以生成高质量的文本内容。

4. 图像生成：图像生成是生成式人工智能的另一个重要应用领域，它主要研究如何让计算机自动生成具有创新性和多样性的图像。图像生成是通过一系列规则算法、统计学算法以及深度学习，模拟现实世界的材质、颜色和形状等，生成具有逼真感的图像。通过这些方法，生成式人工智能可以生成高质量的图像内容。

大模型工作步骤主要包括：

1. 数据收集：首先，需要收集大量的文本数据作为训练样本。这些数据可以是书籍、文章、网页等各种形式的文本。

2. 预处理：在训练之前，需要对文本数据进行预处理，包括分词、去除停用词（如“的”“是”等常见的无意义词汇）、构建词汇表等操作，以便后续的处理和建模。

3. 构建模型：接下来，使用机器学习算法来构建大语言模型。最常用的方法是使用神经网络，特别是循环神经网络或变种（如长短期记忆网络）。这些模型可以通过学习输入文本序列中的上下文信息来预测下一个词的概率。

4. 训练模型：一旦模型构建完成，就可以开始训练了。训练的目标是使模型能够根据给定的上下文生成最可能出现的下一个词。为了实现这一目标，可以使用一种被称为“最大似然估计”的方法，通过最大化模型生成的词序列与真实词序列之间的相似度来优化模型参数。

5. 生成内容：一旦模型训练完成，就可以使用它来生成新的文本了。给定一个初始的上下文（可以是一句话或几个词），模型就会尝试预测下一个词，然后将其添加到上下文中，再预测下一个词，以此类推。这个过程可以持续生成任意长度的文本。

大模型的逻辑

大模型的基本逻辑是指在处理复杂问题时，将问题分解为更小、更易于处理的子问题，并通过将这些子问题的解决方案组合起来以解决原始问题。这种思维方式在计算机科学、人工智能和运筹学等领域中广泛应用。其基本逻辑如下：

1. 分解问题：大模型的基本逻辑首先要求我们将复杂问题分解为更小的子问题。这可以通过识别问题的关键组成部分和它们之间的关系来实现。例如，在解决一个复杂的优化问题时，将其分解为多个线性规划子问题。

2. 简化子问题：在将问题分解为子问题后，需要进一步简化这些子问题，以便更容易地找到解决方案。这可以通过引入一些假设或约束条件来实现。例如，在解决一个非线性规划问题时，通过线性化方法将非线性函数近似为线性函数，从而将非线性规划问题转化为线性规划问题。

3. 求解子问题：对于简化后的子问题，可以使用各种算法和技术来求解，包括数学优化方法、启发式搜索算法、机器学习算法等。求解子问题的关键是找到一个合适的算法，可以在可接受的时间内找到解决方案。

4. 组合子问题的解决方案：在求解所有子问题后，需要将这些子问题的解决方案组合起来，以得到原始问题的解。这通常涉及到将子问题的解，进行整合、调整和优化，以使它们满足原始问题的约束条件和目标函数。

5. 验证和调整：最后，需要验证所得到的原始问题的解决方案是否满足预期的要求。如果解决方案不满足要求，就需要回到前面的步骤，对问题分解、子问题简化或求解方法进行调整。这个过程可能需要多次迭代，直到找到一个满意的解决方案。

大模型的超能

据科学史学家和经济史学家的研究，人类历史上已经出现了 24 种通用技术，这些技术广泛应用于各个领域，极大地提高了劳动生产率。其中，只有少数几种技术被认为是文明层级的，如火的使用、电的使用和语言的出现。而现在，基于生成式人工智能的模型也被称为这种文明层级的技术[1]，其特点和能力可以用学霸、涌现、统一、思维链、对齐等词汇来表现。

1. 学霸：大模型作为一个学霸，其核心能力在于丰富的知识储备和广泛的学科涵盖。它可以在极短的时间内研究和理解各种学科领域的知识，从人文科学到自然科学，从历史到最新科技进展，都能深入挖掘并提供详尽的信息。其知识储备如同一个全才专家，可以轻松解答各种问题，总结传统和最新研究成果，并提供深入见解。大模型以其广博的学识，可以快速、准确地回答各类问题，在学术研究、科学探索、学习教育等领域都具有巨大的潜力。

2. 涌现：大模型的涌现能力指的是其在对话和文本生成过程中产生出令人惊奇且不断发展的新主题、新观点和新想法。它可以通过独特的信息整合和联想能力，产生丰富多样的创意内容，这种创造力和想象力

---

1 牛福莲，王强 . 对话清华刘嘉 | ChatGPT 意味着第二次认知革命的到来 [EB/OL]. [2023-10-12]. https://www.tisi.org/27026.

的涌现可能会超乎人类的预料。大模型生成的文本在深度上通过结构化的信息和语义理解，以及广泛的知识融会贯通，能够涌现出超越具体上下文的新观点和见解，推动语言和思维的创造性发展。

3. 统一：大模型的统一能力指的是其在对话和文本生成中，能够保持信息连贯性和逻辑一致性，使产生的内容在整体上显得条理清晰，不会出现矛盾或断裂。它通过复杂的语义理解和内在逻辑关联，能够整合各种信息片段和观点，形成一气呵成的完整论述。大模型的统一性保证了其所产生的内容在表达和逻辑上更具有可读性和可理解性，类似于人类的表达方式，这种能力在许多语言生成场景中具有极大的应用潜力。

4. 思维链：大模型的思维链，是指其能够构建和展示长期的思维链条，将情节、观点或信息表达链接成有机整体，并在这个整体中展现出清晰的逻辑和内在关联。它可以通过对文本的理解和生成，展示出复杂的思维链条，将各种信息和观点有机地连接起来，形成跨文本、跨主题的思维链条。大模型通过思维链的构建，可以深入挖掘复杂问题的本质和内在联系，有助于提出新的见解和拓展研究思路。

5. 对齐：大模型的对齐能力指的是其可以根据上下文和用户需求，实现信息和语义的精准匹配，生成准确且贴切的回答或表达。它通过对用户输入和话语背后的意图的有效理解，能够对问题进行准确解读，产生相应的回应或建议。大模型的对齐能力可以使其在各种应用场景下更加智能和贴心，能够真正地与用户交互、理解和生成有意义的信息。

大模型的类型

大模型在应用角度上可以细分为很多类型，每种类型都有其特定的特点和应用领域。以下是一些常见的大模型细分类型及其特点：

1. 语言模型：语言模型是用于处理自然语言文本的大模型，能够理解、生成和翻译文本。这些模型通常能够处理多种自然语言任务，如文本生成、问答系统、翻译和摘要生成等。语言模型广泛用于各种文本处理任务，包括自动文本生成、语音识别、机器翻译等。

2. 图像模型：图像模型是用于处理图像和视觉信息的大模型，能够识别、分类和生成图像内容。这些模型通常基于深度学习技术，能够处理大量的图像数据。图像模型广泛用于图像识别、目标检测、图像生成、图像分割等领域，如人脸识别、图像搜索和医学影像分析等。

3. 推荐模型：推荐模型是用于个性化推荐的大模型，能够分析用户行为和偏好，为用户提供个性化的产品或内容推荐。这些模型通常基于用户历史数据和内容特征进行训练。推荐模型广泛应用于电子商务、社交媒体、音乐和视频推荐等领域，如在线购物平台、视频流媒体服务和社交网络等。

4. 强化学习模型：强化学习模型是用于处理决策和控制问题的大模型，能够通过与环境交互学习最优的决策策略。这些模型通常能够解决复杂的动态系统建模和控制问题。强化学习模型广泛应用于自动驾驶、智能游戏、机器人控制等领域，如无人驾驶汽车、智能游戏代理和工业自动化等。

以上这些模型在应用层面常常也会集合于一体，构建成基于多模态识别的大模型。

大模型的用途

大模型有许多重要用途，主要包括（但不限于）以下方面：

1. 自然语言处理：大模型可用于自然语言理解、语言生成、文本分类、情感分析、问答系统等任务。大模型能够理解语言的复杂语义结构，生成高质量的文本和回答问题，有助于提升机器翻译、信息检索、对话系统等应用的性能。

2. 内容创作：大模型可以用于内容创作，包括生成科普内容、新闻报道、故事、诗歌、音乐等，帮助作者快速获取灵感，扩大创作的效率、范围和自由度。

3. 智能对话：大模型可以应用于智能对话系统，用于构建智能聊天机器人、虚拟助手等。这些系统可以用于科普、客户服务、教育、娱乐等领域，提供智能化的交流和咨询服务。

4. 知识问答：大模型可以用于构建知识问答系统，帮助用户在海量的信息中快速找到所需的答案。这对于科普咨询、搜索引擎、在线教育、专业咨询等领域都具有重要意义。

5. 个性化推荐：大模型有助于构建更精准的个性化推荐系统，能够基于大规模数据对用户行为和兴趣进行深度学习分析，提供更符合用户需求的推荐结果，从而改善电商、娱乐等领域的用户体验。

6. 科技创新：大模型可以应用于创新科技领域，如虚拟现实、增强现实、智能机器人等。它们可以通过自然语言交互，提供更智能、个性化的用户体验。

大模型改变世界

大模型具备强大的计算能力和学习能力，能够处理和分析大量的数据，从而为人类带来以生产力解放、创造力释放为特征、前所未有的革命。

智力释放

生成式人工智能作为一种革命性的技术，正在成为人类文明层级的通用技术之一，将极大地提高人类脑力劳动生产力。

1. 群体智能的涌现。在大模型时代，群体智能的涌现成为一个引人注目的现象。群体智能，指的是通过大量个体的集体行为、相互协作和信息共享，实现超越个体智能水平的智能表现。大模型具有处理海量数据、学习复杂模式、生成自然语言等能力，能够自动提取和整合来自不同领域、不同来源的信息。这使得大模型能够模拟和分析人类社会的各种复杂现象，包括群体行为、社会网络、信息传播等。这种技术的进步使得人们可以与模型进行自然的对话，并获得准确、多样、有逻辑的回答。通过充分利用大模型的能力，并与人类合作，群体智能可以在各个领域实现深入应用。

2. 脑力劳动生产力的提高。与工业革命解放了人类的体力劳动不同，生成式人工智能将极大地提升人类的创造力、想象力。通过使用生成式人工智能，人们可以更快速、更准确地生产知识和传播信息，从而实现知识生产的质的飞跃。这将为人类社会带来巨大的经济效益和社会效益。

3. 认识世界方式的改变。在过去，人们一直认为生产知识和认识世界规律是人类的专利。然而，随着生成式人工智能的发展，人工智能在某些领域的知识生产和创新能力已经超过了人类。这意味着，未来人类在很多领域可能都需要借助于生成式人工智能来获取知识和解决问题。

4. 推动科技发展和产业变革。随着生成式人工智能技术的不断成熟和应用，它将催生出新的产业和商业模式，从而推动整个社会的科技进步和经济增长。同时，生成式人工智能还将对教育、医疗、交通等传统行业产生深刻影响，促使这些行业实现数字化、智能化转型。

5. 带来社会发展的挑战和风险。例如，随着人工智能在知识生产和创新方面的能力不断提高，人类可能面临失业的风险；此外，生成式人工智能的普及还可能导致个人隐私和数据安全问题。因此，在发展生成式人工智能的同时，我们需要关注这些潜在的问题，并采取相应的措施加以应对。

人机协同

大模型时代，人类与机器之间的协同合作将变得更加紧密，人们可以通过与机器的交互，来实现更高效、更智能的工作和生活方式。

1. 大模型的出现正在推动人机交互的变革。“对话即平台”即将成为现实。通过提供自然、流畅、富有语义理解和知识表示能力的对话体验，大模型能够满足用户需求，并在多个领域得到广泛应用。

2. 机器具备超强的智能和学习能力。通过深度学习和神经网络等技术，机器可以从海量的数据中学习和提取规律，从而实现对复杂问题的解决和决策。这使得机器能够更好地理解和适应人类的需求，为人类提供更加个性化和精准的服务。

3. 大模型改变人类的工作方式。在过去，人们需要花费大量的时间和精力去处理繁琐的数据和信息，而现在，机器可以自动化地完成这些任务，从而解放了人们的劳动力。由此，人们可以将更多的时间和精力投入到创新和创造上，提高工作效率和质量。

4. 大模型带来新的商业模式和社会变革。通过大数据分析和预测，企业可以更好地了解市场需求和消费者行为，从而制定更加精准的营销策略和产品开发计划。同时，大模型还可以应用于医疗、教育、交通等领域，为人们提供更好的服务和体验。

范式改变

随着人工智能技术的广泛应用，科学研究领域正在经历一场革命性的变革。

1. 因果逻辑被相关逻辑取代：传统的基于因果逻辑的研究方法逐渐被基于大数据和相关性分析的新范式所取代。这种新范式更注重从数据中发现模式、预测趋势，而不是寻找因果关系。这就意味着在某些情况下，科学研究可能更注重“如何”而不是“为什么”，可能更关注大量的关联性数据而非因果关系的证明。

2. 实证逻辑被数据推断取代：传统的科学研究方法通常基于因果关系进行推理和验证。这种方法需要对研究对象进行实验或观察，并从中提取因果关系的证据。然而，这种方法在很多情况下是困难甚至不可能实施的。例如，某些现象的发生可能是由多个因素共同作用导致的，而这些因素之间的因果关系很难确定。此外，有些现象可能是非线性的，无法通过简单的因果关系来解释。因此，传统的研究方法在这些情况下可能无法提供准确的解释和预测。

基于大数据和相关性分析的新范式可以更好地应对这些挑战。通过收集和分析大量的数据，我们可以发现其中的模式和趋势，从而预测未来的发展。这种方法不需要直接证明因果关系，而是通过观察数据的相关性来推断变量之间的关系。例如，在金融领域，我们可以通过对历史交易数据的分析来预测股票价格的走势，虽然这样无法确定两者之间具体的因果关系，但可以通过观察数据中的相关性来做出预测。

3. 简单逻辑被复杂逻辑取代：这种新范式的优势在于它可以处理复杂的问题和大规模的数据集。传统的研究方法通常需要对数据进行简化和假设，以便能够进行因果关系的分析。然而，这种方法可能会导致信息的丢失和误导性的结论。相比之下，基于大数据和相关性分析的方法可以处理更复杂和真实的数据，从而提供更准确、全面的解释和预测。

4. 单一学科被跨学科领域融合取代：这种新范式还可以促进跨学科的合作和创新。传统的研究方法通常局限于某一学科领域，而基于大数据和相关性分析的方法则可以跨越学科的界限，将不同领域的知识和技术结合起来。例如，在医学领域，生物学家、统计学家和计算机科学家可以共同合作，通过分析大量的医疗数据来发现新的疾病模式和治疗方法。这种跨学科的合作可以促进知识的交流和创新的产生。

然而，也需要认识到这种新范式所带来的一些挑战和限制。首先，相关性并不意味着因果关系。虽然可以观察到变量之间的相关性，但这并不意味着其中一个变量是另一个变量的原因。因此，在使用这种新范式时，需要谨慎地解释和应用结果。其次，大数据分析需要大量的计算资源和专业知识，这对于一些研究机构和个人来说可能是一个挑战。最后，隐私和数据安全也是一个重要的问题。在进行大数据分析时，需要确保个人隐私的保护和数据的安全性。

颠覆认知

大模型时代，人类的认知世界将发生巨大的改变。

1. 暗知识的可访问性。大语言模型通过其强大的自然语言处理和机器学习能力，促使暗知识（也称隐性知识）显性化呈现。暗知识或隐性知识通常指的是那些难以用语言明确表达，但存在于个人或集体经验、直觉、判断和文化中的知识。这类知识往往难以被直接传授或学习，但却是许多领域创新和进步的关键。大语言模型通过语境理解、模式识别、知识推理、自然语言生成、交互式学习等方式，促使其隐性知识显性化，不仅提高了隐性知识的可访问性，还促进了知识的传播和创新，如图 1–2 所示。

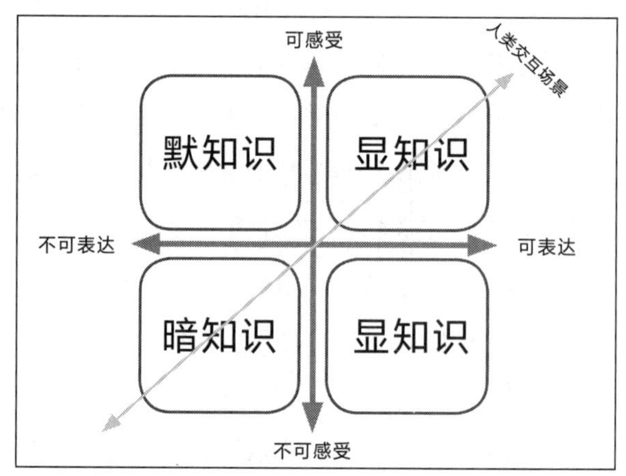

图 1–2　大模型时代的暗知识可访问性[1]

2. 大模型开启“世界三”。这一概念是由哲学家卡尔·波普尔提出的，按照他的分类，世界一是物理世界，世界二是心理世界，而世界三则是人类精神活动的产物，涵盖了知识、文化、艺术等各个层面。世界三，作为一个哲学上的概念，指的是人类精神活动的产物，包括思想、观念、理论、艺术作品等。波普尔认为世界一是物理世界，包括自然界和所有物理现象；世界二是心理世界，包括人类的思想、感情和意识等；而世界三则是人类精神活动的产物，即人类所创造的知识和文化的世界。大语言模型时代的来临标志着“世界三”的全新开启（见图 1–3）。在这个时代里，我们不仅可以更加便捷地获取和传播知识，而且可以通过与模型的互动参与到知识的创造过程中。同时，随着模型能力的不断增强和边界的不断扩展，世界三也将向更加广阔和深邃的领域发展。这无疑

1　喻国明，苏芳，蒋宇楼 . 解析生成式 AI 下的“涌现”现象 :“新常人”传播格局下的知识生产逻辑 [J]. 新闻界，2023(10): 4-11.

使我们迎来了一个充满挑战和机遇的新时代。

3. 正确性的重新定义。随着机器学习算法和大模型在决策和科学研究中的广泛应用，传统严谨的因果逻辑概念开始变得模糊。为了回应这个变化，需要重新思考正确性的定义，重新认识透明性和解释性的重要性。

对于正确性的定义，不能再仅仅依赖于确定性的因果逻辑。相反，需要通过理解算法的工作原理、数据质量，以及局限性来评估结果的可信度，同时也需要考虑到结果背后的模式和趋势的影响。这意味着人们需要更多地依赖于概率和统计学的方法来评估正确性，而非仅仅依赖于确定性的推理。

在透明性和解释性方面，需要采取更多的措施来确保机器学习算法和大模型的决策过程是可解释和透明的。这可能涉及设计更具解释性的模型结构，提供更全面、通俗的文件和报告，以便科学家、研究者和公

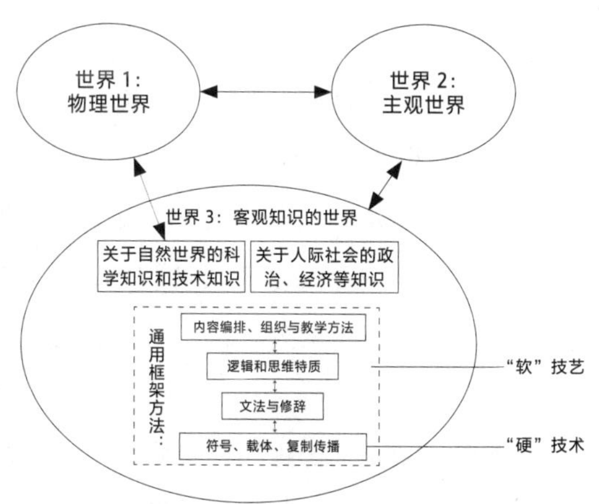

图 1-3 大模型时代开启的世界三[1]

1 郭文茗 . 人工智能时代的教育变革 [J]. 北京大学教育评论 , 2023, 21(1): 62-82.

众能够更好地理解算法的决策过程和结果。此外，也需要开发更多的工具和方法来评估和验证算法的结果，并为其理解、决策提供合理的解释。

知识平权

大模型时代，标志着知识与技术的平权时代的到来。这种平权不仅体现在普及了的知识和技术，也体现在更广泛的技术开发和创新参与者。这一趋势将为社会带来更多的创新和进步，推动知识和技术更加平等的共享和应用。

1. 知识和信息的获取更加便捷和高效。通过搜索引擎、智能推荐系统等工具，人们可以快速地获取到所需的知识和信息，不再受限于传统的渠道和方式。这使得知识和信息的获取更加平等，每个人都有机会获得优质的教育资源和专业知识。

2. 加速知识的共享和传播。以语言模型为例，人们可以利用大型语言模型来进行翻译、创作、编程等工作，而不需要对庞大的语言和文本知识库有过多的专业了解。这使得普通人也能够利用先进的知识库进行工作和学习，推动了知识的普及和技术的创新。

3. 开源和开放加速技术的演进和应用。由于大模型的开放，越来越多的研究者和开发者可以共享更多先进的技术，进行二次开发和创新。这种开源精神有助于加速技术的进步，并促进了更广泛的技术应用，从而推动了技术的平权化。

4. 知识和技能的学习更加个性化和灵活。传统的教育模式往往是一对多的教学方式，学生需要按照固定的课程和教材进行学习。而在大模型时代，人工智能可以根据个人的学习情况和需求，提供个性化的学习内容和方式。这使得每个人都可以根据自己的兴趣和能力进行学习，不再受限于传统的教育模式。

5. 促进知识和技术的共享和合作。通过开放的数据接口和平台，不同的研究机构和个人可以共享自己的数据和模型，进行合作研究和创新。这种共享和合作的模式可以加速知识和技术的发展，促进社会的共同进步。

6. 加速技术和创新的民主化。在过去，许多高级技术和知识库只能由少数专家和机构掌握，而现在大模型的普及使得更多人可以利用这些曾经的稀有资源，专注于创新性的工作。这种民主化的技术创新使得更多人有机会参与科技进步，推动了技术的平权化。

世界竞合

大模型时代，各国都意识到人工智能技术的重要性，并投入大量资源进行研发和应用。国家间的竞争主要体现在技术创新、数据资源、人才争夺等方面。

1. 技术创新是竞争的核心。人工智能技术的发展需要不断的创新和突破。各个国家都在加大对人工智能研究的投入，推动技术的前沿发展。例如，美国的硅谷和中国的技术巨头都在积极投资人工智能领域的研究和开发，争夺技术领先优势。

2. 数据资源是竞争的支撑。人工智能技术的训练和应用需要大量的数据支持，各个国家都在积累和整合自己的数据资源，以提供更好的训练数据和应用场景。例如，中国拥有庞大的互联网用户群体和丰富的社交媒体数据，都使得中国在数据汇集、数据整合方面具有一定的优势。

3. 人才争夺是竞争的根本。人工智能领域的人才需求非常旺盛，各国都在争夺全球顶尖的科学家和工程师。一些国家通过提供优厚的薪酬和福利待遇，吸引海外人才回国发展；同时，一些国家也在加强本土人才培养，提高自身的创新能力和竞争力。

4. 各国也越来越期待合作。由于人工智能技术的复杂性和高度专业化，各国之间存在互补性和合作机会。通过合作，可以共享资源和技术，加快研究进展和应用推广的速度。例如，国际合作可以促进数据的共享和交流，提高模型的性能和泛化能力；同时，合作也可以推动标准的制定和规范的建立，促进技术的互通和互认。

伦理挑战

人工智能涉及隐私和数据安全、偏见和歧视、就业和社会影响、透明度和解释性、责任和法律问题等方面，需要建立相应的法律和伦理框架来引导和管理人工智能的应用。

1. 隐私和数据安全：人工智能技术需要大量的数据进行训练和学习，而这些数据往往涉及个人隐私。例如，语音识别、人脸识别等技术可能会泄露个人的敏感信息。因此，如何保护个人隐私和数据安全成为一个重要的伦理问题。

2. 偏见和歧视：人工智能模型的训练数据可能存在偏见和歧视，这会导致模型在决策和推荐过程中产生不公平的结果。例如，招聘系统可能会因为训练数据的偏见而拒绝某些候选人；推荐系统可能会因为用户的偏好而忽略其他群体的需求。因此，如何消除偏见和歧视成为一个亟待解决的伦理问题。

3. 就业和社会影响：人工智能技术的广泛应用可能会导致一些岗位的消失，从而对就业市场和社会造成影响。例如，自动驾驶技术的发展可能导致司机的失业；机器人的应用可能导致一些工人的被替代。因此，如何应对就业和社会影响成为一个重要的伦理问题。

4. 透明度和解释性： 人工智能模型往往是黑盒子，难以解释其决策和推理过程。这使得人们无法理解模型是如何做出决策的，也无法验证其结果的准确性和公正性。因此，如何提高模型的透明度和解释性成为一个关键的伦理问题。

5. 责任和法律问题： 人工智能技术的应用涉及一系列的责任和法律问题。例如，当自动驾驶车辆发生事故时，谁应该承担责任？当人工智能系统做出错误的决策时，谁应该负责？这些问题需要制定相应的法律和规范来解决。

大模型的深远影响

大模型发展和广泛应用正在对人类文明产生深远的影响。目前，大模型的影响远远没有结束，而只是刚刚开始。

政治军事

大模型可以分析大量的政治和军事数据，帮助决策者更好地了解国际关系、战略动态和历史趋势。这种数据驱动的分析有助于制定更有效的外交政策和军事战略。大模型对政治军事领域正在产生深远的影响，主要体现在以下方面：

1. 决策支持： 大模型可以通过分析大量数据，为政治军事决策提供有力支持。例如，通过对历史战争案例的分析，预测未来可能的战争走向和结果，从而为决策者提供有价值的参考。

2. 情报收集与分析：大模型可以用于收集、整理和分析各种情报信息，帮助军方更好地了解敌情、掌握战场态势。此外，大模型还可以通过自然语言处理技术，实时分析社交媒体等公开信息来源，及时发现潜在的威胁。

3. 战略模拟与规划：大模型可以用于进行战略模拟和规划，帮助军方评估不同战略方案的优劣，从而制定出更合适的作战计划。同时，大模型还可以根据实时战场情况，自动调整战略部署，提高作战效果。

4. 无人作战系统：大模型可以应用于无人作战系统，如无人机、无人舰艇等，提高这些系统的自主性和智能化水平。例如，通过大模型训练的无人作战系统可以实现自主识别目标、规划路径、执行任务等功能。

5. 军事训练与教育：大模型可以用于军事训练和教育领域，提高军事人才的培养质量和效率。例如，虚拟现实技术结合大模型，可以为军事学员提供更加真实、高效的实战模拟环境。

6. 心理战与舆论引导：大模型可以用于心理战和舆论引导，通过网络舆情监控和分析，及时发现和应对敌对势力的心理战和舆论攻击。同时，大模型还可以用于制定有效的舆论引导策略，提升国家形象和国际地位。

经济社会

大模型的发展对经济社会正在带来诸多积极影响，同时也需要面对相关的挑战和问题。主要涵盖（但不限于）以下方面：

1. 提高生产效率：大模型可以通过分析大量数据，为企业提供生产、销售、供应链等方面的优化建议，从而提高生产效率。例如，通过对市场需求的预测，企业可以提前调整生产计划，避免库存积压或缺货现象。

2. 促进创新：大模型可以帮助企业进行产品研发和创新。通过对大量专利、论文等技术信息的分析，企业可以发现潜在的技术趋势和研究方向，从而制定出更有针对性的创新策略。

3. 优化资源配置：大模型可以用于分析各种经济数据，为政府和企业提供有关资源配置的建议。例如，通过对交通流量、能源消耗等信息的分析，可以为城市规划和基础设施建设提供有力支持。

4. 提升金融服务水平：大模型在金融领域的应用可以提高金融服务水平。例如，通过对金融市场数据的实时分析，可以为投资者提供更加精准的投资建议；通过对信贷风险的评估，可以为银行等金融机构提供更加合理的信贷政策。

5. 促进就业：大模型的发展将带动相关产业的发展，为社会创造更多的就业机会。例如，大模型的研发、应用和维护需要大量的技术人员，这将为计算机科学、数据分析等领域的专业人才提供更多的发展空间。

6. 提高生活质量：大模型在医疗、教育、交通等领域的应用将提高人们的生活质量。例如，通过对大量病例数据进行分析，可以为医生提供更加精确的诊断建议；通过对教育资源的整合和优化，可以为学生提供更加个性化的学习方案。

7. 影响劳动力市场：大模型的发展将对劳动力市场产生一定影响。一方面，大模型的应用将取代部分偏技能型的工作，导致部分人失业；另一方面，大模型的发展将创造新的就业岗位，需要更多创新型的人才。因此，政府和企业需要关注劳动力市场的结构性变化，加强职业培训和教育改革，以适应新的发展需求。

教育学习

大模型对教育学习的影响是多方面的，主要体现（但不限于）在以下方面：

1. 个性化学习：大模型可以根据学生的学习基础、兴趣和能力提供个性化的学习内容和建议。通过分析学生的学习历史和表现，模型可以推荐适合学生的教学资源和学习路径，帮助学生更高效地学习和掌握知识。

2. 自适应评估：传统的评估方式通常是通过考试或作业来评判学生的学习成果。然而，这种方式往往无法全面准确地反映学生的能力和潜力。大模型可以通过分析学生的写作、口语和阅读能力，提供更准确和全面的评估结果，帮助教师更好地了解学生的学习情况，并及时调整教学策略。

3. 智能辅导：大模型可以作为智能辅导工具，为学生提供实时的学习指导和解答问题的支持。无论是在课堂上还是在自主学习中，学生都可以随时向模型提问，并获得即时的回答和解释。这种个性化的辅导方式可以帮助学生更好地理解和消化知识，提高学习效果。

4. 跨学科学习：大模型可以帮助学生进行跨学科学习。通过整合不同领域的知识和信息，模型可以帮助学生建立跨学科的思维模式，培养其综合分析和解决问题的能力。例如，学生可以利用模型来探索科学、历史、文学等领域之间的联系和交叉点，从而拓宽自己的学习视野。

5. 创造思维培养：大模型可以为学生提供创造性思维的培养环境。通过与模型的交互和对话，学生可以激发自己的创造力和想象力，提出新的观点和想法。同时，模型还可以提供反馈和建议，帮助学生改进和完善自己的创作作品。

6. 教学资源的丰富化：大模型能够生成各种形式的教育资源，包括教科书、作业、测验题目、论文指导等。这种丰富的教学资源可以为教师和学生提供更多的选择和灵感，丰富教学内容和方法。

7. 跨语言交流和学习：大模型可以帮助学生突破语言障碍，通过自然语言处理和翻译技术，促进不同语言背景的学生之间的交流与学习，扩大他们的知识视野。

8. 教学创新和教学方法改革：大模型的语言生成能力为教学创新提供了更多可能。教师可以利用大模型生成的教学素材以及提供的教学建议进行课堂教学，开展更多有趣、富有创造性的教学活动，从而提高课堂互动率和教学效果。

科学研究

大模型对科学研究的影响是多方面的，主要体现（但不限于）在以下方面：

1. 加速研究进程：大模型可以帮助科学家进行数据分析、模型构建和预测等工作，从而加速科学研究的进程。例如，在天文学领域，通过对大量天文观测数据的分析，大模型可以帮助科学家发现新的恒星、行星等天体；在生物学领域，通过对基因序列的分析，大模型可以帮助科学家研究基因的功能和演化规律。

2. 促进跨学科研究：大模型的应用有助于打破学科界限，促进跨学科研究的发展。例如，在社会科学领域，大模型可以用于分析社会网络、舆情等信息，为社会学、心理学等学科提供新的视角和方法。

3. 提高实验效率：大模型可以用于设计和优化实验方案，从而提高实验的效率。例如，在材料科学领域，通过对大量实验数据的分析，大模型可以为科学家推荐最佳的实验条件和参数；在药物研发领域，通过对大量化合物的分析，大模型可以为科学家预测潜在的药物靶点和作用机制。

4. 辅助理论发展：大模型可以为理论发展提供有力的支持。例如，在物理学领域，通过对大量实验数据的分析，大模型可以帮助科学家验证或修正现有的理论；在经济学领域，通过对大量经济数据的分析，大模型可以帮助经济学家发现新的经济规律和现象。

5. 解决复杂问题：大模型可以帮助科学家解决复杂的科学问题。例如，在气候科学领域，通过对全球气候系统的模拟和分析，大模型可以帮助科学家预测未来的气候变化趋势；在生物医学领域，通过对大量病例数据的分析，大模型可以帮助医生发现疾病的潜在原因和治疗方法。

6. 影响科研政策：大模型可以为政府和企业提供有关科研发展的决策依据。例如，通过对科研项目的评估和预测，大模型可以为政府和企业提供有关科研投资的建议；通过对科研成果的分析和评价，大模型可以为政府和企业提供有关科研成果转化的策略。

工作职业

大模型对工作职业的影响是多方面的，主要体现（但不限于）在以下方面：

1. 改变职业结构：随着大模型的发展，一些传统的、重复性较高、缺乏创造性的工作可能会被智能化取代，从而导致职业结构的变化。例如，在制造业领域，智能化生产线的普及可能导致部分工人失业；在客服领域，智能客服系统的出现可能减少人工客服的需求。同时，大模型的发展也将催生新的职业，如数据科学家、机器学习工程师、数据标签员等。

2. 提高生产效率：大模型可以帮助企业优化生产流程、降低成本，从而提高生产效率。例如，在物流领域，通过对大量运输数据的分析，大模型可以为物流公司提供最佳的运输路线和调度方案；在金融领域，通过对大量交易数据的分析，大模型可以为银行提供精准的风险评估和信贷决策。

3. 促进创新：大模型的应用有助于激发创新思维，推动各行各业的发展。例如，在设计领域，通过对大量设计作品的分析，大模型可以为设计师提供新的灵感和创意；在医疗领域，通过对大量病例数据的分析，大模型可以帮助医生发现新的治疗方法和药物靶点。

4. 提高工作质量：大模型可以帮助员工提高工作效率和质量。例如，在市场营销领域，通过对大量消费者行为数据的分析，大模型可以为营销人员提供精准的目标客户定位和营销策略；在教育领域，通过对大量学生学习数据的分析，大模型可以为教师提供个性化的教学建议和辅导方案。

5. 影响职业培训与发展：大模型的应用将对职业培训和发展产生影响。一方面，企业需要为员工提供与大模型相关的技能培训，以适应新的工作环境；另一方面，个人也需要不断提升自己的技能和知识，以应对职业发展的挑战。

6. 引发伦理和道德问题：大模型的发展将引发一系列伦理和道德问题，如数据隐私、算法歧视等。这些问题需要社会各界共同关注和讨论，以确保大模型的健康发展。

未来人才

大模型对未来人才的要求是多方面的，主要体现（但不限于）在以下方面：

1. 技术领域的深度知识：随着大模型应用面的日益广泛和应用深度的与日俱增，未来人才需要掌握大模型背后更多的人工智能知识，包括深度学习、自然语言处理、计算机视觉、强化学习等方面的专业知识。

他们需要能够理解和利用大模型的原理和算法，同时具备优化和调整大模型的能力，以满足不断变化的应用需求。

2. 跨学科知识与创新能力：大模型的应用涉及多个学科领域，因此具备跨学科知识和创新能力的人才将具有更大的竞争优势。这包括对计算机科学、数学、统计学、经济学等领域的深入了解，以及对新技术和新方法的敏锐洞察力。具备这些能力的人才能够更好地将大模型应用于实际问题，推动各行各业的发展。

3. 沟通和团队合作能力：在大模型的研发和应用过程中，未来人才需要具备良好的沟通和团队合作能力，能够与不同背景的人合作，包括工程师、数据科学家、产品经理、业务人员等，共同推动大模型的研发和应用，最终实现技术成果的商业化和实际应用。

4. 伦理与道德素养：大模型的发展将引发一系列伦理和道德问题，如数据隐私、算法歧视等。因此，具备良好的伦理与道德素养的人才将更受重视。这包括遵守法律法规，尊重他人的权益，关注社会公益，以及在面对伦理困境时能够做出明智的决策。

5. 终身学习能力：大模型的发展日新月异，因此具备终身学习能力的人才将更具竞争力。这包括保持对新技术和新知识的敏感度，不断学习和更新自己的知识体系，以及在实践中不断总结经验，提高自己的能力和素质。

伦理法律

大模型对伦理法律的影响是多方面的，主要体现（但不限于）在以下方面：

1. 数据隐私与安全：大模型的开发和应用需要大量的数据，这可能涉及个人隐私和数据安全问题。例如，在医疗领域，大模型可能需要分析患者的病历、基因等敏感信息；在金融领域，大模型可能需要分析用户的交易记录、信用评分等私密数据。因此，如何在保护个人隐私和数据安全的前提下，合理利用这些数据，成为伦理法律面临的重要挑战。

2. 歧视与公平性：大模型的决策过程往往基于大量的历史数据，这可能导致算法歧视现象的出现。例如，在招聘领域，大模型可能会根据过去的招聘数据，对某些群体产生不公平的偏见；在信贷领域，大模型可能会对某些特定群体（如低收入人群、农村居民等）生成歧视性的信贷决策。因此，如何确保大模型的公平性和避免算法歧视，成为伦理法律需要关注的问题。

3. 责任归属与法律责任：大模型的决策过程往往是黑箱操作，难以解释其具体的决策依据，这可能导致责任归属不清和法律责任界定困难。例如，在自动驾驶领域，如果发生交通事故，究竟是由驾驶员还是由大模型承担法律责任？在医疗领域，如果大模型给出的诊断建议导致患者受到损害，究竟是由医生还是由大模型承担责任？这些问题需要在伦理法律层面进行深入探讨。

4. 伦理道德规范与监管：大模型的发展将引发一系列伦理道德问题，如生命伦理、环境伦理等。因此，需要建立相应的伦理道德规范和监管机制，以确保大模型的健康发展。例如，在生物科技领域，需要制定严格的基因编辑伦理规范，防止滥用基因编辑技术；在人工智能领域，需要建立跨学科的伦理委员会，对大模型的研究和应用进行监督和评估。

5. 国际合作与法律法规协调：大模型的发展涉及多个国家和地区，因此需要加强国际合作和法律法规协调。例如，在跨境数据流动方面，需要制定统一的数据保护法规，确保数据的安全和合规性；在知识产权方面，需要加强国际专利保护和技术转移合作。

第二章

大模型时代的科普

大模型的出现，为新时代的科普带来了前所未有的机遇与挑战。一直以来，科普被视为一门重要技能，科普创作被视为科普作家的专利，大模型的出现将这一切彻底改变。这迫使我们必须重新思考，新时代科普人的价值和未来科普的走向。

新时代科普概述

科普是国家和社会采取公众易于理解、接受、参与的方式，普及科学技术知识、倡导科学方法、传播科学思想、弘扬科学精神的活动。实质上，科普就是把人类已经掌握或正在探究形成中的科学知识、科学方法，以及融入其中的科学思想和科学精神，通过各种有效的手段、方式和途径，广泛地传播和普及给广大公众，并为广大人民群众所了解、掌握和理解，从而提高公众科学文化素质的过程。[1]

1 杨文志 . 当代科普概论 [M]. 北京 : 中国科学技术出版社 , 2020: 1.

科普的基本原理

科普的第一原理或基本逻辑是“让公众轻松理解科学”，即将复杂的科学概念和原理，转化为简明易懂的语言和视觉形式，使公众能够轻松理解。其基本逻辑如下：

1. 简化科学概念和原理：将复杂的科学概念和原理转化为简明易懂的语言和视觉形式，避免使用过多的专业术语和复杂的数学公式。

2. 故事化的叙事表达方式：通过讲述有趣的故事、案例或实际生活中的例子，将科学知识融入故事情节中，增加公众的兴趣和参与度。

3. 应用多媒体和多模态：利用图像、视频、动画等多媒体形式来呈现科学内容，使信息更加直观生动，提高公众的理解和记忆效果。

4. 互动性和参与性：通过举办科普讲座、展览、实验室参观等活动，让公众能够亲身参与其中，进行实践操作和观察，增强对科学知识的体验和理解。

5. 跨学科的整合：将不同学科领域的知识进行整合，展示它们之间的关联和相互影响，帮助公众更好地理解科学的全貌和应用价值。

6. 科学传播的多样化渠道：利用互联网、社交媒体、移动应用等多种渠道进行科学传播，使科普内容能够更广泛地传播到公众中去。

7. 激发好奇心和创造力：通过提出问题、引导思考等方式，激发公众的好奇心和求知欲，培养他们的科学思维和创造力。

8. 科学文化素养的培养：科普的目标是提高公众的科学素养，使他们具备科学的基本知识和方法，能够理性思考和判断科学问题。

9. 持续创新和反馈改进：科普工作需要与时俱进紧追科学知识和技术前沿，同时建立反馈机制，了解公众的需求和反馈意见，不断改进科普的内容和形式。

科普的基本特点

科普本质上是面向公众的大众化科学活动，科普的内容须具有科学性、时代性、通俗性，科普的过程离不开科学家、科技专家的参与，科普的成效集中体现在提高全民科学文化素质上。

1. 科学性是科普的灵魂。 科学性是指科普过程中涉及的概念、原理、定义和论证等内容的叙述是否清楚、确切，历史事实、任务以及图表、数据、公式、符号、单位、专业术语和参考文献写得是否准确，或者前后是否一致等，科普内容是否符合客观实际，是否能反映出事物的本质和内在规律，论据是否充分，实验材料、实验数据、实验结果是否可靠等。科学性是科普的根、科普的魂，也是科普的最低要求。无科学就无科普，科普不能似是而非，也不能模棱两可，更不能是错误的。[1] 全媒体时代，虚假科学新闻和谣言传播速度极快，影响面甚广，危害颇深，正所谓“当真理还在穿鞋，谣言已走遍天下”，因此，尤其要更加强化科普传播内容的科学性。[2]

2. 科普始终以公众为中心。 科普是一项面向全体公众的社会教育活动，依靠群众，发动群众，从群众中来，到群众中去，走群众路线是当代科普的生命线。[3] 这关键在于提供清晰、准确、易于理解的科学内容产品，让科普做到“四贴近”，即贴近公众需求、贴近公众生活、贴近公众偏好、贴近传播媒介，以促进新时代科普的高质量发展。贴近公众需求需要耐心和适应不同的受众群体，贴近公众生活需要将科学知识与公众

---

1 刘嘉麒 . 科学性是科学普及的灵魂 [J]. 科普研究 , 2014, 9(5): 5-6.

2 易潇，杨虞波罗 . 院士该不该做科普 [EB/OL]. [2017-4-14]. http://it.people.com.cn/n1/2017/0414/c1009-29211935.html.

3 杨文志 . 当代科普概论 [M]. 北京 : 中国科学技术出版社 , 2020: 25.

的日常生活联系起来，贴近公众偏好需要提供机会让公众参与到科学实践中，贴近传播媒介需要通过科学传媒和社交媒体平台。

3. 通俗性是科普的关键。科普的通俗性，就是科普要说人话，即指科学知识的普及和传播，通过简单易懂的语言向公众介绍。通俗性能够降低科学知识的门槛，让更多人有机会接触和理解科学；通俗性可以促进科学知识的广泛传播和应用；通俗性能够增强科学知识的可信度和说服力，说人话有利于把科学知识与日常生活联系起来，突出实用性。

4. 连接性是科普的基础。科普的连接性是指科学内容与目标公众的有效性连接。科普即科普内容 + 科普表达（或科普产品）+ 科普连接 + 科普受众，本质是服务，是科学内容与目标公众的连接。[1] 连接性是科普的基础，没有连接就没有科普。连接使科学内容更容易被理解和接受，连接能够促进科普工作者与公众的双向交流与互动，连接还可以激发公众的兴趣与好奇心。

科普的各种理解

随着科技文明发展，当代科普争奇斗艳、繁花似锦。无论在国际学界，还是在各国实践层面，新时代科普呈现出多元的发展趋势，类科普概念丛生，类科普活动繁荣，呈现一派科普发展欣欣向荣的局面。

1. 公众理解科学。公众理解科学是指科技共同体为赢得公众对科学、技术、工程，以及正在从事和开展的科学研究的理解，开展相应的科技传播、普及活动，以促进公众对相关科技知识、科学方法和本性的理解，对科学的社会作用，以及科学与社会之间关系的理解，提高社会对科技

1　杨文志 . 当代科普概论 [M]. 北京 : 中国科学技术出版社 , 2020: 1.

事业的支持。

1945 年 8 月 6 日，第二次世界大战末期，美国在日本广岛、长崎两地分别投掷了原子弹，这是人类历史上首次将原子弹投入实战，使得科技这把双刃剑的另一面毫不留情地展现了出来。这首先引起科学家们的忧虑和思考。1962 年美国生物学家蕾切尔·卡逊的著作《寂静的春天》揭示环境污染对生态的广泛而深刻的影响，在社会公众中掀起洪涛巨澜。随后的生态环境问题、三哩岛事件、博帕尔毒气泄漏事件、切尔诺贝利核电站事件等接踵而至，社会公众要求理解科技的呼声逐渐响亮。20 世纪 80 年代中期开始，在英、美、澳等国兴起被称为公众理解科学的科普运动。在公众理解科学语境下，科学家及科学团体比以往任何时候都更加注重科学的全面价值，更加意识到自己肩上的社会责任，这是科普成熟的标志。[1]

2. 科学教育。科学教育是指通过现代科技知识及其社会价值的教学，让学习者掌握科学概念，学会科学方法，培养科学态度，懂得如何面对现实中的科学与社会有关问题，并做出明智抉择，以培养科技专业人才，提高全民科学文化素质为目的的教育活动。教育与科普有着紧密的关系，教育是科普的基础，科普是教育的继续和补充。

教育是科普的基础，教育不普及就谈不上科技的普及。科普属于非正规教育的一种形式，其重点在科技方面的教育，科普是校外教育的继续和延伸，且是校内教育的必要补充。没有当代科普的补充和继续，公众在学校正规教育中所学到的知识就会老化、得不到及时更新，就会落后时代，不能适应当代生产和生活的需要，甚至沦落为功能性文盲。同时，随着社会的进步和科学教育事业的发展，特别是随着 STEM 教育、

1 杨文志 . 当代科普概论 [M]. 北京 : 中国科学技术出版社 , 2020: 12.

科学教育加法的推行，科普与正规教育已紧密结合，科普已经进入学校的正规教育和系统之中，成为与正规教育配合的不可缺少的重要组成部分。

3. 科学传播。科学传播是指科技共同体和公众通过平等互动的沟通交流活动，或通过各种有效的传播媒介，将人类在认识自然和社会实践中所产生的科学、技术及相关的知识，在包括科学家在内的社会全体成员中传播与扩散，以引发人们对科学的兴趣和理解，促进科学方法和科学思想的传播，科学精神的弘扬，增进全社会的科学理性。在实践和研究过程中，科普、科学传播等术语，经常被交替使用。[1]

科学传播意味着有双向的互动交流，即传播者和被传播者应该处于平等地位。在科学传播过程中，媒介是不可或缺的重要力量，随着互联网等新媒体技术的发展，公众获取信息的渠道越来越便利，媒体在科学传播方面也必须适应这种变化。

4. 技术推广。技术推广是指将新技术或现有技术的应用推广到更广泛的领域或群体，包括向公众、企业、政府或其他组织传播和推广技术知识，促进技术的采用和应用。技术推广的目标通常是在社会、经济或科学领域中推动创新，并促进技术与人们的生活、工作和环境的更紧密结合。这涉及培训、教育、宣传、合作等活动，以便更有效地传播和应用新的科学和技术成果。

科普中包含着技术知识的普及，科普的范畴比技术推广要广泛得多。在目的性方面，当代科普的目的强调的是科学理性，提高公众科学文化素质，把经济效益包括其中。技术推广可以帮助公众提高技能水平、提升职业技艺、增加收益、增强自信。公众在获得实惠的同时，极大地

1　刘兵，宗棕．国外科学传播理论的类型及述评 [J]. 高等建筑教育，2013, 22(3): 142-146.

增强公众对科技的认知，增强热爱科技、渴望科技、学习科技、应用科技的愿望，为开展科普打下良好的群众基础和社会基础。

5. 科学幻想。科学幻想，又称作科学虚构，简称科幻，是指基于科学文化的超现实图景的创造性想象和这种想象形成的思维结果，是科学性遐想和艺术性幻想的融合结晶。如吴岩在 2016 年中国科幻大会的报告中指出的，科学幻想是一种特殊的想象，依据科技新发现、新成就以及在这些基础上可能达到的预见，用幻想艺术的形式，描述人类利用这些新成果完成某些奇迹，表现科技远景或社会发展对人类自身的影响。通常科幻也被纳入大科普的概念中，科幻以人类想象力为基础，以科学逻辑知识为准绳，将广阔的宇宙世界、未来世界与人类心灵世界相联系，致力于思考全人类都关心的终极问题，是国家创新能力提升的重要标志。

高质量科普的本质

新时代，面向世界科技前沿、面向经济主战场、面向国家重大需求、面向人民生命健康，全面提高全民科学素质，厚植创新沃土，迫切需要发展高质量科普。高质量科普，本质上应该是有意义、有效率、开源、对齐、抵达的科普。

1. 有意义的科普。有意义的科普是指注重科普的目标性，注重科普对公众的真正意义与价值，注重科普对民族复兴的时代价值引领，并能够更清晰、更精准地向大众普及科技知识、弘扬科学精神、传播科学思想、倡导科学方法，从而提高公众科学文化素养的一种方式。这是科普高质量发展的根本目标和最高纲领，其特点如下：

- 目标导向。有意义的科普应该具有明确的目标导向性，即明确地传达特定的科学知识或概念，达到特定的教育目的。有意义的科普注重有针对性地向公众传授新的科学知识，使公众能够跟上科学的发展脚步。有意义的科普注重提高公众理解和评估科学信息的可靠性和真实性的能力，这有助于公众具备做出明智决策的能力，避免受到伪科学和谣言的误导。有意义的科普注重培养公众的科学思维能力，能够帮助个人进行理性思考和问题解决，引导公众学会提问、质疑和探索，培养他们对科学的兴趣和探索精神。有意义的科普注重与公众的日常生活和社会问题相结合，帮助公众更好地理解和应对面临的问题，例如健康问题、环境问题、科技应用等。

- 以人为本。有意义的科普注重以人为本，这意味着将人的需求、兴趣和理解能力放在科普的核心位置。有意义的科普关注民众的需求和利益，通过关注人们关心的问题和感兴趣的话题，以人为本的科普能够真正拉近科学与公众之间的距离，激发他们对科学的兴趣和探索欲望。有意义的科普强调交流与互动，通过互动的活动、实验和案例分析，人们可以更好地理解和应用科学原理，通过回应听众的问题和困惑，将科学知识与现实生活联系起来，使知识更加有意义和实用。有意义的科普注重培养科学思维和批判性思维能力，鼓励听众主动参与科学探索，提供解决问题的框架和方法，以帮助人们发展科学的思考方式。

- 价值引领。有意义的科普，注重让公众了解到最新的科学发现、理论和研究成果，增加对世界的认知，促进科学素养的提升。有意义的科普，注重帮助公众了解到各个领域的科学知识，拓宽他们的视野，获取到更加全面的信息，了解世界的多样性和复杂性。有意义的科普，不仅仅是传授知识，更重要的是培养人们的科学思维能力，让公众学会运用科学思维的方法来思考问题，培养批判性思维和创新能力。有意义的科普，注重促进公众参与科学活动，让公众了解到科学家的研究过程和方法，了解到科学家们面临的问题和挑战，以更好地理解科学研究的重要性和科学家的工作，激发公众的兴趣和参与度。有意义的科普，注重提高公众对科学问题的关注，并激发公众对环境问题、健康问题、科技伦理等社会问题的责任感，引导公众了解科学对社会发展的重要影响，并增强每个人对社会发展和可持续发展的责任感。

2. 有效率的科普。有效率的科普是指花更少的时间，快速抵达公众，并能够清晰、准确地向大众普及科技知识、弘扬科学精神、传播科学思想、倡导科学方法，从而提高公众科学素养和科学认识的一种方式。其主要特点如下：

- 快速抵达：有效科普能够迅速将科学知识传递给大众，并以简洁、清晰、易懂的方式有效地提高公众的科学素养和科学认识水平。通过多样化的传播方式、突出核心信息、易于分享和传播以及故事性和互动性的特点，可以实现科普内容的快速抵达，满足公众对于快速、准确、有趣的科普需求。

- 清晰易懂：有效的科普应该以简单明了的语言表达科学知识，避免使用专业术语和复杂的概念，使普通大众易于理解。科普内容应该使用通俗的语言，并通过生动形象的比喻和例子来帮助读者更好地理解。

- 准确可靠：有效的科普应该基于科学事实，确保内容的准确性和可靠性。科普作者需合理利用权威的科学研究结果和可信的数据来源，确保所传播的科学知识是经过科学验证的，避免误导读者。

- 有趣味性：有效的科普应该激发读者的兴趣，使其乐于接受科学知识。科普内容可以通过故事性的叙述、丰富的插图和多样的表达方式来增加趣味性，吸引读者的注意力，提高科普的吸引力。

- 具实用性：有效的科普应该与读者的现实生活密切相关，具有实用性。科普内容应该涉及当下社会热点问题或与读者生活密切相关的科学知识，帮助读者解决实际问题，提升他们的科学素养和科学认识。

• 多样表达：有效的科普应该采用多样化的形式传播科学知识，如文字、图片、视频等多种形式的表达方式，以满足不同读者的需求。同时，有效的科普还应该鼓励读者参与互动，例如提出问题、回答问题、进行实践等，增强读者的参与感和学习效果。

3. 开源的科普。开源科普是指通过开放共享的方式传播科学知识，使更多的人可以理解和参与科学。随着互联网的普及，科学领域的共享更及时、更普遍，特别是人工智能的发展，例如生成式人工智能、大语言模型等的加持，开源科普已经成为新时代科普发展的必然走向。开源科普是指将科学知识以开放的方式共享给公众，打破科技知识壁垒，让更多人能够理解和参与科学领域的讨论与研究。

• 开放共享。它倡导将科学知识以开放的形式发布和传播，使用自由和开源的工具和平台。由此，任何人都可以免费获得相关的科学知识资源，还可以自由地使用、修改和分发这些资源。开源科普通过开放的知识共享平台，使得科学知识更加易于获取和传播。开源科普可以借助互联网上的科学数据库、科学论文和科学图书馆等资源，将科学知识以免费、开放的方式提供给公众。这种模式打破了传统科普阻碍传播的地理和时间限制，使得科学知识能够迅速传播到全球各个角落，提高了科学知识的普及率。科普开源能够促进科研与社会的融合。科学研究是为解决人类社会中的问题而存在的活动，而科普开源可以帮助科研资源更好地应用于社会生活中。通过将科研资源开放给公众，可激发公众的创新思维和参与意识，从而实现科研成果的快速转化和应用。科普开源可以促进科研与工业、教育、医疗等领域的深度融合，为社会带来更多的创新与发展机遇。

• 互动和参与。它鼓励读者或观众积极参与到科普活动中，通过提问、讨论和实践来深入理解科学知识。开源科普活动往往通过互联网技术实现与用户的互动，例如在线论坛、社交媒体和网络直播等。开源科普鼓励公众参与科学研究和科学讨论。在传统科普模式下，科学知识的传播往往是单向的，公众只能被动地接受科学知识。而在开源科普中，公众可以参与到科学项目中，通过众包的方式提供数据或意见，与科学家进行交流和讨论。这种参与式的科普模式不仅使公众更加深入地理解科学，也促进了科学家与公众之间的交流和合作。

- 透明度和可追溯性。开源科普倡导将科学发现的过程和数据进行公开，让读者或观众能够理解科学研究的方法和推理过程。同时，这也有助于他们进一步追踪和验证科学知识的可靠性和准确性。开源科普还可以提高科学知识的质量和可信度。开放科学时代，科学研究成果发表后需要经过同行评议和公众审查。同样，科普内容在开源科普平台上也会接受公众的评价和审查。这种开放的评价机制可以促进科普内容的准确性和可信度，防止不准确或误导性的科学知识传播。

- 多元化和开放性。它鼓励科学知识的多样化表达和传播，以满足不同读者或观众的需求。开源科普可以通过文字、图片、视频、动画等多种形式呈现，同时还鼓励多样化的观点和解释方式，以促进科学知识的共享和交流。开源科普通过开放的知识共享平台、公众参与和评价机制等手段，提供了更加广泛、深入和可靠的科学知识传播方式，有助于将科学知识普及给更多的人，并促进科学家与公众之间的互动与合作，大大降低了获取科研资源的门槛。以往，科研资源往往被限制在狭窄的科研圈子中，普通公众很难获得。而科普开源可以使公众更加直接地获取到最新的科研成果和数据，从而拓宽了科学知识的传播范围。

4. 对齐的科普。对齐的科普，也称需求导向的科普，是指科普活动与国家发展战略、社会需求和科技创新方向高度契合。这种科普活动不仅是为了普及科学知识，更重要的是将科学知识和国家发展需求、社会实际需求有机结合，使其成为科技创新和社会进步的有力推动力量。其特点主要体现在以下方面：

- 公众个体的科普需求。主要包括：不同个体对科普所需的知识内容、形式和深度有不同的需求。他们可能希望获得解答个人问题或满足个人兴趣的科学知识，也可能希望通过科普获得能力提升、自我学习和持续发展的机会。他们倾向于选择易理解、实用性强的科普内容。公众个体可能希望将科学知识应用于日常生活、健康管理和环境保护等方面，以改善自身生活品质。

- 社会大众的科普需求。主要包括：社会大众对科学知识的需求更加全面，包括基础科学知识、科学方法和科学进展等。他们追求对科学问题的深入理解和全面认知。社会大众可能希望参与科学决策、公共政策制定，并希望有能力评估科学信息的可信度和应用价值。社会大众希望培养科学思维、批判性思维和逻辑推理的能力，以更好地理解和应对现实世界中的科学问题。

- 组织机构的科普需求。组织机构包括教育机构、科研机构、企业等，它们的需求主要包括：教育机构需要科学知识和科学教材，以便开展科学教育和培训活动，提高师生的科学素养。科研机构和企业需要了解最新的科学研究成果、技术发展趋势等，以促进科技创新和产品研发。

- 党和国家的科普需求。党和国家对科普有着特殊的需求，主要包括：希望通过科普工作提高公众的科学素养水平；希望通过科普工作促进创新意识的培养和创新能力的提升；需要科学知识来支持公共决策的制定；需要通过科普工作促进高素质科技人才培养；需要通过科普工作倡导构建科学文化，将科学与文化传统相融合。

5. 抵达的科普。高质量科普，是精准科普、赋能科普，其本质是科学内容的抵达、公众人文关怀的抵达。

在科学内容的抵达方面，其主要体现为：

• 易于理解。抵达意味着科学需要变得易于理解和接触。科学知识往往涉及复杂的概念、术语和理论，但科普的目标是将其转化为更加通俗易懂的形式，使非专业人士也能够轻松理解。这可能涉及使用简单明了的语言、生动形象的例子和比喻，将抽象的概念与日常生活和经验联系起来。

• 需求相关。抵达意味着科学需要与现实问题直接相关。科普的目标是将科学知识与人们关心的问题相结合，解答人们在日常生活中遇到的疑惑，并提供有用的信息和建议。科普内容应该与现实问题贴近，关注环境保护、健康科学、科技创新等领域，以满足人们对实用知识的需求。

• 趣味相投。抵达意味着科普需要关注受众的需求和兴趣。不同人群对科学知识的接触和理解能力有所不同，因此科普内容应该针对不同的受众群体，采用适当的方式和形式进行传播。科普可以通过图文并茂的文章、图表、视频、讲座、博物馆展览等多种形式呈现，以满足不同受众的需求和喜好。

• 授人以渔。抵达意味着科普需要强调科学方法和思维的培养。科普不仅要传递科学知识，更重要的是培养人们运用科学方法进行思考和解决问题的能力。科普内容应该包括科学思维的基本原则、实证研究的过程和方法，以及批判性思维和逻辑推理的训练，以帮助人们培养科学素养和批判性思维能力。

在科普的人文关怀抵达方面，主要体现为：

• 满足不同公众的兴趣需求。不同的人对科学的兴趣和理解程度有所不同，他们可能具有不同的背景知识和学习风格。了解科普受众的特点和需求，科普工作就可以更加精准地制定内容和形式，使科学知识更易于理解和吸收。此外，有效地满足公众的需求，可以增强他们对科普的兴趣和参与度，提高科普工作的影响力和可持续性。

- 满足不同公众的接受偏好。科普工作需要使用简明易懂的语言和形式，通过各种渠道传达科学知识。了解接受科普的人的语言习惯、传播偏好和信息获取渠道，可以选择合适的媒介和传播方式，提高科普信息的可接受性和可传播性。同时，积极与接受科普的人进行互动和反馈交流，可以建立良好的科普品牌形象，促进科普信息的有效传播和持续传承。

- 满足不同公众的困惑偏见。在科普过程中，可能会出现公众对某些科学知识存在误解或偏见的情况。通过与接受科普的人进行深入沟通和交流，可以了解他们的疑问和观点，并提供科学准确的解释和回答。通过针对性科普工作，可以及时纠正错误观念，促进科学理性思维和科学素养的提升。

- 满足不同公众的参与态度。不同公众对科普的参与态度可以因个体差异、兴趣爱好、教育程度和文化背景等因素而不同。一些公众对科普非常感兴趣，并且积极主动参与；另一些公众可能对科普持有较为冷漠的态度；还有一部分公众可能对科普持有怀疑或抵触的态度。通过针对不同情况来制定策略，从而激发他们的科普参与热情。

科普范式的迭代

科普范式是一种科普的模式或范例，旨在促进科学知识和概念的传播与理解。这种范式通常包括简化的科学解释、生动的案例展示、与受众之间的互动以及引发思考的方式。它可以通过各种媒体形式传播，如书籍、电视节目、科普展览等。在不同的时代和社会背景下，科普范式会随着科学知识和社会需求的变化而进行迭代更新，以反映当代科学进步和受众的需求。随着大模型的发展和广泛应用，科普范式随之改变。

大模型的加持

目前传统科普范式包括：科学中心（现代科技馆）、科学博物馆、科学展览、科普书籍、科学电视节目、科学演讲与讲座、新媒体形式等。在生成式人工智能（大模型）的加持之下，科普范式正在由经验驱动科普向数智驱动科普急速转换（见图 2-1）。

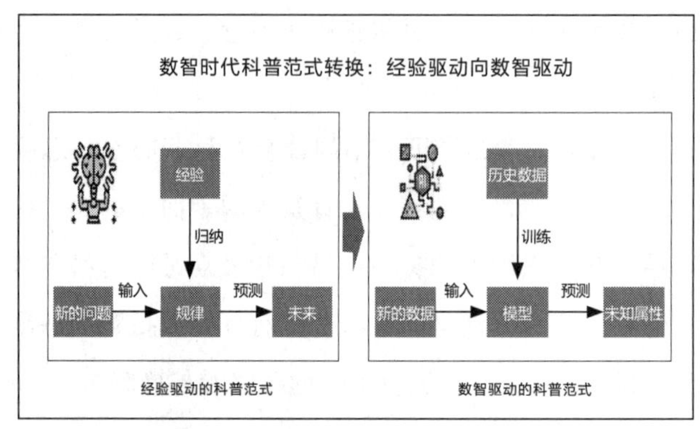

图 2-1　大模型时代科普范式的迭代

1. 大模型成为便捷的科普工具。传统的科普内容生产方式往往要查阅很多资料，花费大量的时间和资源，而有了大模型加持后，科普内容可以精准命题，快速地生成，大幅缩短了科普内容的生产周期。

2. 大模型改变科普传播的方式。大模型可以给科普传播者提供更精准的答案。在面对一些复杂问题时，可以通过对大量文本的学习，提供更深入的解答。

3. 大模型抹掉科普的中间环节。大模型可以根据公众的需求，生成符合他们需要的科普内容，帮助公众了解和掌握各个领域的基础知识。

4. 大模型也带来挑战和问题。首先，模型的训练数据可能存在偏见或错误。如果模型从不准确或不公正的数据中学习，那么生成的科普内容也会带有相应的问题。此外，大模型还存在着潜在的滥用风险，比如用于虚假信息的生成或用于作恶。

总之，大模型对科普的影响主要还是积极的，它能够提供方便的科普工具，帮助科普传播者更好地传播知识，提供精准的答案，并推动科学知识的普及。然而，仍然需要保持警惕，确保大模型的使用不会滥用或产生不利影响。

经验科普范式

经验驱动的科普范式，简称经验科普，是指通过讲述和分享个人或他人亲身科学经历，来传播科学知识的一种方法。这种范式的核心思想是通过过去的科学经验来吸引公众的科学注意和兴趣，使科学知识更易于理解和接受。它是一种人格化的科普范式，其典型表现为“千人一面”。其主要特点如下：

1. 亲身经历：强调分享个人或他人的亲身科学经历。这些经历可以是科学家在研究实验中的见闻，也可以是公众在进行科学实践或观察中的体验。通过亲身经历的讲述，可以让科学知识更加生动和具体，更容易引起公众的兴趣和共鸣。

2. 可视化和模拟：通常采用可视化和模拟的方式来展示科学经历。比如，通过图片、视频、动画等多媒体手段来展示科学实验的过程和结果；通过模拟实验或交互式展示，让公众能够参与其中，亲身体验科学的奥妙。这种方式可以很好地激发公众的好奇心和探索欲望，使他们更深入地理解和接受科学知识。

3. 故事性和情感化：注重将科学知识融入故事情节中，通过讲述真实的科学发现或探险故事，以及科学家的努力和思考过程，来引导公众进入科学的世界。这种故事性和情感化的传播方式，能够更好地引发公众的共鸣和情感共鸣，使科学知识更加易于理解和接受。

4. 引发思考和互动：鼓励公众积极思考和互动。通过引发公众对科学经历的思考和提问，以及与他人的互动交流，可以帮助公众深入思考和理解科学知识，同时也可以促进知识的传播和交流。

数智科普范式

数智驱动科普范式，简称数智科普，是一种通过应用生成式人工智能和数据科学技术，来推动科普的方法。有大模型加持，科技人员、科普人员、有一定科学素质的公众，人人都可以生产科普内容。它是一种伴生成长性的科普，典型的体现为“千人千面”。其主要特点如下：

1. 数据驱动：核心是数据的收集、分析和应用。通过收集大量的科学数据和知识，然后利用数据科学技术对这些数据和知识进行分析和挖掘，从中发现科学规律和关联。这样可以更加客观、准确地传播科学知识，避免主观臆断和误导。

2. 个性化科普：充分利用生成式人工智能技术，根据用户的个人兴趣和需求，定制专属的科普内容。通过分析用户的浏览记录、搜索习惯以及个人偏好，系统可以智能地生成与用户兴趣相关的科普资讯。这样可以提高用户的兴趣度和参与度，增强科普的效果。

3. 多样化的传播方式： 充分利用数字技术和网络平台，提供多样化的科普传播方式。除了传统的文字、图片和视频，还可以通过数据可视化、交互式模拟等方式直观地展示科学原理和实验。同时，在社交媒体、移动应用等平台上开展科普活动，增加互动性和参与度。

4. 即时反馈与改进： 通过用户反馈和数据分析，不断改进科普内容和方法。系统可以收集用户的评价和意见，分析用户的行为数据，从中发现问题和不足之处。科普工作人员可以根据这些反馈和数据，及时优化科普内容，提高科普效果。

5. 跨界合作： 鼓励科普与数据科学、人工智能等领域的合作。通过合作，科普工作者可以获取更准确、更全面的科学数据，从而提高科普工作的可信度和权威性。同时，数据科学和人工智能领域的专业技术可以为科普工作提供更多创新和支持。

6. 简约科普： 数智科普让科普世界变得如此简约，也使这种简约科普本身成为一种价值观和生活方式的追求。连接性是科普服务的基本场景，传统科普服务场景，通常是通过诸多的中间环节（见图 2-2、图 2-3），最终才将科技内容与社会大众进行有效的连接，并传递科学知识和信息。而大模型将科普场景与服务融为一体，大模型即场景，大模型即服务，从而让科普简约到只剩下了一个对话框（见图 2-4）

科普权力的转移

大模型作为强大的科普工具，具备深度学习、自然语言处理和多模态处理等优势，突破了传统科普场景，带来包括科普需求权、科普内容生产权、科普内容审查权、科普传播主导权、科普效果评价权等在内的

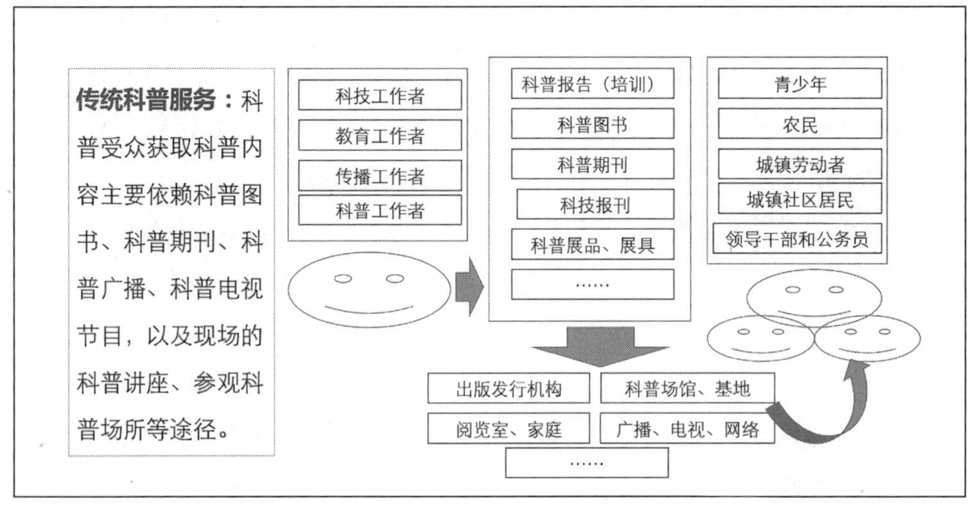

图 2-2　传统科普服务场景

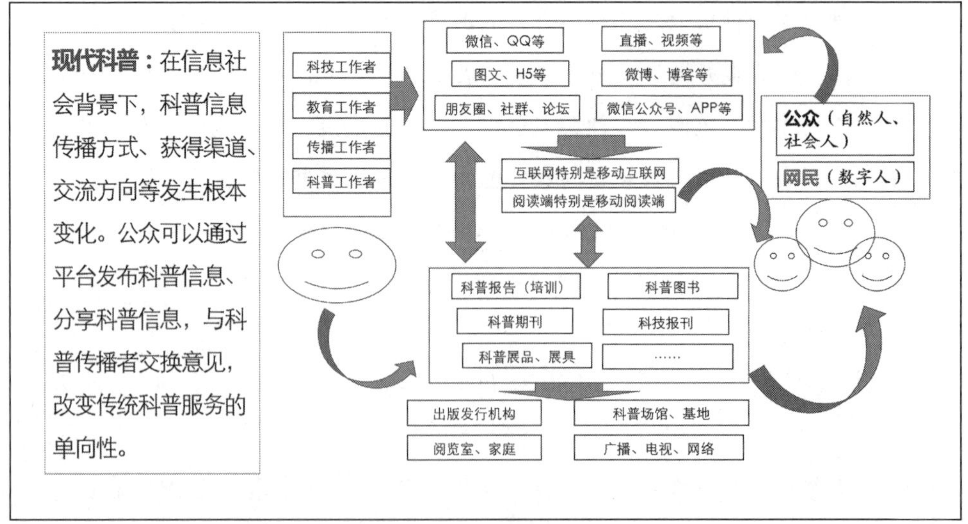

图 2-3　现代科普服务场景

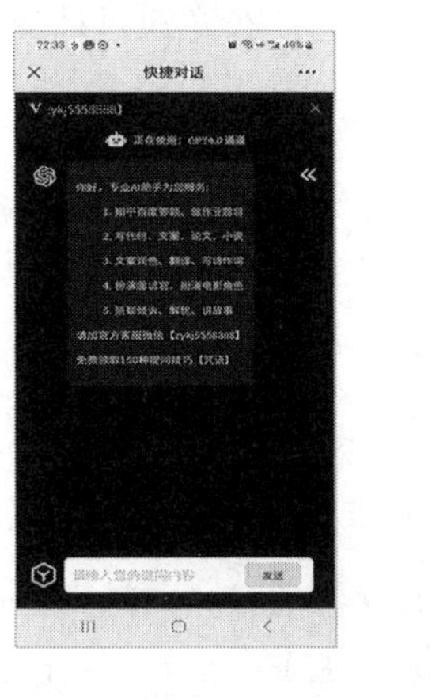

图 2-4　数智科普的生成推荐场景

科普权力结构的调整。新时代科普，必须精准把握其变化规律，充分利用大模型突破传统科普场景。

权力结构的变迁

科普权力主要指科普需求权、科普内容生产权、科普内容审查权、科普传播主导权、科普效果评价权等。随着大模型时代的到来，科普的权利结构正在发生深刻的变化。

1. 科普的需求权。在传统科普中，科普的需求权主要由科普机构、科技专家等决定。他们通过市场调研、社会需求分析等手段，确定科普活动的方向和内容。在大模型时代，科普需求权的主导地位发生了变化。随着互联网的普及和信息技术的发展，公众对科普需求变得更加多样化和个性化。大数据分析和人工智能技术的应用使得科普的需求权逐渐向公众转移。公众通过社交媒体、搜索引擎等渠道表达对科普的需求，科普机构和科技专家需要更加敏锐地捕捉和满足公众的需求。

2. 科普内容生产权。在传统科普中，科普内容生产权主要由科普机构、科技专家等掌握，他们通过撰写科普文章、举办科普讲座等方式，将科学知识传递给公众。在大模型时代，科普内容生产权的格局发生了变化，它使得科普内容的生产更加多样化和广泛化。科普工作者可以利用大模型来创作科普文章、制作科普视频等，大大提高了科普内容的生产效率和质量。同时，公众也可以通过大模型生成的内容参与科普活动，使科普变得更加开放和民主化。

3. 科普内容审查权。在传统科普中，科普内容审查权主要由科普机构、科技专家等行使。他们对科普内容进行审核和筛选，确保科普信息的准确性和可靠性。在大模型时代，科普内容审查权的模式发生了变化。大模型的应用使得科普内容的生成更加自动化和快速化，科普机构和科技专家需要更加重视对大模型生成内容的审查和监督。同时，公众也需要提高对科普信息的辨别能力，避免被虚假或不准确的科普信息误导。

4. 科普传播主导权。在传统科普中，科普传播主导权主要由科普机构、科技专家等掌握。他们通过科普媒体、科普讲座等方式将科学知识传播给公众。在大模型时代，科普传播主导权的格局发生了变化。互联网和社交媒体的兴起使得公众成为科普信息的传播者和参与者，公众可以通过社交媒体分享科普内容，参与科普讨论，甚至自己创作科普内容。科普机构和科技专家需要更加积极地与公众互动，借助社交媒体等渠道扩大科普的影响力。

5. 科普效果评价权。在传统科普中，科普效果评价权主要由科普机构、科技专家等行使。他们通过问卷调查、观众反馈等方式评估科普活动的效果。在大模型时代，科普效果评价权的方式发生了变化。大数据分析和人工智能技术的应用使得科普效果的评价更加精准和全面。科普机构和科技专家可以通过分析公众的在线行为、社交媒体的互动情况等来评估科普活动的效果。同时，公众也可以通过在线评价、点赞等方式参与科普效果的评价，使科普的评价更加民主和多元化。

权力转移的特点

在大模型时代，科普的权力转移，有以下特点：

1. 科普权力向公众转移。公众的科普需求和参与意愿成为科普权力结构中的重要因素，科普机构和科技专家需要更加关注公众的需求和意见。

2. 科普权力向技术转移。大模型的应用使得科普内容的生产和传播更加依赖技术手段，科普机构和科技专家需要不断学习和掌握新的技术。

3. 科普权力向数据转移。大数据分析和人工智能技术的应用使得科普效果的评价更加依赖数据，科普机构和科技专家需要善于利用数据来评估科普活动的效果。

大模型时代，科普的权力转移呈现以下趋势：

1. 个性科普需求的崛起。随着大数据和人工智能技术的发展，科普需求将更加个性化和多样化，科普机构和科技专家需要根据公众的个性化需求提供定制化的科普服务。

2. 多元科普内容的生产。大模型的应用使得科普内容的生产更加多样化和广泛化，科普机构和科技专家需要与大模型合作，创作更具创意和趣味性的科普内容。

3. 社交媒体的影响力增强。社交媒体的兴起使得公众成为科普信息的传播者和参与者，科普机构和科技专家需要更加积极地与公众互动，借助社交媒体扩大科普的影响力。

科普创作的协同

随着大模型的出现，科普作者在创作过程中可以与大模型进行协同创作，从而开启了一种全新的创作方式。在传统科普时代，科普作者需要基于其自身的知识和经验来进行科普创作，而现在大模型可以成为我们的科普创作伙伴。通过与大模型合作，我们可以获得更多的知识、改进自己的写作技巧，并获得源源不断的创作灵感。这种协同创作的方式有望为科普创作带来全新的发展空间，为读者提供更加丰富和有趣的科普内容。大模型在辅助创作科普内容中，其核心关键功用包括知识获取和整合、文本生成和编辑、解答问题和提供解释、多语言翻译和跨文化传播，以及个性化推荐和定制化服务。

1. 知识获取和整合。大模型辅助创作科普内容的知识获取和整合的作用，主要体现如下：

- 知识获取：大模型可以通过对海量的科学文献、书籍、论文等进行深度学习和分析，从中提取出丰富的科学知识和概念。这些知识涵盖各学科领域，包括物理学、化学、生物学、天文学等。通过大模型的帮助，作者可以快速获取到所需的科学知识，为科普内容的撰写提供基础。
- 知识整合：大模型将不同领域的科学知识进行整合和关联，帮助作者将散乱的知识点有机地组织起来，形成完整的科普内容。
- 信息筛选和验证：大模型在知识获取和整合的过程中，通过对信息的筛选和验证，确保所得到的科学知识是准确可靠的。大模型利用自身的算法和模型来判断信息的来源和可信度，从而帮助作者避免引用错误或不准确的科学知识。

• 多角度解读：大模型从多个角度对科学知识进行解读和分析，帮助作者提供更全面、深入的科普内容。当涉及复杂的科学原理或现象时，大模型可以提供不同的解释方式和视角，帮助受众更好地理解和掌握相关知识。

2. 文本生成和编辑。大模型辅助创作科普内容的文本生成和编辑的作用，主要体现在如下几方面：

• 提供丰富的科学知识：大模型通过深度学习和分析海量的科学文献获取丰富的科学知识。在创作科普内容时，创作者可以利用大模型的知识库，快速获取所需的科学概念、原理、实验结果等信息，为文本生成提供基础。

• 组织和串联知识点：大模型将不同领域的科学知识进行整合和关联，帮助作者将散乱的知识点有机地组织起来，形成连贯的科普内容。通过大模型的辅助，作者可以更容易地找到各个知识点之间的联系和逻辑关系，从而使科普文章的结构更加清晰和有条理。

• 生成准确、流畅的文本：大模型具备自然语言处理的能力，可以帮助作者生成准确、流畅的科普文本。通过学习科学写作的语言风格和表达方式，生成科普文本。根据上下文进行语义理解和推理，确保所生成的文本在逻辑上是连贯的。

• 解答问题和提供解释：大模型通过对问题的分析和理解，为受众提供准确的答案和解释。当受众对某个科学概念或原理有疑问时，可以直接向大模型提问，并获得清晰、易懂的回答。这对提高科普文章的互动性和可读性非常重要。

• 多语言翻译和跨文化传播：大模型具备多语言翻译的能力，可以帮助创作者将科普内容翻译成其他语言，实现跨文化传播。通过大模型的翻译功能，科普文章可以被更广泛地传播到不同国家和地区，促进科学知识的普及和交流。

3. 解答问题和解释。大模型辅助创作科普内容的解答问题和提供解释的作用，主要体现为：

- 解答受众的疑问：大模型具备自然语言处理的能力，可以理解受众提出的问题，并给出准确的答案。当对某个科学现象或理论有疑问时，可以直接向大模型提问，获得清晰、易懂的回答。

- 提供深入的解释和阐述：有些科学问题可能比较复杂，需要更深入的解释和阐述才能让读者理解。大模型通过分析问题的上下文和相关知识库，给出详细的解释和阐述。它可以从不同的角度解读问题，提供多个解释路径，帮助读者更好地理解科学知识。

- 解答常见问题和误解：在科普创作中，经常会遇到一些常见的问题和误解。大模型可以帮助作者解答这些问题，消除误解。它通过分析常见问题的模式和内容，给出准确的回答和解释。

- 提供实例和案例分析：对于某些抽象的科学概念或理论，受众可能难以直接理解和应用。大模型通过提供实例和案例分析，帮助受众更好地理解和应用科学知识。它可以给出具体的实例和案例，说明科学概念或理论在实际生活中的应用和意义。

- 翻译和文化传播。大模型具备多语言翻译的能力，可以将科普内容从源语言翻译成目标语言，使得科学知识能够被更广泛地传播和理解。通过大模型的翻译功能，科普文章可以被翻译成其他语言，让不同语言背景的读者都能够获取到所需的科学知识。大模型可以帮助创作者将科普内容翻译成其他语言，使得不同文化背景的人们都能够参与到科学知识的学习和讨论中来。通过科普内容的跨文化传播，促进不同文化之间的相互了解和尊重，推动全球科学文化的融合和发展。

- 提高科普作品的可读性和吸引力：大模型具备自然语言处理的能

力，可以生成准确、流畅的翻译文本，使得科普作品在不同语言环境中保持其原有的可读性和吸引力。通过大模型的辅助翻译，科普作品可以更好地适应目标读者的语言习惯和文化背景，提高读者对科学知识的接受度和兴趣。

- 扩大科普内容的影响力：通过大模型的多语言翻译和跨文化传播，科普内容可以覆盖更广泛的受众群体，并在全球范围内产生更大的影响力。科普文章可以被翻译成多种语言，在不同的社交媒体平台、新闻网站等渠道上进行传播，吸引更多的读者关注和参与。

4. 个性推荐和定制。大模型辅助创作科普内容的个性化推荐和定制化服务的作用，主要体现为：

- 基于用户兴趣的个性化推荐：大模型可以通过分析用户的阅读历史、搜索行为和反馈信息等数据，了解用户的兴趣偏好和需求。基于这些信息，大模型可以向用户推荐与其兴趣相关的科普内容，提供更加个性化的服务。

- 定制化科普内容的创作：大模型根据作者的需求和要求，定制创作符合其特定需求的科普内容。大模型根据作者提供的信息和要求，生成相应的科普内容，满足受众的个性化需求。通过定制化的创作服务，可以获取到更加精准、有针对性的科学知识。

- 交互式学习和问答服务：通过与大模型的对话来提出问题、寻求解释或获取相关知识。大模型根据用户的提问，给出准确的答案和解释，并根据用户的进一步追问进行深入的解答。

- 多渠道传播和推送：大模型将个性化推荐的科普内容通过多种渠道进行传播和推送。例如，可以通过电子邮件、社交媒体、移动应用等方式向用户发送相关的科普文章、视频或音频等内容。通过多渠道的传播和推送，用户可以在不同的时间和地点获取到符合其个性化需求的科普内容，提高信息的传递效率和接受度。

大模型辅助科普创作的 SWOT 分析如图 2-5 所示。

优势（Strengths） 1. 大模型具有强大的计算能力和数据处理能力，可以快速从大量的文本和知识中提取信息。 2. 大模型可以生成高质量的文本内容，帮助作者解决写作难题，提供新颖的观点和理论。 3. 大模型可以为作者提供广泛的知识背景和领域专业知识，提高科普创作的准确性和权威性。 4. 大模型可以根据作者的需求进行个性化调整，满足不同读者的需求。 劣势（Weaknesses） 1. 大模型可能存在信息偏差和错误，无法保证生成的内容始终正确无误。 2. 大模型的语言表达能力受到训练数据的限制，可能存在语义混淆或不连贯的问题。 3. 大模型无法理解情感和主观性，在创作某些主观性强的科普文章时可能表达不准确。 4. 大模型对于一些专业领域的知识掌握不够全面，需要作者对其回答进行筛选和验证。	机会（Opportunities） 1. 大模型可以帮助科普作者更好地组织和呈现知识，提高科普文章的可读性和吸引力。 2. 大模型可以为作者提供丰富的素材和灵感，帮助他们发现新的科学研究方向或创造更有趣的科普内容。 3. 大模型可以协助作者进行科学推理和假设生成，促进科普创作的创新和深度。 威胁（Threats） 1. 大模型辅助创作可能导致作者过分依赖大模型，降低自身的创作能力和思维灵活性。 2. 大模型虽然可以提供快速的信息和答案，但可能无法满足读者对于科普文章的深度思考和启发式学习的需求。 3. 大模型可能被滥用，用于误导读者或传播错误信息，损害科学传播的可信度和权威性。

图 2-5　大模型辅助科普创作的 SWOT 分析

创作者的再定义

随着大模型在科普领域的广泛应用，科普权力随之转移，对科普能力的定义、评价需要重新审视。就科普创作而言，大模型可以辅助作者完成很多创制任务，这时科普创作者就不必像传统科普那样，需要具备全方位的能力。利用大模型辅助创作科普内容，需要作者具备构思能力、提问能力、沟通能力、决策能力、情感能力等。

1. 构思能力。科普创作者的构思能力是指在创作科普内容时能够产生新颖、有趣、易于理解的思路和观点的能力。主要包括：

- 广博的知识储备。只有深入了解某一领域的知识，才能够在该领域中产生丰富的构思。科普创作者应该通过学习、阅读和研究不断扩充自己的知识储备，掌握领域的基础概念、前沿进展以及相关的案例和实例，从而能够从各个角度思考问题，提供全面的科普内容。

- 批判性思维和逻辑思维能力。科学事实往往与常识和直觉相悖，因此，科普作者应该能够以批判性的眼光审视问题，分析科学现象的原因、机制和影响，从中发现隐藏的规律和逻辑。通过清晰的逻辑推理和论证，科普作者能够将复杂的科学概念用简单明了的方式传达给读者，帮助他们理解科学知识。

- 创造力和想象力。科普内容往往需要将抽象的概念和过程转化为形象、生动的描述，使读者能够感受到科学的魅力和趣味性。因此，科普作者应该能够富有创造力地运用比喻、类比、故事等手法，将复杂的科学知识与生活中的事物相联系，提供生动的例子和场景，以此帮助读者建立对科学现象的直观感受和理解。

- 敏锐的观察力和洞察力。科学发现往往来自于作者对环境、现象和问题的观察，从中发现规律和问题，并进一步展开思考和研究。科普作者应该能够细致入微地观察周围的事物，从中找到有趣的现象和问题，并从不同的角度进行分析和解释，引发读者的兴趣和思考。

2. 提问能力。科普创作者的提问能力是非常重要的，这可以帮助他们获取准确和有用的信息，从而更好地创作科普内容。主要体现为：

- 确定问题目标：科普创作者需要明确自己想要从大模型中获得什么样的信息。这可以通过定义问题的关键点和细分目标来实现。例如，如果作者想要解释科学理论，他们可以将问题定为“请解释科学理论的基本概念和工作原理”。

- 提出明确的问题：向大模型提问时，问题应该具体明确，以便获得精确的答案。作者应该尽量去除模棱两可的词语和不必要的背景信息。

例如，问题可以是“科学理论是如何通过观察和实验证据来验证的？”而不是“科学理论的验证过程是什么样的？”

- 使用清晰的语言和结构：科普创作者需要使用清晰、简洁和准确的语言来表达问题。这有助于大模型理解问题并提供相应的答案。此外，问题的结构也应该是合适的，以便模型能够逐步解析和回答。作者可以按照时间顺序、因果关系或分类等方式组织问题。

- 分析和使用模型的回答：大模型通常会提供详细的回答，科普创作者需要分析这些回答，并将其应用到他们的科普内容中。作者需要辨别哪些回答是与问题有关的，进一步挖掘回答中的关键信息，并将其整合到自己的创作中。

- 进一步提问和追问：大模型可能会提供初步的回答，但科普创作者还可以进一步提问和追问，以获得更深入和详细的信息。这需要科普创作者能够识别回答中的关键点，并就这些点进一步追问。例如，科普创作者可以就回答中提到的具体实验设计、案例研究或相关研究进行深入的提问。

3. 沟通能力。科普创作者的沟通能力是指能够有效地与大模型进行交互和对话，以获取有价值的信息和创意，并将其应用于科普内容的创作过程的能力。主要包括：

- 提出明确的问题：科普创作者需要具备提问能力，能够清晰地表达自己需要的信息或创意，并向大模型提出明确的问题。准确的问题可以帮助大模型更好地理解作者的需求，并提供相关的回答或建议。

- 解读和理解大模型的回答：大模型通过自然语言处理的技术，能够提供对问题的回答或建议。科普创作者需要具备解读和理解大模型回答的能力，包括正确理解回答的含义、评估回答的准确性和可信度，以及将回答与自身构思进行关联。

• 与大模型进行迭代式的交流：科普作者与大模型之间的沟通是一个迭代的过程。作者可能需要进一步提供上下文或细化问题，以便获得更精确和满意的回答。他们也需要能够根据大模型的回答提出更深入的问题，深化对科学知识的理解。

• 利用大模型的创意输出：科普创作者可以利用大模型的创意输出，获取与自己构思相关的新颖观点和创意。他们需要具备识别有效创意的能力，并将其融入自己的科普内容中。通过理解并应用大模型的创意输出，科普创作者可以丰富和提升自己的创作水平。

• 适度引导和纠正：科普创作者需要能够适度地引导和纠正大模型的回答。虽然大模型拥有庞大的数据和信息库，但其回答可能会出现不准确、不合理或不适用的情况。科普创作者可以根据自身的专业知识和经验，对回答进行评估，并进行必要的引导和修正。

4. 决策能力。科普创的决策能力是指在创作科普内容过程中，能够做出明智的决策和选择，确保科普内容的准确性、有效性和适用性的能力。主要包括：

• 选择合适的主题和目标受众：科普创作者需要在众多的科学领域中选择合适的主题进行科普。这需要他们能够识别当前社会关注的热点问题，了解受众的需求和兴趣，以及考量自己的专业知识和经验范围。通过合理的决策，科普创作者可以使科普内容更具吸引力和可读性。

• 确定信息来源和权威性：在写作科普内容时，科普创作者需要对所提供的信息进行筛选和验证。他们需要具备辨别信息来源的能力，识别出可靠的科学数据和权威的研究成果。通过做出正确的决策，科普创作者可以保证提供准确、可信的信息给读者。

• 确定传播方式和媒体平台：科普创作者需要根据目标受众的特征和喜好，选择合适的传播方式和媒体平台。这可能涉及文章、视频、演讲、社交媒体等多种形式。通过正确的决策，科普创作者可以更好地将科学知识传达给受众，提高科普内容的影响力和可及性。

- 选择适当的语言和表达方式：科普创作者在写作科普内容时，需要考虑到读者的背景和知识水平。他们需要对目标受众的语言习惯和表达方式做出决策，以便更好地理解和接受科学知识。通过正确的决策，科普创作者能够有效地传达科学概念，降低理解科学信息的门槛。

- 解决争议问题和应对不同观点：科普领域存在着各种争议和不同的观点。科普创作者需要具备辨别、分析和评估这些争议问题的能力，以便作出明智的决策。他们可以通过权衡不同的证据和观点，提供客观和全面的解释，并帮助读者更好地理解和判断。

5. 情感能力。科普创作者的情感能力是指他们能够理解和触达受众的情感需求，以及将科学知识与情感连接起来，以促进读者的情感共鸣和参与。主要包括：

- 情感理解和共鸣：科普创作者需要具备情感理解和共鸣的能力，能够洞察读者的情感需求、兴趣和关注点。通过对读者的情感反应和心理状态的敏锐观察，科普创作者可以更好地调整自己的语言和表达方式，与读者建立情感联系，引发他们的兴趣和共鸣。

- 情感表达和故事叙述：科普内容通常需要用简明扼要的语言说服读者并传达信息。科普创作者的情感能力涉及运用恰当的情感表达和故事叙述技巧，将抽象的科学概念转化为生动有趣的故事，使读者产生情感共鸣并提高信息消化的效果。

- 引发好奇心和探索欲望：科普创作者需要通过触发读者的好奇心和探索欲望来吸引他们的注意力，并引导他们主动探索科学知识。具备情感能力的科普作者能够通过引发读者的兴趣和情感投入，激发他们主动思考、提问和学习的动力。

- 创造积极情绪和希望：科普内容不仅可以传递科学知识，还可以鼓励读者面对挑战，树立积极的科学态度。科普创作者需要利用情感能力，传达积极情绪和希望，鼓励读者相信科学的力量，参与到科学研究和实践中。

- 理解读者的痛点和困惑：科普创作者应该具备敏锐的洞察力，能够理解读者可能存在的痛点和困惑。通过这种共情能力，科普作者能够将自己置身于读者的位置，与读者共同面对疑惑和挑战，并给予解答和启发，以满足读者的情感需求。

第三章

大模型辅助科普创作流程

科普创作是作者为达到普及科学技术知识、倡导科学方法、传播科学思想、弘扬科学精神、树立科学道德的科普目的，而进行的创造性的精神活动。[1]可见，科普创作是一种创造性的活动，是一种从单向发展到互动式的科技交流、普及、传播和终身教育的系统活动过程，是一种服务于科普、服务于教育的精神创新活动。大模型辅助科普创作，不仅能够提供准确、全面的知识，提高创作效率，而且能够降低创作门槛，实现个性化定制创作，提高科学知识的传播效果。

科普创作概要

科普创作旨在将科学知识通过简明易懂、准确可靠、切合实际、吸引人心和不断创新的方式，进行解释和传播，以帮助普通大众理解科学概念和原理，以促进科学素养的普及和提高。大模型辅助创作科普内容的流程，与人们通常的创作过程类似。主要包括前期作者的选题和构思、中期大模型的提纲生成和文本生成、后期作者的编辑审核和传播等过程（见图 3-1）。大模型主要在科普信息提取和科普内容生成阶段发挥主要

1 曾甘霖 . 科普创作概论 [M]. 北京 : 中国科学技术出版社 , 2020: 4.

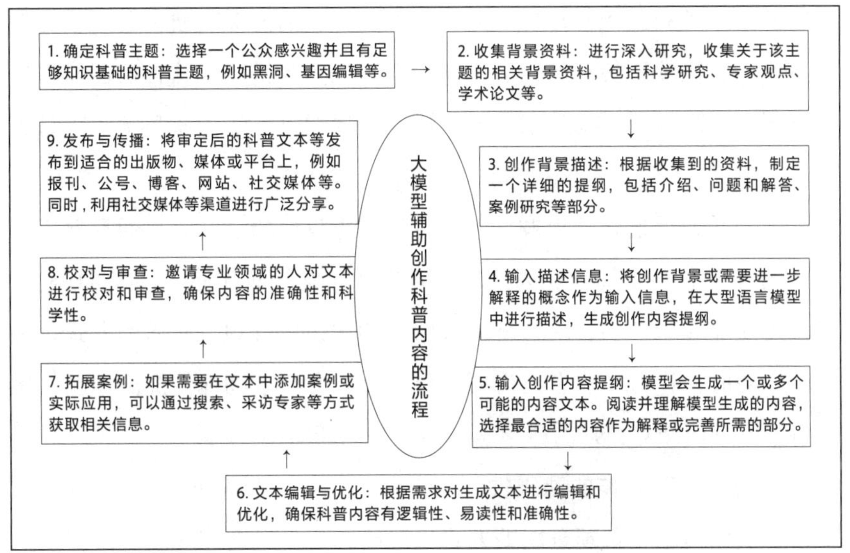

图 3-1　大模型辅助创作科普内容的流程图

作用，帮助作者快速准确地整理和创作科普内容，这可以大大提高科普内容创作的质量和效率。

科普创作的原理

科普创作的第一性原理是深入浅出，启迪心智，即将复杂的科学知识以通俗易懂的方式传达给大众，提高公众的科学素养和对科学的兴趣。在科普创作过程中，第一性原理发挥着至关重要的作用，它强调将复杂现象或性质分解成基本的事实和规律，以最简单的元素和关系进行推导和理解，这意味着科普创作者需要从科学知识的最基础、最核心的部分出发，逐步构建出完整、清晰的科普内容。

1. 要求科普创作具备基础性。科普创作的目的之一是向公众普及科学的基本原理和基础知识。因此，科普创作者需要深入研究科学领域的基本原理，确保所传达的信息准确无误，经得起推敲。这样的创作不仅有助于公众理解科学知识的本质，还能为他们进一步探索科学世界打下坚实的基础。

2. 注重科普创作的启发性。科普创作不仅要传递知识，而且要激发公众的好奇心和求知欲。因此，科普创作者需要善于运用生动的语言、形象的比喻和有趣的实例，将复杂的科学知识以直观、易懂的方式呈现出来。同时，科普创作者还需要引导公众思考，鼓励他们提出问题并探索答案，从而培养公众的科学思维能力和创新精神。

3. 强调科普创作的清晰性。科学知识往往是复杂而抽象的，因此，如何将其以清晰、条理分明的方式传达给公众是科普创作面临的重要挑战。科普创作者需要注重信息的层次结构和逻辑关系，合理安排篇章布局和图文搭配，确保公众能够轻松地获取所需信息。同时，他们还需要注重语言的通俗性和流畅性，避免使用过于专业或晦涩的词汇，让公众在轻松愉快的阅读中掌握科学知识。

4. 要求科普创作具备可验证性。科学知识是客观存在的，可以通过实验和观察进行验证。因此，科普创作者需要在创作过程中保持严谨的科学态度，确保所传达的信息具有可验证性，这可以通过引用可靠的科学研究成果、提供实验数据和观察结果等方式实现，以增加科普内容的可信度和说服力。

科普创作的范畴

科普创作作为创造性活动，其范畴包括：

1. 原创性创作。原创性创作是创作者把自己亲身观察、研究、考察、体验所得的第一手科学素材，经过选择、提炼、加工、撰写（或绘制、拍摄等）成可向大众传播的科学作品。这是科普创作中最典型的一种。

2. 采访性创作。采访性创作是创作者把深入现场参观、采访、咨询所得的科学素材，经过选择、提炼、加工，撰写成可向大众传播的科普作品，如蕾切尔·卡逊创作的《寂静的春天》。这种将直接经验和间接经验相结合的过程，也是一种科普的创造性劳动。

3. 吸收性创作。吸收性创作是创作者把从许多科学文献中获得的科学素材，经过自己的消化吸收、提炼加工，用自己的构思和独到的表现形式，从新的角度撰写成可向大众传播的科普作品。这也是一种创造性的劳动，如贾祖璋创作的《鸟与文学》《花与文学》等。

4. 二次创作。二次创作是创作者把学术著作、情报资料等科技文献改写成可向大众传播的科普作品，虽然没有引进新的见解或材料，但经过创作者自己的消化吸收和提炼加工，用新的结构和通俗的语言把它表达出来，易为一般群众所接受。

5. 改写性创作。改写性创作是创作者把某一种形式的科普作品，改写成另一种形式的科普作品，如把一篇科普文章，改写成一部科教电影脚本或是一部科教电影，它在观点和内容上虽然没有什么新意，但在表现形式上有所创新，这也是一种创造性劳动，属于再创作。

6. 翻译性创作。翻译性创作是翻译者把一种文字的科普作品翻译成另一种文字的科普作品，并在遣词、造句上达到“信、达、雅”的水平。这也是一种创造性的劳动，也属于再创作。[1]

7. 人机协同创作。人机协同科普创作是指人类创作者与机器智能系统共同合作，利用各自的优势进行科普内容的创作与传播。在这个过程

1 曾甘霖 . 科普创作概论 [M]. 北京 : 中国科学技术出版社 , 2020: 4-6.

中，人类创作者提供创意、观点和人文关怀，而机器智能系统则提供数据分析、内容生成和优化建议，两者相互补充，共同提升科普创作的质量和效率。人机协同科普创作的特点主要体现在高效性、准确性、创新性、个性化、可扩展性等方面。

科普作品的属性

科普作品的“科”，具有以下基本属性：

1. 严肃的科学性。科学性是科普作品的灵魂和生命，是科普创作的“立足点”。失去了科学性，科学作品就失去了生命，失去了它独立存在的价值。

- 科普作品中的科学知识、科学现象、科学原理、科学技术，以及它们的应用范围、发展方向等，都必须是准确的，必须有科学的理论和实践依据，它往往是人们错误常识的纠正，应具备明确的概念、正确的数据、合乎逻辑的判断与推理。对道听途说、未经核实、尚处于争议或探索过程中的东西，要慎重对待，不能直接当作科学事实传播给大众，更不能假借科学之名，肆意宣传伪科学或是反科学。

- 在强调科普作品严肃的科学性的同时，并不否定科普作品中科学的严谨与文学的幻想、夸张的并存。比如，科幻小说、科学童话、科学诗等，都会运用甚至必须运用幻想和夸张的手法。但是，它们所表达的科学内容必须是严谨的，而不是毫无根据的胡编乱造。在运用幻想和夸张手法时，不能歪曲科学事实，也不能捕风捉影。

- 真实是科普创作的根基。科普作品的取材要真实，在保证材料真实的同时，还要注意所阐述的理论是否科学和真实。科学中的概念，是对客观事物的科学抽象，并用专门名词、专业术语来表示的。创作者要对事例进行详细了解，不能似是而非、以讹传讹，还要对所采用的数据进行核对和确定。文中的观点与内容，既要全面完整，不能片面单一、以偏概全，也不能以个人偏见代替客观实际，需要全面介绍互相矛盾的观点和现象，实事求是地反映情况。

2. 深刻的思想性。科普作品与所有文学作品一样，都属于精神产品，都会寄托作者的某种情感或观念，都具有社会意识形态的特征，一经出版发行，就会在社会上产生正面或负面的影响。因此，科普创作者应该努力写出具有深刻思想性、能产生正面影响、对社会发展有促进作用的作品。

- 爱国精神。身处国家和社会中的科普创作者，创作的主题往往会自觉或不自觉地与国家和社会生活相关，体现出胸怀祖国、服务人民的爱国精神。

- 科学精神。科普作品往往蕴含着科学精神，如实事求是、严谨治学的务实精神，勇于探索、追求真理的求真精神，敢于质疑、不畏权威的批判精神，积极进取、推陈出新的创新精神，淡泊名利、埋头苦干的奉献精神，甘为人梯、奖掖后学的育人精神等，都给人以深刻的教导与启迪。

- 哲学思维。科普作品的思想性，还体现在要用辩证唯物主义观点来观察问题、分析问题，使读者能够认识事物和现象的相互关系和发展规律。

- 道德品质。科学技术本身并没有阶级性，但一篇科普作品赞扬什么或贬斥什么，肯定什么或否定什么，是与创作者的思想认识密切相关的。科普作品应该体现人文关怀，赞扬真善美，揭露假丑恶，树立高尚的道德情操。

3. 鲜明的通俗性。通俗性是科普作品的一个重要属性，是科普作品能实现普及的一个重要基础。科普作品的通俗性，就是要使作品所定位的读者能够接受作品中所讲述的科学知识，理解作品中所提倡的科学思想和科学道德，领会作品中所蕴含的科学精神，掌握作品中所传授的科学方法。一部科普作品，如果不能做到通俗，读者看不懂，那就谈不上普及，也就称不上真正的科普作品。

• 了解读者，合理定位。尽管人人都需要科普，但不同年龄阶段、不同文化层次、不同职业行业的人，需要的科普内容是不完全相同的。这就要求科普创作者，对自己作品的读者群有一个相对清晰而明确的定位，了解其目标读者的年龄特点、心理接受水平等，然后再有的放矢、量体裁衣。

• 吃透内容，深入浅出。科普要把艰深难懂的科学清清楚楚、明明白白地讲述出来，做到通俗易懂。尽管做到这一点的方法是多样的，但其中最基本的一条，就是要深入理解自己所写的内容，抓住事物的真谛。

• 大众语言，贴近生活。科普创作者要善于向人民群众学习，学习他们丰富而生动的语言。

• 少用术语，多打比方。科普作品应该采取“易为公众理解、接受、参与的形式”，如果满纸都是难懂的专业术语，各种看不懂的公式或符号，将科普作品写成了科学著作或是专业科技论文，那么公众只会望而生畏，敬而远之。

• 触类旁通，旁征博引。扎实的专业技术知识是创作出好的科普作品的必要条件，而并非充分条件。换句话说，一部好的科普作品离不开作者扎实的专业技术知识；但如果只具有扎实的专业技术知识，也不一定能创作出好的科普作品，因为科普作品不等于专业论文。一个优秀的科普作家，从某个角度而言，其实也是杂家，有着广博的知识，对文学、哲学、史学、经济学、管理学、建筑学、自然科学等都有所熟悉。[1]

---

1 曾甘霖. 科普创作概论 [M]. 北京: 中国科学技术出版社, 2020: 7-18.

确定主题和受众

确定主题和目标受众是大模型辅助创作科普内容的第一步，也是基础，其准确性将直接影响后续科普创作的质量和效果。

科普主题的策划

科普选题是确定科普内容主题和目标受众的重要步骤。正确的选题策略能够使科普内容更具针对性、吸引力和实用性，提高目标公众的接受度和理解能力。科普创作的主题，需要选择具有广泛关注度和实用性的科学概念或领域，同时考虑读者的兴趣和需求。其选择途径主要包括：

1. 了解读者需求：科普创作的目标是向普通读者传递科学知识，因此要了解读者的兴趣和知识水平。可以通过调查、观察和分析目标读者群体的特点，获取他们对科学知识的需求和关注点，从而选择适合的科普主题。

2. 紧跟科学前沿：选择最新的科学研究成果或热门话题作为科普创作的主题，可以吸引读者的关注。关注科学期刊、科学媒体等渠道，了解最新的科学发展动态，选择相关的主题进行创作。

3. 按照科学领域选择：科学领域非常广泛，可以从不同的领域中选择具有广泛关注度的主题，如天文学、生物学、物理学、化学等。选择一些普遍和与日常生活相关的科学知识，可以提高读者的兴趣度。

4. 探索科学的背后原理：科学创作不仅可以介绍科学事实，还可以揭示科学背后的原理和规律。通过解释科学现象的原因、揭示科学实验的设计和结果，可以帮助读者更好地理解科学知识，并培养他们的科学思维能力。

5. 结合热门话题和应用：选择与大众关心的热门话题相关的科普主题，或者介绍能够直接应用于日常生活、解决实际问题的科学知识。这样可以增加读者的实用性和参与度，帮助他们将科学知识融入自己的生活中。

总之，科普创作的主题应该关注读者的需求和兴趣，紧跟科学发展的前沿，选择关注度高、实用性强的科学概念或领域。对于科普实际工作者，科普创作主题也可以依据国家、地区或行业领域科普工作的规划、指导意见确定，如 2022 年 9 月，中共中央办公厅、国务院办公厅印发《关于新时代进一步加强科学技术普及工作的意见》明确要求，要聚焦“四个面向”（面向世界科技前沿、面向经济主战场、面向国家重大需求、面向人民生命健康）和高水平科技自立自强，全面提高全民科学素质，厚植创新沃土，以科普高质量发展更好服务党和国家中心工作，这就是科普创作主题选择的基本遵循。此外，科普创作主题也可以依据科学素质基准、科学教育大纲等进行选择，如 2016 年科技部、中宣部印发的《中国公民科学素质基准》。近期，也可以参考本书附件科普创作选题及参考大纲。

大模型辅助科普创作主题选择的思维导图如图 3-2 所示。

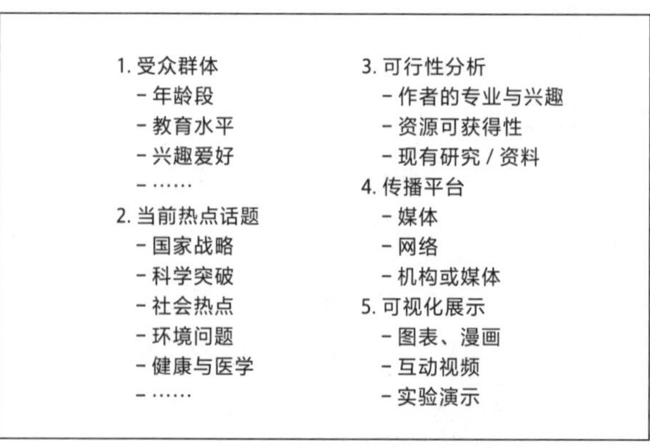

图 3-2　科普创作主题选择的思维导图

目标受众的定位

确定科普受众是大模型辅助创作科普内容中的重要环节，它决定着科普内容的语言风格、表达方式和深度。科普受众的选定应该综合考虑年龄层次、教育背景、兴趣爱好和社会群体等因素（见表 3-1）。通过深入了解目标受众的特点和需求，可以选择合适的科普内容和表达方式，提高读者的接受度和理解能力，促进科学知识的普及和应用。其主要考虑因素包括：

1. 年龄层次：根据目标受众的年龄层次来确定科普内容的难易程度和语言风格。对于青少年读者，可以选择更加生动有趣的表达方式和插图来吸引他们的注意力；而对于成年人，可以采用更加深入和详细的解释和论证。

2. 教育背景：考虑目标受众的教育背景和科学知识水平，选择合适的科普内容和表达方式。对于专业人士，可以提供更加专业和深入的科学知识；而对于普通大众，需要用简单易懂的语言来解释复杂的科学概念。

3. 兴趣爱好：了解目标受众的兴趣爱好和关注点，选择与他们相关的科普主题。例如，对于喜欢运动的人，可以介绍运动生理学和健康饮食方面的知识；而对于对环境保护感兴趣的人，可以讲解气候变化和可持续发展等话题。

4. 社会群体：根据目标受众所属的社会群体来确定科普内容的重点和角度。不同的社会群体对于科学知识的接受能力和需求有所不同，因此需要针对性地选择科普内容。例如，对于农民群体，可以重点介绍农业科技；而对于城市居民，可以讲解城市规划和环保知识。

表 3-1　受众群体对科普内容和科普形式的需求偏好

受众群体	需求	喜好
青少年	有趣、易懂、图文并茂的科普内容	游戏化、动漫、互动科普形式
领导干部与公务人员	实用性、深度、前沿科普内容	专业会议、专题讲座、专业期刊阅读
城镇就业人员	与生活相关的科普内容，时尚科技、环保信息	科普展览、科普讲座、智能科技产品
农业农村就业人员	生产实用科普内容，农业技术、健康养生	田间演示、农技培训、农业科技期刊
老龄群体	实用、健康、养生知识科普内容	养生讲座、健身指导、社区健康活动

科普作品的构想

利用大模型辅助创作科普内容过程中，一旦科普创作主题和受众确定后，就需要作者进一步收集相关资料并进行科普创作背景的构想，为下一步利用大模型生成提纲和文本做提示词和提问的准备。

1. 收集相关资料：在开始构想之前，作者需要收集与科普创作主题相关的资料和信息。包括学术论文、研究成果、科学新闻报道、专业书籍、案例研究等多种来源。大模型也可以辅助作者进行资料搜索和筛选，提供相关的科学知识和背景信息。

2. 定义科普创作的背景：基于已确定的科普创作主题、受众选择和已收集的资料，作者需要进一步明确和细化科普创作的背景、目标，以便提供足够的上下文。构思科普创作的背景包括（但不限于）相关的历史背景、背后的科学原理、实验室或现场的研究情况等。大模型也可以提供与特定科普主题相关的历史背景和背后的科学原理，帮助作者形成清晰的背景构想。

3. 准备科普创作的提示词。输入大模型的提示词内容一般包括（不限）：科普创作的主题、目标受众、科普宗旨和目的、主要内容、文本字数或视频长度、传播途径，以及风格等。

选用大模型

在辅助创作科普内容时，大模型通过深入的语言理解和广泛的知识基础，为科普内容的创作提供强大支持，它能够帮助作者深入理解复杂的科学概念和原理，以简明易懂的方式诠释给受众；也能提供相关领域的最新研究成果和数据，帮助科普内容保持先进性；还能提供高质量的语言表达和流畅的叙述风格，帮助内容更具吸引力和可读性。在创作科普内容过程中，选择适合的大模型至关重要。

大模型的必备条件

辅助创作科普内容的大模型，需要具备丰富的科学知识库、强大的语义理解和推理能力、个性化的交互体验、多模态的信息呈现方式，以及持续更新和维护机制等必要条件。只有满足这些条件，才能有效地辅助创作科普内容，提高读者的接受度和理解能力，促进科学知识的普及和应用。

1. 丰富的科学知识库：大模型需要具备广泛的科学知识，能够涵盖多个学科领域，包括自然科学、社会科学、医学等各个领域的知识。只有具备丰富的科学知识库，才能为科普创作提供准确、全面的信息支持。

2. 强大的语义理解和推理能力：大模型需要具备强大的语义理解和

推理能力，能够理解读者的问题和需求，并给出准确的回答和解释。它应该能够将复杂的科学概念转化为易于理解的语言，帮助读者更好地理解和应用科学知识。

3. 个性化的交互体验：大模型需要具备个性化的交互体验，能够根据读者的兴趣、背景和需求进行定制化的创作。它应该能够与读者进行实时的对话和互动，提供个性化的解答和建议，增强读者的参与感和学习效果。

4. 多模态的信息呈现方式：大模型需要具备多模态的信息呈现方式，能够以文字、图像、音频、视频等形式来呈现科学知识。通过多种媒体形式的结合，可以更直观地展示科学概念和现象，提高读者的接受度和理解度。

5. 持续更新和维护机制：大模型需要具备持续更新和维护机制，能够及时获取最新的科学研究成果和知识，保持内容的时效性和准确性。同时，也需要不断优化和改进模型的性能和功能，以适应不断变化的创作需求和技术环境。

大模型评估与选择

选择适合用于辅助创作科普内容的大模型，需要仔细评估和比较候选的大模型，找到最适合的创作工具，提高科普内容的质量和效果。

1. 确定需求和目标：首先，明确作者的需求和目标。例如，作者希望传播的科学知识领域、读者群体的特点和需求，以及作者希望达到的创作效果。这有助于缩小选择范围并找到最适合的大模型。

2. 评估科学知识库：作者可以通过与大模型对话来评估候选的大模型的科学知识库，了解其涵盖的学科领域和深度。确保所选大模型具备广泛的科学知识，能够提供准确、全面的信息支持。在与模型对话的过程中，需要提出详细且具体的问题，以便获得更准确的回答；同时，尝试在不同的领域进行提问，以验证模型对于各个学科的覆盖范围，了解它在科学知识方面的能力和可靠性。

3. 测试语义理解和推理能力：通过与候选的大模型进行对话和互动，测试其语义理解和推理能力。观察它是否能够理解作者的问题和需求，并给出准确的回答和解释。这将有助于确定大模型在辅助创作过程中的表现和可靠性。

4. 考察个性化交互体验：了解候选的大模型的个性化交互体验功能，包括是否能够根据作者的兴趣、背景和需求进行定制化的创作。观察它是否能够与作者进行实时的对话和互动，提供个性化的解答和建议。

5. 比较多模态信息呈现方式：比较候选的大模型的多模态信息呈现方式，包括文字、图像、音频、视频等形式，评估它们在展示科学概念和现象方面的直观性和有效性，以选择能够满足作者创作需求的大模型。

6. 考虑持续更新和维护机制：了解候选的大模型的持续更新和维护机制，包括是否能够及时获取最新的科学研究成果和知识，保持内容的时效性和准确性。同时，也要考虑其性能和功能的优化和改进机制，以适应不断变化的创作需求和技术环境。

7. 参考用户评价和反馈：查阅用户对候选的大模型的评价和反馈，了解其在实际应用中的表现和效果。也可以寻求科普权威机构的推荐，这可以为作者提供更客观的参考意见，帮助作者做出更准确的选择。

大模型的互相印证

在大模型辅助创作科普内容过程中，可能很难有完美的大模型，不同的大模型具有各自的优势，也有各自的不足。这就需要通过选用不同的大模型来互相补充。采用多种互补的大模型，可以为作者提供更加充分和全面的信息支持，通过它们之间的互相印证，有效地避免单一模型出现的局限性和偏见，进而提高科普内容的准确性和客观性。其主要体现为：

1. 增加信息丰富度和多样性：不同的大型模型可能在数据源、知识储备和语料库方面存在差异，因此采用多种大型模型能够提供更加丰富、多样的信息支持。一些科学问题可能是跨学科的，多种模型提供的信息可以涵盖更多的学科领域，为创作者提供更全面的知识支持。

2. 提高生成内容可信度：通过多种大模型的互相印证，可以有效地提高科普内容的可信度。当多个模型给出相似或一致的结论时，可以增强读者对科普内容的信任感，并避免单一模型可能存在的问题或误差。

3. 增加观点多元性和客观性：不同的大型模型可能具有不同的文化、地域以及学科背景，因此通过多种大型模型，可以获取更多的观点和角度，从而呈现更加客观的科学信息。这种多元性有助于避免创作时的主观偏见和世界观的影响，保持内容的客观性。

4. 增加文本生成及语言风格的丰富性：每种大模型都有其独特的文本生成能力和语言表达风格，因此在创作科普内容时，多种大型模型的结合可以带来更加丰富和生动的语言表达，提升内容的质感和吸引力。

值得注意的是，虽然多种大型模型的结合可以提供诸多优势，在实际使用过程中也需考虑到模型集成的复杂性和成本，以及对作者在文本处理和后期编辑方面的挑战。因此，需要合理调配时间和资源，确保最终的科普内容能够综合利用多种大型模型的优势，同时保持优质的创作效果和高效创作。

生成科普内容

在科普创作中，大模型通过输入相关的背景描述、关键词或主题，生成相应的内容提纲，如章节标题、重点内容以及相关章节之间的逻辑关系，从而帮助作者构建完整的内容结构。同时，大模型通过输入相关的问题或主题，能够生成包含科学知识、解释性文字和实例等方面详细的内容文本。大型模型在科普创作中，能够起到确定内容提纲和生成内容文本的核心和关键作用，帮助作者更好地进行科普知识的有效传播。

科普内容的形态

科普内容，顾名思义，是指科学普及所涉及的信息和知识，旨在将复杂的科学原理、技术应用、自然现象等，以通俗易懂的方式传达给公众，提升公众的科学素养和对科学知识的理解能力。科普内容的表现形态多种多样，以适应不同受众的需求和兴趣。

1. 科普文章：以文字形式介绍科学概念、原理、实验等内容，可以适应不同的媒介，如报纸、杂志、科普网站等。

2. 科普视频：通过视频的方式展示科学实验、演示科学原理、解释科学现象等，可以通过在线视频平台、科普节目等进行传播。

3. 科普讲座：专家学者通过讲座形式向公众介绍科学知识，可以在学校、科普机构等场所进行。

4. 科普展览：通过展示实物、图片、模型等方式展现科学知识，可以吸引公众的参观和学习。

5. 科普活动：组织科学实验、科学探索、科技竞赛等活动，让公众亲身参与科学实践，增强体验感和学习效果。

6. 科普漫画：通过漫画的方式呈现科学知识，以图像形式吸引公众的兴趣和阅读。

7. 科普游戏：设计科学题材的游戏，结合娱乐性与教育性，让公众在娱乐中学习科学知识。

8. 网络科普：利用互联网平台进行科普内容的传播，如科普网站、社交媒体账号、在线课程等。这种方式具有传播速度快、覆盖面广的特点，能够满足公众随时随地获取科普信息的需求。

内容提纲的生成

科普创作的提纲是整个科普内容的骨架，它包括科普文章的主题、大纲结构、重点内容等。在制定提纲时，需要明确科普文章的目的、受众群体、需要解释的概念、引用的案例等。提纲的清晰性和完整性对于后续科普内容文本的生成至关重要。其步骤如下：

1. 输入背景描述：在与大模型交互时，在对话框中输入关于科普主题和目标对象的相关背景描述，包括科普主题的关键词，以及受众群体的水平和兴趣点等。同时，输入科普内容的呈现方式，如文字、图片、图表、动画等。

2. 大模型生成提纲：根据输入的科普创作背景描述，大模型在数秒钟内即时生成科普内容提纲。

3. 人工编辑和修正提纲：对大模型生成的科普内容提纲可以进行人工编辑，确保提纲的相符性、准确性、逻辑性、完整性和易懂性，通过必要的修改和补充，形成最终的科普内容提纲。

内容文本的生成

科普创作提纲形成后，即可通过大模型生成科普内容文本。其步骤如下：

1. 输入提纲到大模型：将制定好的科普创作提纲输入到大模型对话中，大模型会根据提纲中的信息和作者的提问（请求），在数十秒钟内生成科普内容文本。

2. 大模型生成科普内容的方式。大模型在生成科普内容时的主要方式为：

- 理解和分析科学知识。大模型具有丰富的语言理解能力，能够理解科学概念并对不同学科领域的知识有一定的了解。它们从广泛的学术和科学资源中学习知识，以便在生成科普内容时提供准确和全面的信息。
- 语境理解和语言生成。大模型在语境理解上具有很强的能力，能够理解作者提出的问题或需求，并根据问题背景和上下文生成相应的科普内容。通过分析上下文信息，模型可以确保生成的内容与提问者的需求密切相关并尽可能详尽。
- 资料检索和总结。大模型帮助检索大量的学术文献、教科书和权威资源，并从中汲取文本信息，以确保生成内容的完整性和准确性。它们总结大量的信息，提炼出重要内容，以便在科普内容生成过程中提供清晰的描述和综合的信息。
- 自动校对和可靠性验证。大模型能够自动校对生成的科普内容，排除错误或不准确的信息。此外，它们还能够验证信息的可靠性，通过对比不同来源的信息，辅助判断所生成内容的准确性和权威性。

3. 大模型生成科普内容的输出。根据输入的科普创作提纲，大模型会生成相应的科普内容文本。大模型会结合提纲中的各个要点，有逻辑且连贯地生成与提纲相对应的详尽科普内容，并呈现出来。

人工编辑审核

人工编辑和专家审核是大模型辅助创作科普内容中确保科普内容的质量和准确性的重要环节。人工编辑以大模型生成的内容为参考，并结合自己的专业知识和写作技巧进行编辑和润色，从而确保内容的准确性和易读性。专家审核是对内容进行深入的科学性审查和修正，确保科学知识的准确性和权威性。大模型、人工编辑和专家审核的有机结合，可以提高科普内容的质量，使之更加符合公众的需求和科学传播的要求。其流程如下：

生成文本的编辑

作者以大模型输出的科普内容文本作为基础，进行必要的修改和编辑，以确保内容的准确性、流畅性和易读性。作者在编辑过程中，特别需要注意对专业术语、数据和事实的准确性和清晰度。

1. 仔细阅读由大模型生成的科普内容，并进行初步评估，检查内容的逻辑性、一致性和清晰度等。

2. 对文本进行语法、拼写和标点等方面的校对，纠正任何错误或不规范的表达，并确保文本易于理解。

3. 检查科普内容的准确性和权威性，对比原始资料和生成的内容，验证所提供的信息是否准确无误，并确保没有误导读者的地方。

4. 根据目标受众的需求和文化背景，对文本进行优化和调整，简化复杂的概念，使用更通俗易懂的语言，以增加读者的理解能力。

科普内容的审核

如果作者不是相应领域的科技专业人士，生成的科普内容必须经过具备相关的科学知识和专业背景的专家审核，确保大模型生成内容的准确性和可信度，做到人机协同创作的完美结合。

1. 仔细阅读科普内容，并对其中的事实、数据和推理进行验证。如果有任何疑问或不确定性，须进行进一步的研究和调查。

2. 检查科普内容是否与最新的科学发展和研究成果保持一致。对比其他权威来源的信息，以确保科普内容是最新和准确的。

3. 根据专家自己的专业知识和经验，提供反馈和建议。指出内容中的不足之处，并提供改进的建议，以提高科普内容的质量和可读性。

科普文本的修订

专家审查提供对文本的反馈意见后，作者需要根据专家审查意见对内容进行修订和完善。这一过程需要作者和专家之间的密切合作，确保对内容的修订不仅保持科学准确性，同时也能够保持易读性和普及性。

科普文本的审定

对于修订后的科普内容文本，如果作者是自媒体工作者，就按照国家有关规定自行确定；如果作者隶属于大众媒体或传播出版机构，则需要将其提交给科普内容的管理层或主编进行最终审核和批准。在此过程中，内容将再次受到严格的审查，以确保内容符合科普宗旨，不得含有误导性或不准确的信息，并且符合预期的传播效果。

科普作品传播

科普内容的推荐送达是非常关键的环节，它影响着科普信息的传播范围和受众的接受程度。

传播策略选择

对于大模型辅助创作的科普内容，作者的传播策略选择如下：

1. 目标受众确定：作者需要进一步明确科普内容的目标受众群体是谁，如学生、科研人员、普通大众和特定领域的专业人士等。针对不同群体的特点，传播策略会有所不同。

2. 使用多媒体形式传播：科普内容可以通过文字、图片、视频、漫画等多种形式来传播，作者根据自己的资源和平台选择最适合的传播方式。

3. 跨平台传播：选择合适的传播平台是非常重要的。可以考虑利用社交媒体、专业科普网站、公众号等平台，将科普内容传播给更广泛的受众群体。

4. 交互式传播：通过互动的方式让受众参与其中，可以增加受众的参与感和学习兴趣。如开设讨论区、举办线上问答活动等。

5. 借助合作者：寻找合作伙伴，如科学家、专业机构等，共同传播科普内容。合作者的背书和资源会增加内容的认可度。

6. 内容推广：制定科学的推广计划，包括发布时间、频率、内容的更新等，促使科普内容进入受众的视野。

作品投放渠道

选择科普内容的传播渠道也非常关键，因为不同的平台和渠道适合不同类型的受众，并且会影响到信息的传播范围和受众的接受程度。有以下选择：

1. 社交媒体平台：选择使用流行的社交媒体平台，比如微博、微信公众号、知乎等。同时，选择适合自己内容风格和受众群体的平台进行传播。

2. 视频平台：视频内容在科普传播中非常受欢迎，选择上传到抖音、Bilibili 等视频平台，通过图文并茂、生动形象的视觉展示来传播科学知识。

3. 博客和公众号：利用作者自己的博客或公众号来发布科普内容，建立自己的品牌形象，增加内容的可信度和影响力。

4. 传统媒体合作：寻求与科普类节目、杂志、报纸等传统媒体的合作，通过合作推广来扩大科普内容的传播范围。

5. 科普展览和讲座：选择参与科普展览、举办科普讲座等活动，通过线下互动的方式来传播科学知识。

传播监测优化

作者可以利用传播平台或后台，监测推送科普内容的反馈和效果，不断优化推送策略，提高科普内容的传播效果。

第四章

与大模型对话的要领

作为人工智能体的大模型，需要在人类明确告知其所处背景，并赋予相应角色和任务指令后，才能真正展现其通用的、多功能的智能特性。换言之，通过对话框向大模型输入相关背景信息，并提出问题或请求，是发挥其强大功能的必要条件。因此，在利用大模型辅助科普创作的过程中，与大模型的对话显得尤为重要。掌握对话要领，成为决定大模型在科普创作中能否发挥应有作用的核心和关键。

对话的意图

大模型，作为一种基于神经网络的自然语言处理（NLP）模型，通过庞大的数据集对神经网络进行深度训练，直至其输出与我们的预期相符。一旦训练成熟，该模型便能接收用户输入，并经过“思考”后针对关键信息给出回应（图 4-1）。尽管大模型在本质上是一种人工智能体，一种工具，但它并不具备实体形态，如“五官”或“四肢”。除了数据之外，它对用户需求的感知、对现实情景的把握，以及对自身角色和执行任务的理解，都依赖于用户的提示和提问。在大模型辅助科普创作中，通过对话可以为大模型提供信息、生成内容、验证事实、提高效率、激发创意等。

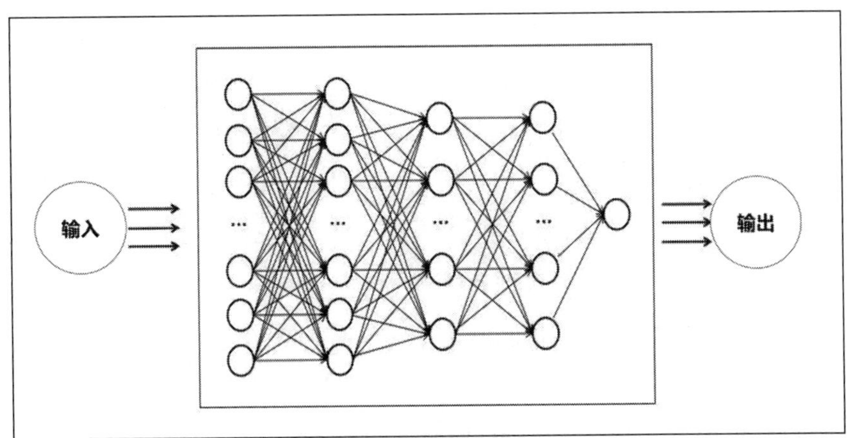

图 4-1　大模型工作的基本原理示意图

对话的第一原理

第一性原理是指不依赖于其他假设或推理的基本事实或真理。在大模型辅助科普创作中，第一性原理揭示了作者对自己的意图和需求必须有清晰的认知，并能够准确、清晰地传达给大模型，这样才能获得大模型的帮助并生成有价值的科普内容。换言之，作者与大模型对话的情境，可以解释为：

1. 意图表达：作者通过语言方式清晰地表达自己的意图和需求，直接告诉大模型自己想要什么样的回答或帮助。这是对话的基础，能够确保大模型理解作者的真实意图。

2. 问题提出：作者向大模型提出明确、具体、有针对性的问题，以获取所需的信息或解释。问题的提出需要基于真实的知识需求，并且要注意避免有歧义或模棱两可的表述。

3. 提示说明：作者通过提示向大模型提供必要的背景信息、上下文或约束条件，以指导大模型对问题进行更准确和有针对性的回答。提示的说明需要准确而明确地表达自己的要求。

4. 理解与生成：大模型基于其自身的语言模型和训练经验，来理解作者的问题和提示，并生成相应的回答和解释。大模型通过学习和推理，从知识库、文本语料等中获取相关知识，并用适当的方式进行输出。

5. 反馈与迭代：作者根据大模型的回答和解释，评估其是否满足自己的需求。如果需要进一步的细化、改进或补充，作者可以提供明确的反馈，以便大模型进行调整和迭代。

作者与大模型对话的思维导图如图 4-2 所示。

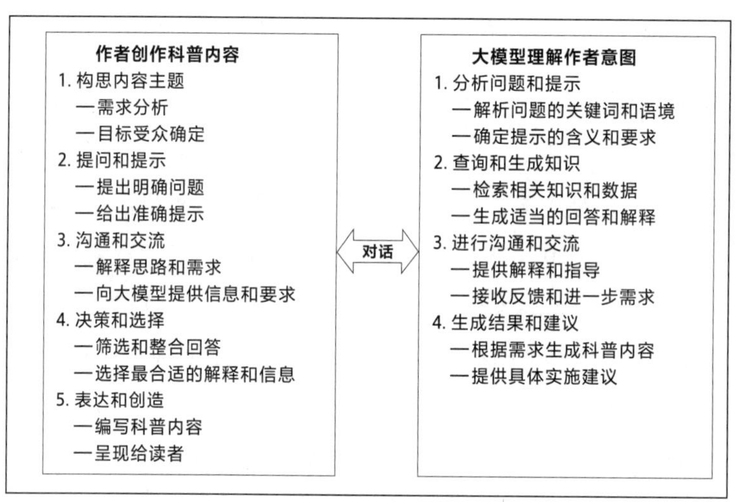

图 4-2　作者与大模型对话的思维导图

让大模型帮你

通过价值链分析，大模型在科普创作的选题、研究、写作、编辑到发布和传播等创作过程中的各个环节中都能发挥相应作用。只有良好的对话，才能最有效地发挥大模型的作用。主要包括：

1. 创作选题：大模型可以通过分析大量数据，提供当前热门话题或者预测未来趋势，帮助作者确定选题。

2. 前期研究：大模型可以快速检索和整理大量信息，帮助作者进行初步的研究。例如，大模型可以回答作者的问题，提供相关的背景知识，或者列举相关的案例。

3. 内容生成：大模型可以根据作者的要求，自动生成提纲和文本。这可以大大节省作者的时间，让作者有更多的时间专注于内容的深度和准确性。

4. 文本编辑：大模型可以帮助作者检查文章的语法和拼写错误，提供措辞建议。此外，大模型还可以根据反馈自动修改文章，提高文章的质量。

5. 发布传播：大模型可以帮助作者分析目标受众，选择最合适的发布平台。此外，大模型还可以通过社交媒体自动推广文章，扩大文章的影响力。

让大模型懂你

在利用大模型辅助科普创作的过程中，让大模型理解作者的意图和需求至关重要。它是确保信息准确性、提供有针对性的回答、优化创作流程，并提高科普创作质量的前提和基础。通过与大模型的互动，作者可以更好地实现自己的创作目标，传播科学知识给读者。

1. 让大模型懂你角色。在利用大模型辅助科普创作的对话过程中，正确提问对于让它理解你的角色是非常重要的。在与大模型对话时，首先要明确你的角色，是科普作者、教育工作者还是普通读者。这将有助于大模型更好地理解你的需求，从而提供更有针对性的回答。例如，作者可以这样提示："作为一个科普作者，我需要了解关于太阳系的基本信息。"

2. 让大模型懂你意图。在提问之前，作者首先要明确自己的目的，是为了获取某个知识点的解释、了解某个现象的原因，还是寻求解决某个问题的方法等。这样可以帮助你更准确地表达问题，让大模型更容易理解你的意图。例如，如果你想了解光合作用的原理，可以这样提示："请解释一下光合作用的过程及其原理。"

3. 让大模型懂你要求。在提问之前，首先要明确自己的要求，是希望大模型提供某个知识点的解释、分析某个现象的原因还是给出解决某个问题的方法等。这样可以帮助你更准确地表达问题，让大模型更容易理解你的要求。例如，如果你想了解地球自转对气候的影响，可以这样提示："请解释地球自转对气候的影响。"

让大模型自明

在作者与大模型对话的过程中，让大模型知道自己的角色、任务、能力等，有助于避免产生误解或混淆，激发大模型更积极地响应和生成有价值的回答，提高对话的效率和质量。

1. 让大模型知道它的角色。这需要作者明确指示和定义大模型应当假设的身份、立场或角度，以便它根据所需的情境提供相应的科普内容。例如，假设作者正在撰写一篇关于人工智能的科普文章，希望大模型在辅助创作中发挥作用，作者可以明确指示说："在我们的对话中，你将扮演一个科学家的角色，以提供客观且权威的科学知识和观点。"这样，可以确保大模型明白它所提供的信息应基于客观、科学的观点，并与作者的科普目标相符。

2. 让大模型知道它的任务。这需要作者明确指示和定义大模型需要完成的具体任务、目标或问题，以便它提供相关的科普内容。例如，假设作者希望大模型帮助回答有关宇宙起源的科普问题，为了让大模型知晓需要完成的任务，作者可以明确指示说："请解释宇宙起源的不同理论，包括大爆炸理论、宇宙膨胀和暗能量等，以及这些理论对我们理解宇宙所产生的影响。"这样，可以引导大模型提供特定的科普解释，并涵盖关于宇宙起源的重要理论和概念，与作者的需求相匹配。

3. 让大模型知它自己的能力。尽管大模型在处理自然语言理解任务上非常出色，但它仍然存在一些局限性，需要作者意识到并进行相应的引导。在与大模型对话时，让大模型了解自己的能力和局限性，可以帮助作者更好地利用模型的优势，同时避免大模型的不当使用。例如，如果作者问"请解释黑洞的信息悖论"，而模型无法理解这个问题，它可以回答"对不起，我无法解释黑洞的信息悖论，这是一个复杂的物理问题，超出了我的知识范围"。如果作者问"请解释相对论"，而模型不确定自己的解释是否完整，它可以回答"相对论是一个深奥的理论，我的解释可能不完全准确，建议您查阅更多的专业资料以获得更深入的理解"。如果作者问"请帮我写一篇完整的科普文章"，而模型的设计并不包括撰写长篇科普文章，它可以回答"我很抱歉，但我不能帮你写完整的科普文章。我的知识和能力主要限于生成简短的文本和回答问题"。通过这种方式，作者可以让大模型了解自己的能力和局限性，从而更有效地使用模型，同时避免对模型的过度依赖或不当期望。

提示与提问

在大模型辅助科普创作中，提示和提问起到指导和引导大模型生成所需内容的核心关键作用。准确的提示有助于大模型理解作者的意图，节省时间和精力，避免模型猜测或误解作者的意图，从而生成与需求相符合的科普内容。正确的提问能够引导大模型提供所需的信息和解释，提问的良好技巧可以帮助作者从大模型中获取更精确和详细的回答，满足读者的需求。

准确提示

在大模型辅助科普创作中，准确提示是指向大模型提供清晰、具体、相关的信息或问题，以便模型能够理解作者的需求，并做出恰当的回应。主要包括：

1. 科普创作的主题：明确指出所要创作的科普主题是什么，例如天文学、生物学、物理学等。这样有助于大模型对相关领域的知识进行查询和回答。

2. 目标受众：明确指定科普内容的目标受众是谁，例如儿童、青少年、成人等。这样有助于大模型提供适合目标受众的语言和表达方式。

3. 宗旨和目的：阐明科普内容的宗旨和目的，例如是为了普及知识、解答常见问题、消除误解等。这样有助于大模型理解作者所期望传达的信息和态度。

4. 主要内容：简要描述科普内容的要点、重点或核心概念，以便引导大模型提供相关的详细解释和说明。

5. 文本字数或视频长度：指明科普内容的篇幅或时长限制，例如需要一篇 1000 字的科普文章或一个 10 分钟的科普视频。这样有助于大模型控制回答的长度和深度。

6. 传播途径：指明科普内容的传播途径，例如文字、视频、图表等呈现形式。这样有助于大模型提供与传播途径相适应的解释和建议。

7. 风格要求：指明科普内容的风格要求，例如简洁明了、易懂、生动活泼、科学严谨等。这样有助于大模型根据需求提供相应的语言风格和表达方式。

通过提供准确的提示，作者可以帮助大模型更好地理解自己的意图，使生成的科普内容更加精准和贴合需求。例如，如果你想创作一篇针对儿童读者的关于恐龙的科普文章，你的准确提示可以是："请帮我写一篇关于恐龙的科普文章，主要面向儿童读者，宗旨是用简单、生动的语言来解释什么是恐龙、恐龙的特点和恐龙灭绝的原因，并且字数控制在 800 字左右。"

正确提问

大模型辅助科普创作中，正确提问是指提出明确、具体和有针对性的问题，以便获得准确、有用的回答或解释。主要包括：

1. 明确的问题：问题应该清晰明确，没有歧义，容易理解，这样能够帮助大模型准确理解问题的意图，并提供相关的信息和回答。例如，如果你想了解地球上最高的山峰是哪座，一个明确的问题可以是："地球上最高的山峰是什么？"

2. 具体的问题：问题应该具体指定需要回答的知识点或方面，而不能过于宽泛或笼统，这样有助于大模型提供更精确和详细的信息。例如，如果你对太阳系中行星的数量感兴趣，一个具体的问题可以是："太阳系中有几颗行星？”

3. 针对性的问题：问题应该针对特定的主题或问题，以便从大模型中获取与之相关的信息和解释。例如，如果你想了解人造卫星的用途，一个有针对性的问题可以是：“人造卫星主要用于哪些方面？”

及时反馈

与大模型对话中，作者要留心大模型的回答，并及时有效地提供反馈，这可以帮助作者指导大模型生成更准确、有针对性的回答，并不断改进对话的效果。主要包括：

1. 留心大模型的回答：当大模型给出回答时，作者应该仔细阅读和理解。注意回答是否符合问题的要求，是否准确、完整，并且是否与已有的知识一致。如果回答有任何不符合要求的地方，作者需要及时发现并进行适当的反馈。

2. 提供有效反馈：当作者发现大模型的回答存在问题时，应该给予及时而有效的反馈。反馈应该具体、明确，并尽可能地指出问题所在。例如，作者可以指出回答中存在错误事实、缺乏关键信息、逻辑不清等问题。这样的反馈有助于大模型理解和学习如何改进回答。例如：假设作者问大模型一个关于科学的问题：“什么是黑洞？”大模型可能给出一个不太准确或不完整的回答：“黑洞是一种天体，它有非常强大的引力。”作者可以留心回答中的问题，并给予相应的反馈：“你的回答部分正确，黑洞是一种天体，但你可以进一步提到黑洞的特点，例如它具有非常大的质量和卓越的引力，甚至连光也无法逃离。”

3. 迭代改进：通过不断地提供反馈和指导，大模型有机会根据作者的需求和准确性要求进行学习和优化。作者可以在对话中多次与大模型互动，观察其回答的改进情况。如果回答质量得到明显提高，说明反馈起到了积极的作用。

对话的诀窍

作者在与大模型对话时，就如同与同事、朋友的对话一样，应该清楚地表达自己的意图和目的，明确地提出问题，以实现有效的交流和创作，确保大模型生成有针对性的回答。

清晰明了

提示、提问应清晰，避免模糊或含糊不清的表达，确保模型能够准确理解意图。通过使用明确的关键词、提供具体的背景信息、明确的问题，以及逐步细化问题，可以提高与大模型对话的效果，获得更准确和有用的回答或解释。主要包括：

1. 使用明确的关键词：在与大模型对话时，使用明确的关键词可以帮助大模型更好地理解问题。例如，如果要了解太阳系的行星数量，可以问："太阳系有多少颗行星？"而不是简单地问："太阳系有什么？"

2. 提供具体的背景信息：为了得到更准确的回答，需要提供一些相关的背景信息。例如，如果要了解某种动物的特征，可以提供该动物的名称和分类信息。这样可以引导大模型给出更具体和准确的回答。

3. 明确的问题：模糊或含糊不清的问题，往往会导致大模型给出不准确或不完整的回答。例如，不要问："地球是什么？"而应该问："地球是什么类型的行星？"这样可以使大模型更好地理解问题并提供准确的回答。

4. 逐步细化问题： 复杂的问题可能无法通过一个简单的问答过程得到完整和准确的答案。这时，可以逐步细化问题，先从整体上了解基本信息，然后再深入探讨细节。例如，如果要了解光合作用的过程，可以先问："什么是光合作用？"然后再问："光合作用是如何进行的？"

密切相关

提示、提问应与对话的上下文密切相关，以便帮助大模型理解作者当前的需求或问题。相关性是通过提供上下文信息、使用相关的关键词、避免无关信息的干扰等方式来提高与大模型对话的效果，从而获得更准确和有价值的回答或解释。主要包括：

1. 提供上下文信息： 为了得到大模型更准确的回答，需要提供一些相关的上下文信息。例如，如果要了解某种植物的特征，可以提供该植物所属的科、属以及其生长环境等信息。

2. 使用相关的关键词： 使用与问题或主题相关的关键词，可以帮助大模型更好地理解问题。例如，如果要了解太阳系的行星特征，可以使用关键词"行星""轨道""大小"等。

3. 避免无关信息的干扰： 在与大模型对话时，应该尽量避免提供无关的信息或问题，以免干扰模型对相关问题的理解。例如，如果要了解动物的特征，就不应该提及与动物无关的话题，如天气、地理等。

具体明确

具体性指的是在与大模型对话时，提供具体、明确的信息和问题，以便大模型能够理解并给出准确的回答或解释。主要包括：

1. 使用具体的关键词：使用具体的关键词可以帮助大模型更好地理解问题。例如，如果要了解恐龙的特征，可以使用具体的关键词如“霸王龙”“三角龙”“羽毛”等。

2. 提供具体的背景信息：为了得到更准确的回答，需要提供一些具体的背景信息。例如，如果要了解某种疾病的症状，可以提供该疾病的名称、发病部位以及可能的病因等信息。

3. 明确的问题：模糊或含糊不清的问题往往会导致模型给出不准确或不完整的回答。因此，在与大模型对话时，应该尽量避免使用模糊或含糊不清的表达方式。

4. 逐步细化问题：复杂的问题可能无法通过一个简单的问答过程得到完整和准确的答案。在这种情况下，可以逐步细化问题，先从整体上了解基本信息，然后再深入探讨细节。

有上下文

上下文是指在与大模型对话时，提供与问题或主题相关的背景信息，以便大模型能够更好地理解并给出相关且准确的回答或解释。主要包括：

1. 提供前置知识：为了得到更准确的回答，需要提供一些相关的前置知识。例如，如果要了解相对论的原理，可以先提供经典力学的基本概念和定律。

2. 指明特定领域或学科：可以指明特定的领域或学科，以便大模型能够专注于该领域的相关知识。例如，如果要了解生物学中的细胞结构，可以明确提出：“请给我解释一下细胞的结构和功能。”

3. 引用先前的对话或内容：如果之前已经与大模型进行过相关对话或创作，可以在新的对话中引用这些对话或内容作为上下文。例如，如果要继续讨论之前提到的太阳系行星的特征，可以引用之前的对话："在我们之前的对话中，我们提到了太阳系的行星特征。现在我想进一步了解行星的大小和组成等信息。"

4. 使用连接词和短语：使用连接词和短语来帮助大模型理解问题的上下文关系。例如，使用"另外""此外""相反"等词语，来引出不同的观点或信息。

承认不知

承认不知是指作者在与大模型对话时，明确表示自己不知道。在与大模型对话时，作者应当意识到自己的知识面无法涵盖所有领域，并且主动寻求大模型帮助是一个合理的行为。例如，假设作者对天文学不了解，遇到一个关于黑洞的问题，作者可以坦率地说："我对黑洞不太了解，你能解释什么是黑洞吗？"

寻求解释

如果大模型的回答对作者来说还不够清晰或详细，可以要求它进一步解释或提供更多细节。这可以通过直接询问问题的原因、要求逐步解释答案等方式实现。例如，假设作者询问大模型一个关于新冠病毒的问题，但其回答过于简洁，这时可以请求进一步解释："你能具体介绍一下新冠病毒的传播途径吗？"

第五章

大模型辅助科普文章创作

科普文章作为传播科学知识、提升公众科学文化素养的重要载体形式，具有举足轻重的地位。在传统科普中，撰写一篇高质量的科普文章并非易事，涉及严谨的科学知识、清晰的逻辑表达，以及生动的语言描述，这对一般作者来说困难重重。然而，人工智能技术的不断发展，为大模型辅助一般作者创作科普文章提供了全新的可能性。

科普文章的特性

科普文章是一种以普及科学知识为目的的文本格式，旨在向广大读者传播科学原理、科学方法和科学成果等内容。

科普文章的普适性

科普文章是科学普及作品的主要形式之一，普适性是其最大的特点。主要体现为：

1. 通俗易懂：科普文章通常以通俗易懂的语言和方式解释科学知识，使广大读者能够轻松地理解和接受。这种通俗易懂的特点使得科普文章适合不同年龄、不同文化背景、不同专业领域的读者，增强了其普适性。

2. 主题广泛：科普文章涵盖的主题十分广泛，涉及自然科学、社会科学、技术发展等多个领域，从天文学到生物学，从历史到当代医学。这种广泛的主题覆盖使得科普文章能够满足不同读者对知识的需求，因此具有很强的普适性。

3. 跨时空传播：科普文章可以通过各种媒介进行传播，如纸质书籍、网络平台、电视节目等。这种跨越时空的传播方式，使得科普文章能触达广泛的读者群体，无论是在现代社会还是过去的历史时期，都能够产生良好的影响和效果。

4. 授人以渔：科普文章不仅能够让读者了解最新的科学研究进展，还能够帮助公众树立正确的科学观念和方法论。这种提升公众科学素养的功能使得科普文章具有普适性，因为科学知识和方法适用于大多数人。

科普文章的分类

科普文章的分类维度非常多，不同的维度分类结果不同。这里仅从大模型辅助创作科普文章的角度，将科普文章分为以下类型（但不限于）：

1. 科学原理解释类：这类科普文章主要解释科学原理，如物理学、化学、生物学等领域的基本概念和理论。这类文章通常具有较强的逻辑性和系统性，需要作者对所讲述的科学知识有深入的了解。

2. 科学发现报道类：这类科普文章主要报道最新的科学研究成果，如新的科学发现、技术突破等。这类文章需要作者关注科学研究动态，及时反映最新的科学成果，具有较高的时效性。

3. 科学现象揭示类：这类科普文章主要揭示自然界中的奇特现象，如彩虹的形成、地震的原因等。这类文章通常具有较强的趣味性和生动性，需要作者运用生动的语言和有趣的例子来吸引读者的注意力。

4. 科学方法介绍类： 这类科普文章主要介绍科学研究的方法和技巧，如实验设计、数据分析等。这类文章需要作者具备一定的科研背景，能够将复杂的科研方法简化为普通读者容易理解的内容。

5. 科技人物传记类： 这类科普文章主要介绍科学家的生平事迹和科研成果，如爱因斯坦、居里夫人等。这类文章通常具有较强的故事性和感染力，需要作者挖掘科学家的个人经历和成长过程，展现科学家的精神风貌。

6. 科技历史类： 这类文章主要介绍科学史上的重要事件、发现或突破，以及科学家的故事和贡献。它们通常以叙事的方式呈现，结合历史背景和科学发展脉络，让读者了解科学进步的历程和科学家的努力。

7. 科技评论性类： 这类科普文章主要讨论科学界存在争议的话题或观点。它们通过提供不同观点的比较和分析，帮助读者理解科学争议的本质，并促使读者进行思考和判断。大模型辅助创作可以帮助作者收集和整理不同观点的论证材料，并提供相应的背景信息，以帮助他们撰写全面、客观的评论。

8. 科技展望类： 这类文章关注科学的前沿领域和未来的发展趋势。它们可能介绍新兴的科学概念、技术或研究方向，并探讨其潜在的影响和应用前景。这类文章通常需要作者对未来的科学发展有一定的洞察力和预测能力。

9. 科技实践应用类： 这类科普文章关注科学知识在实际生活中的应用，如健康、环境保护、科技创新等方面。它们通过提供实用的建议、技巧和解决方案，帮助读者应用科学知识改善生活质量。大模型辅助创作可以为作者提供相关的应用案例、研究数据和实验结果，以支持他们编写实践应用类的科普文章。

10. 科学辟谣类： 这类文章重在澄清科学谣言和误解，特点是事实清楚，有助于提高公众的科学素养。

11. 科学趣味问答类：这类科普文章主要以问答的形式呈现，回答读者关于科学知识的疑问。这类文章需要作者具备较强的应变能力，能够根据读者的问题快速给出准确的答案。

科普文章传播途径

科普文章的传播途径多样化，需要根据不同的受众和内容特点，选择合适的传播方式，实现科普文章的有效传播。其传播途径主要包括：

1. 传统媒体：传统媒体是科普文章传播的主要途径，包括报纸、杂志、电视、广播等。这些媒体具有较高的覆盖面和权威性，能够将科普文章传播给广泛的受众。例如，报纸和杂志可以定期刊登科普文章，电视台和广播电台可以制作科普节目。

2. 网络媒体：随着互联网的普及和发展，网络媒体已成为科普文章传播的重要途径，包括新闻网站、科技博客、社交媒体等。网络媒体具有传播速度快、互动性强、覆盖面广等特点，能够让科普文章迅速传播给大量网民。此外，网络媒体还可以通过图文、音频、视频等多种形式展示科普内容，提高受众的阅读体验。

3. 教育机构：学校、图书馆、科技馆等教育机构也是科普文章传播的重要途径。这些机构可以通过举办讲座、展览、培训班等形式，将科普文章传播给师生和社会公众。此外，教育机构还可以编写教材和教辅资料，将科普内容融入教育体系，培养学生的科学素养。

4. 社区活动：社区活动是科普文章传播的有效途径，可以通过组织科普讲座、知识竞赛、实地考察等活动，将科普文章传播给社区居民。这种方式既能满足居民对科学知识的需求，又能增进邻里之间的交流与互动。

5. 专业平台：针对特定领域的科普文章，可以通过专业平台进行传播。例如，科学期刊、学术会议等专业平台可以发布最新的科研成果和技术动态；行业协会、专业论坛等平台可以分享行业经验和技术应用案例。这些专业平台有助于提高科普文章的专业性和针对性，满足专业人士的需求。

6. 个人传播：科学家、专家和科普工作者可以通过撰写科普文章、发表演讲、参加访谈等方式，将科普内容传播给公众。这种方式具有较强的权威性和影响力，有助于提高科普文章的可信度和传播效果。

科普文章的构思

在大模型辅助创作科普文章中，构思对科普文章的主题和内容、深度与语言风格、文章结构与逻辑连贯等方面都起着决定性作用。构思是大模型辅助创作科普文章的关键步骤，它决定了文章的质量和效果。

科普文章的逻辑

科普文章的逻辑是指文章在阐述科学知识、原理和现象时，所遵循的思维规律和论证方法。一篇优秀的科普文章应该具有清晰、严密的逻辑结构，以便读者能够更好地理解和接受所传达的科学信息。其基本逻辑包括：

1. 问题陈述：科普文章通常从引入一个问题或现象开始，以提出读者可能关心或感兴趣的主题。问题的陈述应该清晰明了，能够吸引读者的注意。

2. 背景介绍：接下来，科普文章会提供相关的背景信息，包括该问题或现象的历史、科学背景，以及其在当今世界中的重要性。

3. 科学解释：在科普文章中，作者通常会提供科学解释，以阐明问题或现象的原理和机制。该部分应该遵循科学原理，确保信息的准确性和可靠性。

4. 例证和案例：为了让读者更好地理解，科普文章往往会以实例、案例或简单的示意图来解释和说明科学概念。

5. 反驳错误观点：科普文章可能会涉及一些普遍存在的谬误或错误理解，作者需要指出这些错误观点，并提供正确的科学观点。

6. 结论和建议：最后，科普文章可能会总结主要观点，并提出读者可以采取的行动或进一步了解的途径。

总之，科普文章的逻辑应该是清晰、连贯且易于理解的。通过合理的组织和表达方式，将科学知识以简明扼要的方式传递给读者，帮助他们更好地理解和应用所学的知识。

科普文章的结构

科普文章的结构是指文章在阐述科学知识、原理和现象时所遵循的思维规律和论证方法。一篇优秀的科普文章应该具有清晰、严密的逻辑结构，以便读者能够更好地理解和接受所传达的科学信息。一般主要包括：

1. 引言：引言部分是科普文章的开篇，通常包括对主题的简要介绍、背景信息和研究意义等。引言的主要目的是吸引读者的注意力，引发读者的兴趣，为正文部分的论述做好铺垫。

2. 正文：正文部分是科普文章的核心，应详细阐述科学知识和原理，通过实例和数据进行论证。正文的结构通常包括：

- 概念解释：对文章中涉及的关键概念进行解释和说明，帮助读者建立正确的认知基础。
- 原理阐述：对科学原理和规律进行详细的阐述，包括理论依据、推导过程和实际应用等方面的内容。
- 实例分析：通过具体的实例和案例，展示科学知识和原理在实际生活中的应用和价值，使读者能够更好地理解和接受所传达的信息。
- 数据支持：运用统计数据、实验结果等证据，对科学知识和原理进行有力的论证，提高文章的说服力。

3. 结论：结论部分是科普文章的收尾，应总结全文，强调文章的主要观点和意义。结论的主要目的是帮助读者梳理文章的重点内容，加深对科学知识的理解，激发读者的思考和探索欲望。

4. 参考文献：参考文献部分需列出文章中引用的所有资料和文献，包括书籍、期刊论文、网络资源等。参考文献的主要目的是为读者提供进一步了解和研究相关主题的线索，体现作者严谨的学术态度。

科普文章的创意

科普文章的创意是指在撰写科普文章时，运用新颖、有趣和富有创意的方法来吸引读者，提高文章的阅读价值和传播效果。主要包括：

1. 引起读者兴趣的开头：一个精巧的开头是吸引读者继续阅读的关键。科普文章可以通过提出有趣的问题、讲述引人入胜的故事或者引用名言警句等方式，激发读者的好奇心和求知欲，引导读者进入文章的主题。

2. 故事化的叙事方式：将科学知识和原理以故事的形式进行叙述，可以使文章更具吸引力和趣味性。通过讲述科学家的发现历程、科学原理的应用案例或者科学发展的趣闻轶事等，让读者在轻松愉快的氛围中学习科学知识，提高阅读体验。

3. 渐进式的知识传递：科普文章应该遵循由浅入深、循序渐进的原则，逐步向读者传递科学知识。从基本概念和原理入手，逐步深入到复杂的现象和应用，使读者能够逐步建立起完整的科学知识体系。

4. 生动且易懂的语言表达：科普文章的语言应该生动、形象且通俗易懂，以便读者能够轻松地理解和接受所传达的科学信息。可以运用比喻、拟人、排比等修辞手法，以及生活中的实例和案例，使科学知识更加贴近读者的生活实际，提高文章的可读性。

5. 创新性的表现形式：科普文章可以尝试运用多种创新的表现形式，如漫画、动画、视频等多媒体手段，以及互动式的内容设计，使文章更加生动有趣，满足不同读者的需求。

6. 跨学科的知识融合：科普文章可以将不同学科的知识进行融合和交叉，展示科学的多元性和丰富性。通过跨学科的知识融合，可以帮助读者拓宽视野，提高综合素质。

总之，科普文章的创意是提高文章质量和传播效果的关键因素。一篇具有创意的科普文章，能够吸引更多的读者，提高其科学素养，促进科学普及和发展。

创作模式与示例

大模型辅助创作科普文章，一般包括科普主题与目标受众的确定、创作背景描述、大模型的选用、生成和修订提纲、生成文本，以及作者后续的编辑审核、修改审定等过程。其关键是提示词（上下文、背景）、提问（明确任务的请求）、要求（对输出的风格、口气、字数等）。

提示词和提问模板

在使用大模型辅助创作科普文章时，作者输入的提示词、提问等起着至关重要的作用。它事关大模型是否能准确定位文章的主题和内容方向、指导大模型生成文章所需的信息深度和广度、打破大模型的独白模式、充分理解读者的需求和期望、生成高质量和高相关性的科普内容。作者向大模型输入辅助创作科普文章的提示词的基础模板为：科普主题 + 目标受众 + 科普内容 + 传播场景（时间、地点或媒体）+ 请求等，由此根据科普文章内容要求不同，衍生出不同提示词模板。其常见提示词和提问模板（但不限于）如下：

1. 科普主题 + 目标受众 + 基础科普知识点 + 教学场景。这个模板适用于教育领域，旨在帮助作者生成符合课堂教学需求的科普文章。例如，请以“太阳系行星”为主题，为初中生编写一篇包含行星基本特征和运行规律的科普文章，适用于初中科学课堂的教学环境。

2. 科普主题 + 目标受众 + 深入解析点 + 科普活动。这个模板适用于需要深度探讨某个科学话题的科普活动。例如：围绕“基因编辑技术”，为公众提供一篇深入解析 CRISPR-Cas9 工作原理及应用的科普文章，适合在科普讲座中作为讲解材料。

3. 科普主题 + 目标受众 + 实际应用案例 + 网络媒体。这个模板注重科学知识的实际应用，并适用于网络传播。例如：以“人工智能在医疗领域的应用”为核心，为普通网民撰写一篇介绍人工智能（AI）辅助诊断的科普文章，适合在科技类网站上发布。

4. 科普主题 + 目标受众 + 科学争议点 + 互动交流。这个模板适用于需要探讨科学争议的科普互动场合。例如：请撰写一篇关于“气候变化原因及影响”中人类活动对气候变化的贡献程度的科普文章，面向环保专家和学者，适合在气候科学交流会上进行交流和讨论。

5. 科普主题 + 目标受众 + 历史发展脉络 + 科普展览。这个模板适用于需要介绍科学历史发展的科普展览。例如：以“计算机技术的发展”的历史发展为主线，为参观者编写一篇介绍计算机从诞生到现代发展的科普文章，适合作为计算机科技展览的解说词。

6. 科普主题 + 目标受众 + 未来展望 + 科技节。这个模板适用于科技节等需要展示科技未来趋势的活动。例如：请以“可持续能源的未来”的未来发展趋势为切入点，为公众撰写一篇展望清洁能源替代化石能源的科普文章，适合在科技节上展示和推广。

7. 科普主题 + 目标受众 + 科学实验介绍 + 科学实验室。这个模板适用于科学实验室等需要介绍实验操作的场合。例如：围绕“光的折射现象”，为学生写一篇介绍折射实验原理和步骤的科普文章，旨在帮助学生理解折射现象，适合在物理实验室中作为学生实验指南。

8. 科普主题 + 目标受众 + 跨学科联系 + 综合科学课程。这个模板适用于需要展示科学知识跨学科联系的科普报告会或综合科学课程。例如：请以“生态系统的能量流动”为中心，阐述其与物理学、化学和地理学的跨学科联系，为高中生编写一篇综合性的科普文章，适合用于高中科学课程的教学材料。

9. 科普主题 + 目标受众 + 科学人物传记 + 科学家纪念日。这个模板适用于纪念科学家或科学发现的重要日子。例如：请以“爱因斯坦与相对论”为传记对象，为公众撰写一篇介绍爱因斯坦生平和相对论贡献的科普文章，以纪念爱因斯坦诞辰。

10. 科普主题 + 目标受众 + 科学问题解答 + 问答平台。这个模板适用于问答平台等需要解答科学问题的场合。例如：针对“为什么天空是蓝色的”这一科学问题，为儿童提供清晰的解答和答案，编写一篇科普文章，适合在儿童科普问答平台上发布和分享。

生成文章的风格请求

在利用大模型辅助创作科普文章时，作者不仅需要提供具体的上下文提示词来引导大模型生成相关内容，还需要指明所期望的输出科普文章的口气、风格、字数等。因为科普文章作为一种传播科学知识的工具，其风格可以有效地影响读者对科学的接受和理解程度。作者所期望的输出科普文章风格可以在请求后表达出来，即“……+ 请求 + 文本风格”。常见的描述科普文章风格表述语的关键词（但不限于）如下：

1. 简明易懂。科普文章应使用简单明了的语言，避免复杂的术语和冗长的句子，确保读者能够迅速理解文章的核心内容。例如：解释光合作用时，可以用“植物通过光合作用将阳光转化为能量”这样简洁明了的句子。

2. 生动有趣。科普文章应通过生动的例子、有趣的故事或引人入胜的情境来吸引读者的注意力，使科学知识变得更加有趣和吸引人。例如：在介绍动物行为时，可以讲述一个关于动物智慧或有趣习性的小故事，如猴子使用工具获取食物。

3. 准确可信。科普文章必须基于准确的科学事实和可靠的研究数据，避免误导读者或传播错误信息。例如：在介绍新的科学发现时，应引用权威的科学期刊或研究机构的数据和结论。

4. 逻辑严谨。科普文章的论述应具有严密的逻辑关系，确保文章的各个部分相互支持、协调一致。例如：在阐述科学原理时，应按照因果关系或递进关系进行组织，使读者能够清晰地理解其中的逻辑链条。

5. 图文并茂。科普文章应结合适当的图表、插图或照片来辅助说明科学概念或现象，使读者能够更加直观地理解文章内容。例如：在解释天体运行时，可以配以太阳系示意图或行星轨道图来帮助读者理解。

6. 深入浅出。科普文章应从读者熟悉的事物或现象出发，逐渐引入复杂的科学概念和原理，确保读者能够循序渐进地理解文章内容。例如：在介绍量子力学时，可以先从日常生活中的波粒二象性现象入手，逐渐引入波函数、不确定性原理等概念。

7. 亲切自然。科普文章应采用亲切自然的语言风格，使读者感受到作者的关怀和引导，从而更容易产生共鸣并投入阅读。例如：在解释环保重要性时，可以使用第一人称的口吻，分享自己的环保实践和经验。

8. 创新独特。科普文章应具有创新性和独特性，通过新颖的视角或独特的表达方式来吸引读者的兴趣。例如：在介绍生物进化时，可以采用拟人化的手法，将生物进化过程描述成一个充满竞争和合作的“生存游戏”。

9. 权威专业。科普文章应体现出作者的专业素养和科学精神，确保文章内容的权威性和可信度。例如：在介绍医学知识时，应引用权威医学机构或专家的观点和研究成果来支持文章内容。

10. 生动有趣。科普文章应该通过故事、案例或幽默的方式来阐述知识点。例如，用动物的行为来比喻某种科学现象，或者通过描绘场景使读者感受到科学的奇妙之处。

创作科普文章示例

示例 1:《气候对极地动物的影响》科普文章创作

- 选用大模型：文心大模型 4.0（https://yiyan.baidu.com/）。
- 提示和请求：我想创作一篇主题为气候对极地动物影响的科普文章，目的是让感兴趣的公众、教育工作者或相关研究人员等，了解气候变化对极地动物生存环境造成的影响，并引起他们对环保的关注。该文章将介绍北极、南极地区的特点、气候变化对冰川融化、海冰减少等方面的影响，以及极地动物种群的现状和面临的挑战等内容。该文章将在主流报刊上发表。请你帮我生成该文章的提纲。

视窗 01

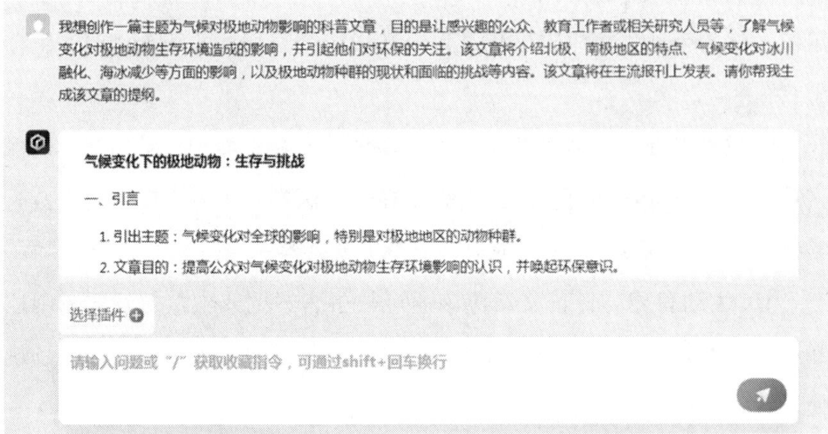

气候变化下的极地动物：生存与挑战（提纲）

引言

1. 引出主题：气候变化对全球的影响，特别是对极地地区的动物种群。

2. 文章目的：提高公众对气候变化对极地动物生存环境影响的认识，并唤起环保意识。

一、北极与南极地区的特点

1. 地理位置与自然环境简介。

2. 北极与南极生态系统的独特性：介绍极地地区的动植物种类及其相互依存关系。

3. 极地动物适应极端环境的方式：如生理特征、行为习性等。

二、气候变化对极地环境的影响

1. 全球气候变化趋势及其对极地地区的影响。

2. 冰川融化与海冰减少的现象及其后果：如海平面上升、生态系统改变等。

3. 气候变化对极地食物链的影响：以具体动物为例，阐述食物链的脆弱性。

三、气候变化对极地动物的影响

1. 极地动物种群现状：介绍受威胁程度较高的动物种类。

2. 气候变化对动物繁殖与迁徙的影响：以鸟类、哺乳动物等为例。

3. 气候变化导致的疾病传播风险增加：对动物健康的潜在威胁。

四、面临的挑战与应对策略

1. 保护极地动物的紧迫性：阐述生态平衡的全球意义。

2. 国际合作与政策支持：介绍现有的国际协议与保护措施。

> 3. 科学研究与技术进步：如何运用科技手段监测和保护极地动物。
>
> 4. 公众教育与参与：提高环保意识，倡导低碳生活。
>
> **结论**
>
> 1. 总结文章内容，重申气候变化对极地动物的影响及保护的重要性。
>
> 2. 呼吁全球共同努力，应对气候变化，保护极地生态环境和动物种群。
>
> （根据文心大模型 4.0 生成内容适当修改）

• 继续提示和请求：请按照上述提纲分 3 部分，分别生成科普文章。文本风格：通俗易懂、科学严谨、中观叙事，适合在主流报刊发表。每部分 2000 字左右。（注：由于不少大模型限制输出字数，当字数输出达不到作者要求时，作者需要提请大模型分段进行扩充，然后再粘贴在一起）

视窗 02

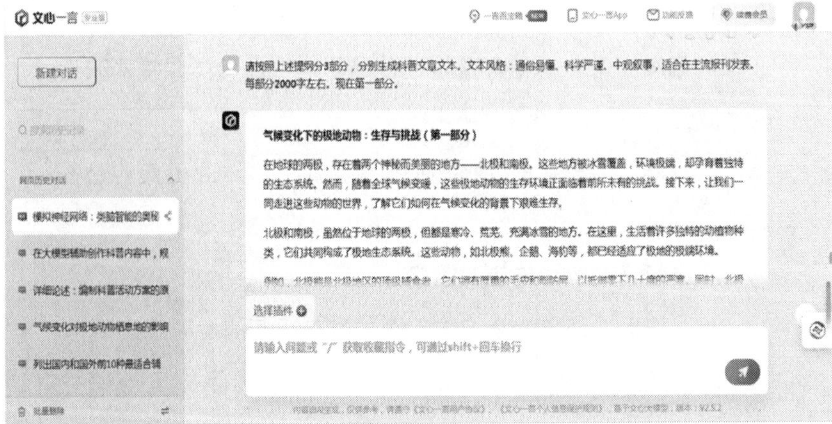

气候变化下的极地动物：生存与挑战

在地球的两极，存在着两个神秘而美丽的地方——北极和南极。这些地方被冰雪覆盖，环境极端，却孕育着独特的生态系统。然而，随着全球气候变暖，极地动物的生存环境正面临着前所未有的挑战。让我们一同走进这些动物的世界，了解它们如何在气候变化的背景下艰难生存。

一、北极与南极地区的特点

北极和南极，虽然位于地球的两极，但都是寒冷、荒芜、充满冰雪的地方。在这里，生活着许多独特的动植物种类，它们共同构成了极地生态系统。这些动物，如北极熊、企鹅、海豹等，都已经适应了极地的极端环境。

例如，北极熊是北极地区的顶级捕食者，它们拥有厚重的毛皮和脂肪层，以抵御零下几十摄氏度的严寒。同时，北极熊的宽大脚掌不仅可以让它们在雪地上稳步行走，还有助于它们在冰面上捕猎。南极的企鹅则有着紧密排列的羽毛和厚厚的脂肪层，以保持体温。企鹅还通过紧密聚集来减少体热散失，并能够在极端寒冷条件下进行繁殖。

二、气候变化对极地环境的影响

然而，全球气候变化正在对这些动物的生存环境产生深远影响。在过去几十年里，我们观察到北极和南极地区的冰川正在加速融化，海冰面积也在逐年减少。这些变化不仅导致了海平面上升，还使得极地动物的栖息地变得越来越有限。

海冰对于许多极地动物来说至关重要。例如，北极熊依赖海冰来捕猎海豹，如果海冰减少，北极熊的捕食难度将大大增加。同时，一些企鹅种类在繁殖季节需要稳定的海冰作为栖息地，海冰的减少可能会导致它们的繁殖成功率下降。

除了直接影响栖息地外，气候变化还会对极地动物的食物链产生连锁反应。由于海冰减少和海水温度升高，一些浮游生物和小型鱼类可能会受到影响，进而影响到以此为食的上层捕食者。这些变化可能会使整个生态系统发生崩溃，对极地动物造成更大的生存威胁。

此外，气候变化还可能导致一些疾病在极地动物中传播的风险增加。随着环境温度的升高，一些病原体可能会变得更加活跃，从而增加动物感染疾病的风险。这些疾病可能会对极地动物的生存造成严重的威胁。

三、气候变化对极地动物的影响

繁殖对于任何物种的延续都至关重要，极地动物也不例外。然而，气候变化正在对它们的繁殖活动造成干扰。以企鹅为例，许多企鹅种类在繁殖季节需要稳定的海冰作为筑巢和孵卵的地方。但随着海冰减少和不稳定，企鹅们的繁殖成功率受到了严重影响。一些研究甚至表明，某些企鹅种群的数量正在急剧下降，这无疑给它们的生存前景蒙上了阴影。

除了繁殖问题外，气候变化还对极地动物的迁徙模式产生了影响。许多极地动物，如鸟类和海洋哺乳动物，都会进行季节性迁徙以寻找食物和适宜的栖息地。然而，由于气候变暖导致冰雪融化和海平面上升，这些动物的迁徙路线受到了严重破坏。一些动物甚至被迫改变它们的迁徙模式，以适应新的环境变化。但这种改变往往伴随着更高的生存风险和不确定性。

更糟糕的是，气候变化还可能导致极地动物面临更多的生存威胁。例如，随着海水温度升高和酸化，一些极地海洋生物的生理机能可能会受到影响，从而导致它们的生存能力下降。此外，气候变化还可能导致一些外来物种侵入极地生态系统，与本地物种竞争食物和栖息地资源，进一步加剧极地动物的生存压力。

面对这些挑战，保护极地动物的紧迫性日益凸显。这些动物不仅是地球生物多样性的重要组成部分，还对维持极地生态系统的平衡起着关键作用。失去它们，将对整个地球生态系统产生不可估量的影响。

四、面临的挑战与应对策略

为了应对这些挑战，国际社会已经采取了一些行动。例如，通过签订国际协议和制定保护措施来限制温室气体排放和推动可持续发展。同时，科学家们也在积极研究如何利用科技手段来监测和保护极地动物。例如，通过卫星遥感和无人机技术来跟踪动物的迁徙路线和数量变化；通过基因测序技术来了解动物的遗传多样性和适应能力等。然而，尽管已经取得了一些进展，但保护极地动物的道路仍然漫长，任务依然艰巨。我们需要更多的国际合作和公众参与来推动这一事业向前发展。只有通过共同努力，我们才能确保这些珍贵的生物能够在地球上继续生存下去。

应对气候变化、保护极地动物需要全球的共同努力。政府、企业和公众都应该承担起各自的责任，采取切实有效的措施。政府可以制定更加严格的环保法规和政策，限制温室气体排放，推动清洁能源的发展。企业可以积极采用环保技术，减少生产过程中的碳排放，同时倡导绿色消费理念。公众则可以通过低碳生活、减少浪费等方式来减少个人碳排放，为环保事业贡献自己的力量。

科学研究在保护极地动物方面也发挥着重要作用。科学家们通过深入研究极地动物的生态习性、适应机制以及与气候变化的关系，可以为保护这些动物提供科学依据和有效建议。同时，随着科技的不断进步，我们也可以运用更多先进的技术手段来监测和保护极地动物。例如，利用遥感技术和大数据分析来预测气候变化对动物栖息地的影响，通过基因编辑技术来提高动物的适应能力等。

除了政府、企业和科学家的努力外，公众教育和参与也是保护极地动物不可或缺的一环。我们应该加强环保教育，提高公众对气候变化和极地动物保护的认识。通过举办科普讲座、展览、环保活动等形式，让更多的人了解极地动物的生存现状和保护意义。同时，鼓励公众积极参与环保行动，如参与志愿者活动、支持环保组织等，共同为保护地球家园尽一份力。

在日常生活中，我们也可以从点滴小事做起，为保护极地动物贡献自己的力量。例如，减少使用一次性塑料制品、节约用水用电、选择绿色出行方式等。这些看似微不足道的行为，实际上都能在一定程度上减少碳排放，为保护极地动物和地球环境尽一份绵薄之力。

保护极地动物是一项长期而艰巨的任务。让我们携手共进，为保护这些珍贵的生物种群和地球家园的未来而努力！

（根据文心大模型 4.0 生成内容适当修改）

- 编辑和审核审定：后期，作者需要对大模型生成的科普文章内容文本进行编辑审核和修改审定，并插入图表等，投送主流报刊发表。

示例 2:《基因编辑技术农业应用》科普文章创作

- 选用大模型：讯飞星火（https://xinghuo.xfyun.cn/desk）。
- 提示和请求：我想创作一篇主题为基因编辑技术农业应用的科普文章，目的是让领导干部、农业从业者、感兴趣的公众等，关注、理解和支持基因编辑。该文章将介绍基因编辑技术的特点、基因编辑技术精确地修改作物基因，以及提高产量、抗病性和逆境适应能力，以及基因编辑技术应用的现状和面临的挑战等内容。该文章将在主流科普期刊上发表，并投放在网络社区广泛传播。请你帮我生成该文章的提纲。

视窗 03

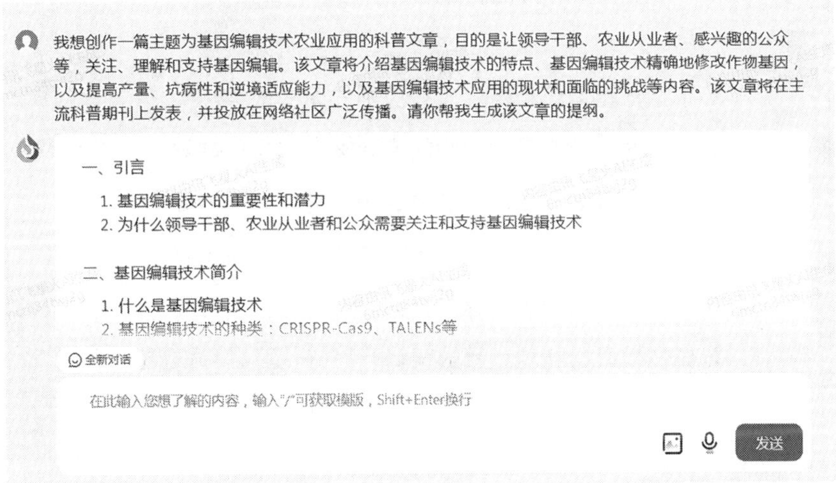

基因编辑技术农业应用（提纲）

引言

1. 基因编辑技术的重要性和潜力
2. 为什么领导干部、农业从业者和公众需要关注和支持基

因编辑技术

一、基因编辑技术简介

1. 什么是基因编辑技术

2. 基因编辑技术的种类：CRISPR-Cas9、TALENs 等

3. 基因编辑技术的原理和方法

二、基因编辑技术在农业中的应用

1. 精确修改作物基因，提高产量

2. 增强作物抗病性和逆境适应能力

3. 改善作物品质和营养价值

4. 促进作物育种和遗传改良的进程

三、基因编辑技术应用的现状

1. 国际上基因编辑技术在农业领域的研究进展

2. 中国在基因编辑技术农业应用方面的成果和突破

3. 基因编辑技术在农业中的实际案例和应用前景

四、基因编辑技术面临的挑战和问题

1. 伦理和法律问题：基因编辑技术的合理性和安全性

2. 技术和方法问题：基因编辑的准确性和可控性

3. 社会和市场问题：基因编辑产品的认可度和推广难题

五、如何推动基因编辑技术在农业领域的应用和发展

1. 加强政策支持和监管，确保基因编辑技术的安全和合规

2. 提高公众对基因编辑技术的科学认知，消除误解和恐慌

3. 加大科研投入，推动基因编辑技术在农业中的创新和应用

4. 建立国际合作和交流平台，共享基因编辑技术的成果和经验

（该内容由讯飞星火 AI 生成）

• 继续提示和请求：请按照上述提纲分 3 部分，分别生成科普文章文本。文本风格：通俗易懂、专业权威、证据充分，适合在公开发表和广泛传播。每部分 2000 字左右。（注：字数输出达不到作者需求时，作者可以请求大模型分段进行扩充，然后再粘贴在一起）

视窗 04

请按照上述提纲分3部分，分别生成科普文章文本。文本风格：通俗易懂、专业权威、证据充分，适合在公开发表和广泛传播。每部分2000字左右。

第一部分：引言

在当今社会，科技的飞速发展为人类带来了前所未有的便利和进步。其中，基因编辑技术作为一种新兴的生物技术，正逐渐引起全球范围内的关注。领导干部、农业从业者以及广大公众都应该关注、理解和支持基因编辑技术，因为它在农业领域的应用具有巨大的潜力和价值。

基因编辑技术是一种能够精确修改生物基因的技术，通过对特定基因进行添加、删除或替换等操作，可以实现对生物性状的改变。这种技术的出现，为解决农业生产中的难题提供了新的途径。例如，通过基因编辑技术，我们可以提高作物的产量，增强其抗病性和逆境适应能力，改善作物品质

全新对话

在此输入您想了解的内容，输入"/"可获取模版，Shift+Enter换行

发送

基因编辑技术农业应用

在当今社会，科技的飞速发展为人类带来了前所未有的便利和进步。其中，基因编辑技术作为一种新兴的生物技术，正逐渐引起全球范围内的关注。基因编辑技术通过对特定基因进行添加、删除或替换等操作，可以实现对生物性状的改变，可以提高作物的产量，增强其抗病性和逆境适应能力，改善作物品质和营养价值，从而满足人口不断增长的粮食需求。然而，基因编辑技术在农业领域的应用也面临着许多挑战和问题，如

伦理和法律、技术和方法、社会和市场等问题。推动基因编辑技术在农业领域的应用和发展，我们需要加强政策支持和监管，确保基因编辑技术的安全和合规；需要提高公众对基因编辑技术的科学认知，消除误解和恐慌；需要加大科研投入，推动基因编辑技术在农业中的创新和应用；需要建立国际合作和交流平台，共享基因编辑技术的成果和经验。

一、基因编辑技术简介

基因编辑技术是一种能够精确修改生物基因的技术，它的出现为生物学研究和应用带来了革命性的变革。目前，基因编辑技术主要包括 CRISPR-Cas9、TALENs 等方法。

CRISPR-Cas9 是目前最为广泛应用的基因编辑技术之一。它是一种利用 RNA 引导的 DNA 切割酶 Cas9，针对特定的基因组序列进行精确切割的方法。通过这种方式，我们可以实现对目标基因的添加、删除或替换等操作。CRISPR-Cas9 技术具有操作简便、成本低、效率高等优点，因此在农业领域具有广泛的应用前景。

除了 CRISPR-Cas9 技术外，TALENs（转录激活效应器核酸酶）也是一种常用的基因编辑技术。TALENs 是由一种特殊的蛋白质组成的双链结构，可以与特定的基因组序列结合并切割 DNA。与 CRISPR-Cas9 相比，TALENs 技术的操作更加复杂，成本也相对较高，但其特异性和精度更高，适用于一些特殊的基因编辑任务。

二、基因编辑技术在农业中的应用

基因编辑技术在农业领域的应用具有广泛的前景。通过精确修改作物基因，我们可以实现提高产量、增强抗病性和逆境适应能力、改善作物品质和营养价值等目标。

首先，基因编辑技术可以帮助我们提高作物的产量。通过对关键基因的编辑，我们可以改变作物的生长周期、优化光合作用过程、提高养分利用效率等，从而实现作物产量的显著提高。这对于应对全球粮食需求不断增长的挑战具有重要意义。

其次，基因编辑技术可以增强作物的抗病性和逆境适应能力。通过编辑作物中与抗病性相关的基因，我们可以使作物产生对病虫害的抵抗力，减少农药的使用量，降低农业生产的环境负担。同时，基因编辑技术还可以帮助作物适应不利的生长环境，如干旱、盐碱等逆境条件，提高农业生产的稳定性和可持续性。

此外，基因编辑技术还可以改善作物的品质和营养价值。通过对作物中与品质和营养相关的基因进行编辑，我们可以改善作物的口感、色泽、营养成分等特性，满足消费者对高品质农产品的需求。

三、基因编辑技术应用的现状

目前，基因编辑技术在农业领域的应用已经取得了一些重要的进展。国际上，许多国家和地区都在积极开展基因编辑技术在农业中的应用研究，并取得了一些令人瞩目的成果。

在中国，基因编辑技术在农业领域的应用也取得了显著的突破。例如，科学家们利用 CRISPR-Cas9 技术成功编辑了水稻、小麦、玉米等主要粮食作物的基因，提高了这些作物的产量和抗病性。此外，基因编辑技术还被应用于蔬菜、水果、茶叶等经济作物的育种改良中，为农业生产带来了新的希望。

然而，尽管基因编辑技术在农业领域具有巨大的潜力，但目前的应用仍然处于初级阶段。许多技术和方法问题仍然存在，如基因编辑的准确性、可控性和安全性等。此外，社会和市场对基因编辑产品的认可度和推广也存在一些困难和挑战。

四、基因编辑技术面临的挑战和问题

基因编辑技术在农业领域的应用面临着许多挑战和问题。

首先，伦理和法律问题是制约基因编辑技术发展的重要因素。一些人担心基因编辑技术可能带来未知的风险和后果，因此对其应用持保守态度。为了推动基因编辑技术的发展，我们需要加强伦理和法律的监管，确保其安全和合规。

其次，技术和方法问题也是影响基因编辑技术在农业中推广和应用的关键因素。目前，基因编辑技术的准确性和可控性仍然有待提高。科学家们需要不断研究和改进基因编辑的方法和技术，以提高其在农业中的实际应用效果。

最后，社会和市场问题也是影响基因编辑产品认可度和推广的重要因素。公众对基因编辑技术的科学认知程度有限，容易受到误导和恐慌的影响。因此，我们需要加强对公众的科普教育，提高他们对基因编辑技术的理解和接受度。同时，建立完善的市场机制和政策支持体系，促进基因编辑产品的推广和应用。

五、推动基因编辑技术在农业领域的应用和发展

为了推动基因编辑技术在农业领域的应用和发展，我们需要采取一系列的措施和策略。

首先，加强政策支持和监管是关键。政府应该制定相关的法律法规，明确基因编辑技术在农业中的应用范围和条件，确保其安全和合规。

其次，提高公众对基因编辑技术的科学认知是必要的。通过开展科普教育活动，向公众普及基因编辑技术的基本原理、应用前景和风险控制等方面的知识，消除误解和恐慌，增强公众对基因编辑技术的支持和理解。

此外，加大科研投入也是推动基因编辑技术在农业中创新和应用的重要手段。政府和企业应该加大对基因编辑技术的研发投入，提供良好的研究环境和条件，鼓励科学家们进行创新研究，推动基因编辑技术在农业中的广泛应用。

最后，建立国际合作和交流平台是促进基因编辑技术在农业领域应用和发展的重要途径。通过与国际上的科研机构和企业进行合作，共享基因编辑技术的成果和经验，我们可以加快基因编辑技术在农业中的推广和应用进程。

（该内容由讯飞星火 AI 生成，有修改）

- 编辑和审核审定：后期，作者需要对大模型生成的该科普文章进行编辑审核和修改审定，可以配上图表、插图等，并投送主流报刊发表。

第六章

大模型辅助科普讲稿创作

科普讲稿旨在将复杂的科学知识转化为大众可以理解的语言，让更多的人能够接触并理解科学。这对于提高公众的科学素养，推动科学知识的普及和传播，以及促进科学技术的创新和发展都具有重要的意义。大模型辅助创作科普讲稿，可以大大提高创作的效率，提升讲稿质量，增加其新颖性和独特性，降低创作门槛，促进科学知识的公平传播。

科普讲稿的特性

科普讲稿是一种以普及科学知识为目的的演讲或讲解文稿。它通过简明扼要、生动有趣的方式，向公众传递科学知识，提高公众对科学的认知和理解。

科普讲稿的特点

科普讲稿是指在特定的情境、受众和目的下，为特定的科普演讲者量身定制的文本形式。主要体现为：

1. 情境设定： 科普讲稿通常是为特定的场合、特定的活动或特定的目的而准备的。这可能包括科普报告会、专门会议、公众讲座、组织培训、学校课堂等各种场合。因此，在编写科普讲稿时，必须考虑到演讲的具体情境，以确保内容和风格与场合相匹配。

2. 受众设定： 科普讲稿的目标受众，可以是非专业人士、学生、科研人员、职员等各种群体。在撰写讲稿时，需要考虑目标受众的知识水平、兴趣爱好、文化背景等因素，以确保科普的内容能被理解、有吸引力，从而有效地传达科学知识。

3. 目的设定： 科普讲稿的制定要考虑到演讲的具体目的。这可能是为了普及某一领域的基础知识，改变某些受众的观念，或是为了激发目标受众的学习兴趣。因此，科普讲稿的设定也体现在明确的演讲目的上。

4. 主题设定： 科普讲稿通常是围绕特定的科普主题展开的，如天文学、生物学、环境保护等。因此，在撰写讲稿时，需要对所选科普主题进行深入的研究和分析，以确保讲稿内容的准确性和深度。

5. 时间设定： 科普讲稿还需考虑到演讲的时间限制。在特定的时间范围内，科普讲稿需要紧凑而具有有效性，能够在有限的时间内传达清晰、有力的信息。

6. 风格设定： 每一篇科普讲稿都应该有特定的风格。这可能包括正式或非正式的语气、严肃或幽默的态度、详细或简明的表述等。

科普讲稿的分类

科普讲稿的分类方式很多，这里仅从大模型辅助创作角度，将科普讲稿分为以下主要类型（但不限于）：

1. 讲座式讲稿： 这种类型的科普讲稿通常是针对特定的主题或问题进行深入的科普讲解和分析。它们通常包含详细的背景信息、理论解释、实例分析等内容。这种科普讲稿的特点是内容丰富、逻辑性强，适合用于学术讲座或专业培训。

2. 启发式讲稿：这种类型的科普讲稿主要是通过提出问题、分享故事或案例等方式，激发听众的思考和学习兴趣。它们通常包含引人入胜的开场、有趣的例子、开放性的问题等内容。这种科普讲稿的特点是互动性强、趣味性高，适合用于公众科普讲座或科技教育课程。

3. 演示式讲稿：这种类型的科普讲稿主要是通过展示图片、图表、视频等视觉元素，帮助听众更好地理解和记忆信息。它们通常包含清晰的结构、直观的视觉元素、简洁的语言表述等内容。这种科普讲稿的特点是直观易懂、易于记忆，适合用于技术路演、产品发布会或组织培训。

4. 互动式讲稿：这种类型的科普讲稿主要是通过设置互动环节，如科普的问答、讨论、实践等，让听众参与到科普讲稿的内容中来。它们通常包含明确的目标、适当的难度、及时的反馈等内容。这种科普讲稿的特点是参与度高、学习效果好，适合用于工作坊或团队建设活动。

科普演讲的场景

科普讲稿是为了向特定目标公众普及科学知识而设计的讲话或演讲稿。其应用场景包括（但不限于）：

1. 学校教育：科普讲稿可以在中小学、大学及其他教育机构中使用，帮助学生了解科学基础知识、激发他们对科学的兴趣，提高其科学素养。例如，教师可以使用科普讲稿来讲解物理定律、生物进化、地理特征等复杂的科学概念。

2. 公众演讲：政府、科研机构、科学博物馆和科普展览等场所可以举办科普讲座或活动，向公众传播最新的科学发现、技术应用和科学知识，增强社会大众的科学素养。例如，科学家或科普作家可以使用科普讲稿来讲解最新的科学研究成果，或者解释日常生活中的科学现象。

3. 组织宣讲：在机关、事业单位、企业等内部或外部活动中，科普讲稿可以帮助员工和客户了解与单位业务相关的科学原理、技术创新和产品知识，提高员工的专业知识水平，增进客户对单位服务或产品的信任度。例如，工程师可以使用科普讲稿来讲解新的工程技术，或者解释产品的科学原理。

4. 科普节目：科普讲稿可用于电视、广播等媒体的科普节目中，通过生动有趣的讲解，向观众传递科学知识和信息，让普通观众也能轻松了解和接受科学知识。

5. 在线讲堂：在在线课程中，科普讲稿可以用来教授远程学习者科学知识，提供灵活的学习方式。例如，在线教育平台可以使用科普讲稿来开设科学课程，或者提供科学知识的自学材料。

6. 社区活动：在社区举办的公益科普活动中，科普讲稿可以用来介绍环保、健康、科技等方面的知识，提高居民的科学素养，促进社区文明进步。例如，社区组织者可以使用科普讲稿来举办科学讲座，或者开展科学实验活动。

科普讲稿的构思

在大模型辅助创作科普讲稿中，科普讲稿的构思至关重要。构思是指在开始写作之前对讲稿进行全面、系统地计划和设计，确定主题、内容顺序、要点、逻辑结构等方面的重要元素。通过深入的构思过程，将大模型生成的知识和信息与作者的创造力和专业知识结合起来，从而生成高质量科普讲稿。

创作讲稿的原则

在大模型辅助创作科普讲稿中，其基本原则如下：

1. 准确性：科普讲稿的核心是传递科学知识，因此内容的准确性是首要原则。无论是理论解释、实验结果，还是技术应用，都必须保证信息的准确性和可靠性。

2. 易懂性：科普讲稿的目的是让非专业的听众也能理解和接受科学知识，因此，讲稿的内容应该尽可能通俗易懂，避免过于复杂的专业术语和抽象的概念。

3. 趣味性：科普讲稿应该能够吸引听众的兴趣，使他们愿意投入时间和精力去学习和理解。这可以通过使用生动的例子、有趣的故事、形象的比喻等方式来实现。

4. 相关性：科普讲稿的内容应该与听众的生活和经验相关，这样他们才能更好地理解和应用这些知识。这可以通过讨论现实生活中的科学问题、介绍科学在日常生活中的应用等方式来实现。

5. 启发性：科普讲稿应该能够启发听众的思考，引导他们探索科学的世界，培养他们的科学精神和创新能力。这可以通过提出开放性问题、分享科学家的故事、讨论科学的伦理和社会影响等方式来实现。

讲稿文本的结构

科普讲稿是一种深入浅出地向目标公众介绍科学知识的方式。通常为以下篇章结构：

1. 引言：引言是科普讲稿的开头部分，旨在吸引听众的兴趣并引导他们进入主题。在引言中，可以使用引人入胜的故事、引用名人名言、提出引人思考的问题等方式来引起听众的关注，并简要介绍讲稿的主题和目的。

2. 背景知识介绍：在科普讲稿的第二部分，通常会介绍与主题相关的背景知识。这一部分的目的是帮助听众建立起对所讲述科学知识的基础理解，以便更好地理解后续内容。大模型辅助创作可以为作者提供丰富的背景知识和专业领域的信息，帮助他们撰写具有权威性和准确性的背景知识介绍。

3. 主要内容阐述：主要内容阐述是科普讲稿的核心部分，用于详细讲解所要传达的科学知识。这一部分通常根据逻辑顺序或主题分类进行组织，将核心概念、原理、实验结果等有关内容一一展开，以便听众可以逐步了解和理解。大模型辅助创作可以为作者提供相关的理论基础、案例分析和研究成果，以支持他们撰写详细且准确的主要内容阐述。

4. 实例和案例：为了使科普讲稿更具生动性和可信度，常常需要在讲稿中插入实例和案例分析。通过具体的实例和案例分析，可以帮助听众更好地理解和应用所讲述的科学知识，加深记忆和印象。大模型辅助创作可以为作者提供丰富的实例和案例，在构思讲稿时可以针对目标读者群体选择相关且具有代表性的实例和案例。

5. 总结和结论：科普讲稿的最后一部分是总结和结论，用来概括和强调讲稿的核心观点和要点，以及提出个人或鼓励听众进行进一步思考或行动的建议。在总结和结论中，可以对整个讲稿的内容进行回顾，并强调讲稿所传达的科学知识的重要性和实际应用价值。

需要注意的是，科普讲稿的篇章结构可以根据具体的主题、受众和时间限制进行调整和修改。在大模型辅助创作过程中，作者应该合理运用大模型生成的信息和回答，结合自己的专业知识和判断力，构建科普讲稿的具体篇章结构，以满足听众的需求和目标。

讲稿的创意设计

科普讲稿的创意是指充分利用与目标公众面对面的场景优势，通过独特的思路和创新的方式，将科学知识以生动有趣的形式传达给听众。一个富有创意的科普讲稿可以吸引听众的注意力，提高他们对科学的兴趣和理解。常见的科普讲稿创意设计包括：

1. 提炼科普的金句。科普讲稿的金句是指，通过精练的语言表达出科学知识的核心要点，能够吸引听众注意力并准确传递信息的句子。主要手法是：

- 突出关键信息：将科学知识中最重要的概念、原理或发现归纳出来。例如，对于讲解地球自转的讲稿，金句可以是："地球自转使得白昼和黑夜交替出现。"

- 运用视觉化语言：利用形象生动的比喻、类比或具象化的语言，帮助听众更好地理解抽象的科学概念。例如，对于讲解基因的遗传传递，金句可以是："基因就像书中的文字，将父母的特征传递给下一代。"

- 引用名人言论或古言格言：借用有影响力的名人、专家或格言的说法，增添论据的权威性和亮点。例如，对于讲解环境保护的讲稿，金句可以是："爱护大自然，就是爱护我们自己的栖息地。——达尔文"

- 提出引人入胜的疑问或戏剧性的观点：通过提出让人深思的问题或观点，引起听众的兴趣和好奇心。例如，对于讲解宇宙起源的讲稿，金句可以是："我们究竟是如何从一个微小的点，逐渐演化到如今辽阔的宇宙？这是宇宙最伟大的谜题。"

- 利用简洁有力的语言：使用简短、精准的词语和短语，使句子更加简洁有力，容易记忆和理解。例如，对于讲解光的传播速度的讲稿，金句可以是："光速是宇宙中最快的速度，达到每秒 30 万千米。"

2. 设置故事情节：通过讲述一个引人入胜的故事，将科学知识融入情节中。故事情节可以是真实的案例、虚构的冒险故事或科幻小说等，通过角色、冲突和解决过程来引发听众的兴趣和好奇心。

3. 善用比喻和类比：使用比喻和类比来解释抽象的科学概念或理论。通过将复杂的概念与日常生活中的事物进行比较，使听众更容易理解和记忆。例如，将电流比喻为水流，将原子结构类比为太阳系等。

4. 采用互动和参与：通过互动和参与的方式，让听众积极参与到讲演中来。可以设置问题环节、小组讨论或实验演示等活动，让听众思考、提问和分享自己的观点和经验。

5. 增强视觉效果：利用图表、图像、视频等视觉元素来增强讲演的效果。通过可视化的方式展示数据、模型或实验结果，使听众更直观地理解和记忆科学知识。

6. 增加幽默和趣味：在讲稿中加入一些幽默和趣味的元素，增加听众的参与度和兴趣。可以通过讲笑话、引用有趣的事实或制造一些意想不到的效果来引起听众的笑声和共鸣。

7. 设置反转和意外：在讲稿中设置一些反转和意外的情节，打破听众的预期和常规思维模式。通过引入意想不到的观点或结论，激发听众的思考和探索欲望。

8. 增加感情共鸣：通过触动听众的情感，使他们更加关注并投入到科学知识的学习中。可以通过讲述感人的真实故事、强调科学对人类社会的重要性或引发对环境、健康等问题的关注等方式来实现情感共鸣。

创作模式与示例

大模型辅助创作科普讲稿，一般包括讲授主题与目标受众的确定、大模型的选用、提示词的准备、大模型生成提纲、大模型生成文本，以及作者后续的内容扩充、编辑审核与修改审定等过程。在此，笔者以下列模式和示例为例予以说明。

提示词和提问模板

在使用大模型辅助创作科普演讲稿时，作者输入的提示词、提问等起着至关重要的作用，事关作者是否能向模型提供明确的方向和需求，从而使模型的输出更加精准和有针对性。作者向大模型输入辅助创作科普讲稿的提示词的基础模板为：科普主题＋目标受众＋科普内容＋传播场景（时间、地点或场所）＋请求等，由此根据科普文章内容要求不同，衍生出不同提示词模板。其常见提示词和提问模板（但不限于）如下：

1. 科普主题＋目标受众＋基础知识点＋讲解深度。此模板适用于希望针对特定受众群体，介绍某一科普主题基础知识的场景。例如：针对初中生，以“太阳系行星”为主题，介绍基础的天文知识和行星特点，内容深入浅出。

2. 科普主题＋目标受众＋常见误区＋辟谣内容。适用于纠正关于某一科普主题的常见误解或谣言。例如：针对老年人群体，以“健康饮食”为主题，澄清关于营养补充的常见误区，并提供科学建议。

3. 科普主题＋目标受众＋最新研究成果＋通俗解释。此模板适用于分享某一科普主题的最新研究进展，并要求以通俗易懂的方式表达。例如：针对科技爱好者，介绍“量子计算机”的最新突破，并用比喻和图解的方式解释其工作原理。

4. 科普主题 + 目标受众 + 应用场景 + 实际案例。适用于展示科技在实际生活中的应用，并提供具体案例。例如：针对高中生，介绍“人工智能”在医疗诊断中的应用，辅以 AI 辅助诊断的实际案例。

5. 科普主题 + 目标受众 + 历史发展 + 未来展望。此模板要求梳理某一科普主题的历史发展脉络，并展望其未来发展趋势。例如：面向历史爱好者，讲述“航天技术”从古代到现代的发展历程，以及未来的太空探索计划。

6. 科普主题 + 目标受众 + 环境背景 + 当前挑战。适用于讨论某一科普主题在当前环境下面临的挑战和问题。例如：针对环保人士，分析“气候变化”背景下的海洋生态系统面临的挑战，并提出可能的解决方案。

7. 科普主题 + 目标受众 + 操作步骤 + 实用技巧。此模板适用于提供关于某一科普主题的实用操作指南或技巧。例如，针对摄影爱好者，介绍“夜间摄影”的操作步骤和实用拍摄技巧。

8. 科普主题 + 目标受众 + 相关人物 + 故事叙述。适用于通过讲述与科普主题相关的人物故事来吸引受众。例如：面向儿童，以“科学家爱因斯坦”为主角，讲述他的成长故事和相对论的基础知识。

9. 科普主题 + 目标受众 + 伦理道德 + 社会影响。此模板要求探讨某一科普主题涉及的伦理道德问题及其对社会的影响。例如：针对大学生，讨论“基因编辑技术”的伦理边界，以及它可能对人类社会产生的长远影响。

10. 科普主题 + 目标受众 + 跨文化对比 + 国际视野。适用于从跨文化角度对比讨论某一科普主题，拓宽受众的国际视野。例如：面向国际学校学生，对比不同文化中对待“中医药”的态度和认知差异，促进文化交流和理解。

生成讲稿风格请求

在利用大模型辅助创作科普讲稿时，作者不仅需要提供具体的上下文提示词来引导大模型生成相关内容，还需要作者指明所期望的输出科普讲稿的口气、风格、字数等。其中，科普讲稿作为一种传播科学知识的工具，其风格可以有效地影响读者对科学的接受和理解程度。作者所期望的输出科普讲稿风格可以在请求后表达出来，即“……+ 请求 + 文本风格”。常见描述科普讲稿风格表述语的关键词（但不限于）如下：

1. 代入感强。科普讲稿应能够让听众仿佛置身于科学探索的现场，感受到科学的魅力。例如：“想象一下，你正站在火山的边缘，眼看着熔岩翻滚，感受着大地的力量……”

2. 生动有趣。通过生动有趣的叙述方式吸引听众的注意力，使复杂的科学原理变得简单易懂。例如：“你知道吗？蜜蜂其实是自然界中的小小数学家，它们建造的蜂巢可是按照严格的几何规则来的哦！”

3. 思路清晰。科普讲稿应有一条清晰的主线贯穿始终，确保听众能够跟随思路理解科学内容。例如：“首先，我们来了解一下什么是光合作用；接着，我们来看看光合作用是如何进行的；最后，我们探讨一下光合作用对地球生态的意义。”

4. 逻辑缜密。科普讲稿中的每一个观点、每一个结论都应有其科学依据，逻辑链条应完整无缺。例如：“根据牛顿第二定律，物体的加速度与作用力成正比，与物体质量成反比。因此，当作用力增大时，物体的加速度也会相应增大。”

5. 情感共鸣。科普讲稿应能够触发听众的情感反应，使其对科学产生更深的认同感和兴趣。例如：“当我们了解到地球正在面临气候变化的威胁时，我们每一个人都应该行动起来，为保护我们的家园贡献一份力量。”

6. 通俗易懂。科普讲稿应使用浅显易懂的语言和例子来解释科学现象和原理。例如：“就像我们在水面上扔一块石头会激起一圈圈涟漪一样，声波在空气中传播时也会形成类似的波动。”

7. 权威专业。科普讲稿应基于最新的科学研究成果和理论，展现出科学的权威性和专业性。例如：“根据最近发表在《自然》杂志上的研究论文，科学家们已经成功解码了某种罕见疾病的遗传密码。”

8. 启发思考。科普讲稿不仅应传递知识，还应激发听众的思考能力和探索精神。例如：“在我们了解了基因编辑技术的基本原理后，不妨思考一下这项技术未来可能会给人类社会带来哪些影响和挑战。”

9. 图文并茂。科普讲稿应善于利用图表、插图等视觉元素来辅助解释科学内容，增强直观性和理解度。例如：“这张图表展示了地球大气层中温室气体的浓度变化，从中我们可以看出人类活动对气候变化的影响。”

10. 亲切自然。科普讲稿应采用亲切自然的语言风格，拉近科学与听众之间的距离。例如：“你知道吗？其实我们每个人都是天文学家哦！每当我们抬头仰望星空时，我们就在用自己的眼睛探索着宇宙的奥秘。”

创作科普讲稿示例

示例：《网络安全的威胁与对策》科普讲稿创作

- 选用大模型：文心大模型 4.0（https://yiyan.baidu.com/）。
- 提示和请求：我想创作一篇主题为网络安全的威胁与对策的科普讲稿，听众为领导干部和公务员、企事业单位管理人员、感兴趣的公众等，目的是增进他们对网络安全威胁的了解，强化网络安全意识，提高防范网络安全风险的能力。该讲稿将介绍网络安全的威胁和挑战；密码学、安全协议和身份认证等基本概念和技术；网络攻击与防御的常见方法和策略；区块链技术和去中心化安全网络等新兴领域的研究和应用等内容。该讲稿将用在某机关部门干部专题培训班上，讲座时间为 90 分钟。请你帮我生成该讲稿的提纲。

视窗 05

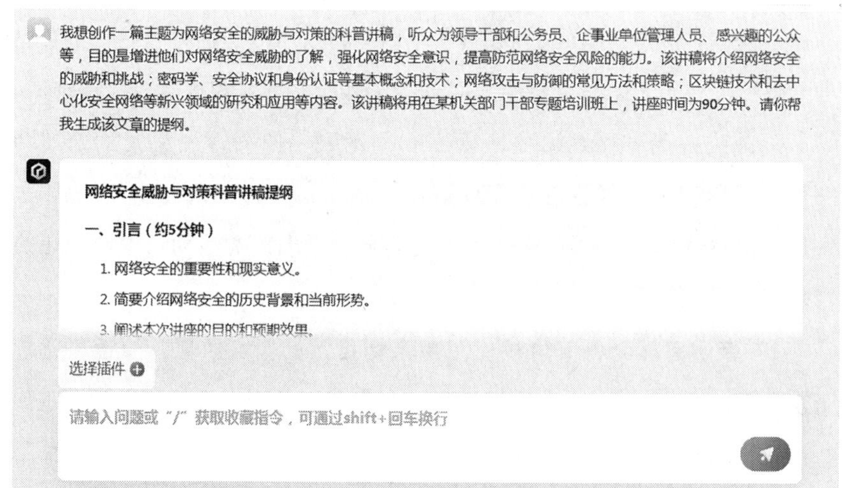

网络安全威胁与对策（提纲）

引言（约 5 分钟）

1. 网络安全的重要性和现实意义。
2. 简要介绍网络安全的历史背景和当前形势。
3. 阐述本次讲座的目的和预期效果。

一、网络安全威胁与挑战概述（约 15 分钟）

1. 网络威胁的种类和特点。

2. 恶意软件（如病毒、蠕虫、特洛伊木马等）。

3. 网络钓鱼和社会工程学攻击。

4. 分布式拒绝服务（DDoS）攻击。

5. 勒索软件（Ransomware）和加密劫持。

6. 内部威胁和供应链攻击。

7. 网络安全面临的挑战。

8. 技术快速发展与安全防护的滞后。

9. 全球化背景下的跨境网络威胁。

10. 物联网和智能设备的普及带来的新风险。

11. 个人信息泄露和隐私保护问题。

二、网络安全基本概念与技术（约 20 分钟）

1. 密码学基础。

2. 加密算法（对称与非对称加密）。

3. 数字签名和公钥基础设施（PKI）。

4. 安全协议简介。

5.HTTPS 和 SSL/TLS 协议。

6.IPSec 和 VPN 技术。

7. 身份认证与访问控制。

8. 多因素身份认证（MFA）。

9. 权限管理和角色基础访问控制（RBAC）。

三、网络攻击与防御策略（约 25 分钟）

1. 常见网络攻击手法。

2. 渗透测试和黑客攻击流程。

3. 零日漏洞（Zero-day）利用。

4. 钓鱼攻击和恶意广告。

5. 防御策略与实践。

6. 安全策略和流程的制定与执行。

7. 防火墙和入侵检测系统（IDS/IPS）。

8. 定期安全审计和风险评估。

9. 安全事件响应计划（SIRP）。

10. 用户教育与培训的重要性。

11. 提高网络安全意识和文化。

12. 识别社会工程学攻击和钓鱼网站。

四、新兴领域的安全研究与应用（约 15 分钟）

1. 区块链技术与安全。

2. 区块链的基本原理和安全性。

3. 区块链在身份认证和数据保护中的应用。

4. 去中心化安全网络。

5. 去中心化网络的安全挑战与机遇。

6. 分布式账本和去中心化应用（DApps）的安全性。

7. 人工智能与网络安全。

8.AI 在网络安全防御中的应用。

9.AI 驱动的自动化威胁检测和响应。

五、结论与行动建议（约 10 分钟）

1. 总结网络安全的重要性和应对策略。

2. 针对领导干部和公务员、企事业单位管理人员的具体行动建议。

3. 加强网络安全法规和政策的学习与执行。

4. 定期组织网络安全培训和演练。

5. 建立健全网络安全责任制和应急响应机制。

6. 鼓励听众在日常生活中提高网络安全意识，共同维护网络安全。

（该内容由文心大模型 4.0 生成，有修改）

• 继续提示和请求：请按照上述提纲分 5 部分，分别生成科普讲稿文本。文本风格：代入感强、震撼人心、通俗易懂。每部分 3000 字左右。

视窗 06

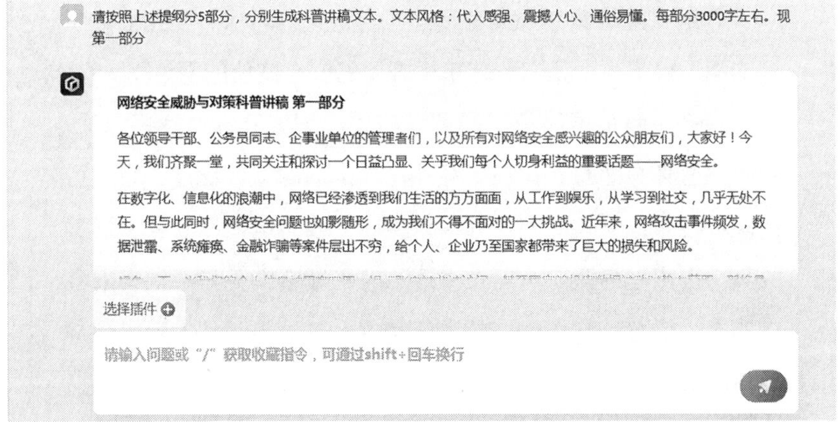

网络安全威胁与对策

各位领导、各位朋友：

大家好！今天，我们齐聚一堂，共同关注和探讨一个日益凸显、关乎我们每个人切身利益的重要话题——网络安全。

在数字化、信息化的浪潮中，网络已经渗透到我们生活的方方面面，从工作到娱乐，从学习到社交，几乎无处不在。与此同时，网络安全问题也如影随形，成为我们不得不面对的一大挑战。近年来，网络攻击事件频发，数据泄露、系统瘫痪、金融诈骗等案件层出不穷，给个人、企业乃至国家都带来了巨大的损失和风险。

想象一下，当我们的个人信息被黑客窃取，银行账户被非法访问，甚至国家的机密数据被敌对势力获取，那将是一种怎样的灾难和后果？这不单单是技术问题，更关乎国家安全、社会稳定和个人权益。因此，提升网络安全意识，加强网络安全防护，已经成为摆在我们面前的紧迫任务。

一、网络安全威胁与挑战概述（约 15 分钟）

网络安全的威胁究竟有哪些？它们又是如何影响我们的生活的呢？接下来，我们一起来揭开网络安全威胁的面纱。

首先，我们要了解的是恶意软件。恶意软件，顾名思义，就是那些怀有恶意，旨在破坏或窃取信息的软件程序。它们可能隐藏在看似无害的电子邮件附件中，也可能潜伏在我们下载的某个应用程序里。一旦被激活，它们就会悄无声息地窃取我们的个人信息，破坏我们的系统文件，甚至将我们的电脑变成僵尸网络的一部分，用于发动更大规模的网络攻击。

第二是网络钓鱼。网络钓鱼是一种利用电子邮件、社交媒体或仿冒网站等手段，诱骗用户泄露个人信息或执行恶意代码的攻击方式。攻击者通常会冒充我们信任的人或机构，如银行、社交媒体平台或政府机构，发送看似真实的邮件或消息，诱导我们点击恶意链接或下载恶意附件。一旦中招，我们的个人信息就可能被窃取，甚至我们的身份都可能被盗用。

第三是分布式拒绝服务攻击，即 DDoS 攻击。这是一种通过大量合法的或伪造的请求，使目标服务器过载或资源耗尽，从而导致服务不可用的攻击方式。想象一下，当我们的网站或在线服务突然无法访问，而背后却是攻击者在操纵着成千上万的计算机对我们发动攻击，那是一种怎样的无力和绝望。

此外，还有勒索软件、加密劫持等新型攻击方式也在不断涌现。勒索软件会加密我们的文件并索要赎金，而加密劫持则会悄悄利用我们的计算机资源进行加密货币挖矿，导致我们的计算机性能下降、电费上涨。

面对这些层出不穷的网络威胁，我们可能会感到无力和恐惧。但请记住，知识就是力量。只有了解了这些威胁的存在和工作原理，我们才能更好地防范它们，从而保护我们的网络安全。在接下来的部分中，我将为大家介绍网络安全的基本概念与技术、网络攻击与防御策略以及新兴领域的安全研究与应用。

二、网络安全基本概念与技术

下面，我将进一步为大家介绍网络安全的基本概念与技术，帮助大家建立更坚实的网络安全基础。

首先，我们要了解的是密码学。密码学是网络安全的核心基石，它提供了一种保护信息机密性、完整性和可用性的手段。通过加密技术，我们可以将敏感信息转化为看似无意义的代码，只有掌握正确密钥的人才能解密并获取信息。常见的加密算法包括对称加密和非对称加密。对称加密使用相同的密钥进行加密和解密，而非对称加密则使用一对密钥，公钥用于加密，私钥用于解密，确保了信息的安全性。

再有，我想要介绍的是安全协议。安全协议是在网络通信中保护信息安全的一系列规则和约定。它们确保了数据在传输过程中的机密性、完整性和认证性。其中，HTTPS 和 SSL/TLS 协议是我们日常生活中经常接触到的安全协议。HTTPS 通过在 HTTP 协议上加入 SSL/TLS 层，实现了对网页传输内容的加密，保护了我们的隐私和敏感信息不被窃取或篡改。

此外，身份认证与访问控制也是网络安全的重要组成部分。身份认证是验证用户身份的过程，确保只有合法的用户能够访问系统资源。多因素身份认证采用两种或两种以上的认证方式，如密码、指纹、动态令牌等，大大增强了身份认证的安全性。而访问控制则是根据用户的身份和权限，对系统资源进行细粒度的控制和管理，确保用户只能访问其被授权的资源，防止了未经授权的访问和数据泄露。

这些基本概念和技术构成了网络安全的基础。但仅仅了解这些还不够，我们还需要掌握如何运用这些技术来防御网络攻击。我希望提醒大家，网络安全不仅仅是技术问题，更是一种意识和文化。我们每个人都要时刻保持警惕，提高网络安全意识，养成良好的网络安全习惯。只有这样，我们才能在日益严峻的网络安全形势中立于不败之地。

三、网络攻击与防御策略

接下来，我将为大家详细介绍网络攻击与防御策略，帮助大家建立起一套完善的网络安全防护体系。

首先，我们必须明白，网络攻击是无所不在的，它们可能来自任何地方，任何时候。攻击者可能会利用系统的漏洞、弱密码、恶意软件等手段来发起攻击。因此，我们需要做好充分的防御准备。

一种常见的防御策略是建立防火墙。防火墙就像是我们网络世界的大门，它根据预先设定的安全规则，监控和控制进出网络的数据流。不符合规则的数据流将被阻止，从而有效防止了外部威胁的入侵。

除了防火墙，入侵检测系统（IDS）和入侵防御系统（IPS）也是重要的防御工具。IDS 能够实时监控网络流量，发现异常行为并及时报警。而 IPS 则能够主动阻止恶意流量的入侵，保护我们的网络不受攻击。

当然，仅仅依靠技术防御是不够的。我们还需要建立完善的安全策略和流程，确保每个员工都了解并遵循网络安全规定。定期进行安全审计和风险评估，及时发现和修复潜在的安全隐患。同时，建立应急响应计划，一旦发生安全事件，能够迅速响应并最小化损失。

此外，用户教育和培训也是至关重要的。我们要提高员工的网络安全意识，教会他们如何识别社会工程学攻击、钓鱼网站等常见威胁。只有每个员工都成为网络安全的守护者，我们的网络才能真正安全。

值得一提的是，近年来，随着技术的不断发展，一些新兴领域的安全研究与应用也逐渐崭露头角。比如区块链技术，它以其去中心化、不可篡改的特性，为网络安全提供了新的解决方案。在下一部分中，我将为大家详细介绍这些新兴领域的安全研究与应用。

总之，网络攻击与防御是一场永无止境的较量。我们只有时刻保持警惕，不断学习新知识，更新防御手段，才能在这场较量中立于不败之地。

四、新兴领域的安全研究与应用

随着技术的不断演进，网络安全领域也在持续拓展和深化。接下来，我将为大家介绍一些新兴领域的安全研究与应用，包括区块链技术、去中心化安全网络以及人工智能在网络安全中的应用。

首先，我们来探讨区块链技术。区块链，这个被誉为“魔法结晶”的技术，以其独特的去中心化、不可篡改和高度安全的特性，正在逐渐改变我们对网络安全的认知。通过分布式账本技术，区块链能够在不信任的环境中建立信任，实现透明且不可篡改的数据记录。在网络安全领域，区块链可以被用于身份认证、数据保护、交易验证等多个方面，有效解决了传统安全方案中的信任缺失和数据篡改问题。

传统的网络安全架构往往是集中式的，这意味着一旦中心节点被攻击或失效，整个网络的安全性都可能受到威胁。而去中心化安全网络则通过分散权力和责任，将安全控制分布到网络的每个节点上。这种架构不仅提高了网络的鲁棒性和可用性，还能有效防止单点故障和恶意攻击。去中心化应用（DApps）和分布式账本技术是实现去中心化安全网络的关键组件，它们为构建更加安全、可靠的网络环境提供了有力支持。

当然，我们不能忽视人工智能在网络安全中的重要作用。随着大数据和机器学习技术的快速发展，AI 已经成为网络安全领域的一股新势力。AI 技术能够自动分析海量的网络流量和日志数据，实时检测异常行为和潜在威胁。通过机器学习和模式识别算法，AI 还能不断学习和进化，提高自身的检测精度和响应速度。从自动化的威胁检测到智能化的响应策略，AI 正在逐步改变我们对网络安全的认知和实践。

然而，我们也要清醒地认识到，新兴领域的安全研究与应用虽然带来了许多新的机会和可能性，但同时也伴随着新的挑战和风险。我们需要不断学习和探索，充分发挥这些新技术的潜力，为构建更加安全、可靠的网络环境贡献力量。

我想强调的是，网络安全是一个永恒的话题，也是一个不断发展的领域。我们需要时刻保持警惕和敏感，紧跟技术发展的步伐，不断更新和完善我们的安全防护手段。只有这样，我们才能在日益严峻的网络安全形势中立于不败之地。

五、结论与行动建议

我们应如何构建一个安全、可靠的网络环境呢？我们每个人在其中的责任与行动又应该是什么呢？

首先，构建一个安全、可靠的网络环境需要多方面的努力。政府应制定和完善相关法律法规，为网络安全提供法律保障。同时，企业和组织也需要加强自身的安全防护能力，建立完善的安全管理制度和应急响应机制。此外，教育机构和媒体也应承担起网络安全教育的责任，提高公众的网络安全意识和技能。

在这个过程中，技术创新是关键。我们应鼓励和支持网络安全技术的研发和创新，推动新技术在实际应用中的落地和推广。同时，加强国际合作也是必不可少的，只有共同应对全球性的网络安全挑战，我们才能取得更好的效果。

然而，仅仅依靠政府、企业和技术的力量是不够的。我们每个人都是网络世界的一员，我们的行为和习惯直接影响着网络的安全。因此，我们每个人都有责任和义务维护网络的安全。

那么，作为个人，我们应该如何行动呢？首先，提高网络安全意识是最基本的。我们要时刻保持警惕，不轻易相信陌生人的信息，不随意点击不明链接，不下载未经验证的文件。其次，养成良好的上网习惯也很重要。我们要定期更新密码，使用强密码和双重认证来保护自己的账户安全。同时，不浏览和传播不良信息，不参与网络欺凌和诈骗活动。

除了这些基本的行为规范外，我们还可以通过学习网络安全知识来提升自己的防护能力。了解常见的网络攻击手段和防御方法，掌握基本的网络安全技能，如使用防火墙、杀毒软件等。这样，我们不仅能更好地保护自己的网络安全，还能为身边的人提供帮助和指导。

最后，我想强调的是，网络安全是一个长期而艰巨的任务。我们不能期望一蹴而就，也不能抱有侥幸心理。只有每个人都积极行动起来，共同维护网络的安全和稳定，我们才能享受一个更加美好、便捷的网络世界。

（该内容由文心大模型 4.0 生成，略有修改）

- 编辑和审核审定：后期，作者需要对大模型生成的该科普讲稿进行扩充、完善、编辑审核和修改审定，可以配上图表、案例等，并作为讲稿使用。

第七章

大模型辅助科普讲解词创作

科普解说词是将科学知识传递给观众的重要媒介，通过科普解说词，可以将复杂的科学概念和原理转化为简单、易懂的语言，帮助观众理解和掌握科学知识。利用大模型辅助创作科普解说词可以提高科普内容的准确性、可理解性和吸引力，帮助科普作者更好地传播科学知识，促进公众科学素养的提升。

科普讲解的特性

讲解是以展陈为基础，运用科学的语言和其他辅助方式，将知识传递给公众的一种社会活动。科普讲解是在一定的时境内，运用有声语言、态势语言及其他辅助方法，面向观众普及科学知识、弘扬科学精神、传播科学思想、倡导科学方法的实践活动。[1]

科普讲解的要义

科普讲解不是讲课，也有别于演讲。科普讲解汇集了导游、播音

1 邱成利 . 科普讲解 [M]. 重庆 : 重庆大学出版社 , 2022: 45.

员、演讲者、主持人、演员、表演者等专业人员，是专业性、知识性和艺术性的综合体现。科普讲解的对象千差万别，包括知识层次和年龄层次不同的群体。[1]

讲解主体。讲解是人们应该具备的一项基本技能，人人都应该学会讲解，从而在生活、工作中占得先机。科普讲解是一种具有专门要求和约定形式的讲解。其主体包括：

- 讲解人员：讲解人员的主要任务就是将展品、陈列物讲述给参观者，解释展品、陈列物的相关知识，回答参观者的各种提问，提高参观者的获得感及参观价值。

- 科研人员：科研人员无论是申请课题，接受质询、结题验收，还是接待参观者、同行交流、参加各种展示活动，都面临着讲解的任务，他们需要讲述研究项目的内容、目的、作用和价值，从而获得立项和必要的经费支持。

- 科普人员：科普工作者的任务就是普及科学知识、弘扬科学精神，采取各种易于公众理解和接受的形式，而讲解就是其中传播效果较好的活动形式，也是科普运用较多的形式。从事科普工作，应该掌握科普讲解能力。

- 志愿人员：科普志愿者从事科普工作，是公益性活动，是对社会的奉献。不管科普志愿者本身从事什么职业，在进行科普时都要尽量发挥个人的长处和优势，从而帮助科普机构、组织提高科普水平，满足公众对科学技术的特殊需求。[2]

1　邱成利 . 科普讲解 [M]. 重庆 : 重庆大学出版社 , 2022: 45.

2　邱成利 . 科普讲解 [M]. 重庆 : 重庆大学出版社 , 2022: 45-46.

科普讲解的特点

科普讲解是一种用于向公众传播科学知识的口头表达形式。它通过简洁明了的语言和生动有趣的方式，将复杂的科学概念和理论转化为易于理解和接受的形式，帮助公众更好地了解和认识科学知识。一个科普讲解词，实际上就是一篇有吸引力的科普短文，一般需要在 3 ～ 4 分钟或更短时间内讲完，简明性是科普讲解词的最突出特点。主要体现为：

1. 科学概念的简化：科学知识通常涉及一些抽象和复杂的概念，如量子力学、相对论等。为了让非专业人士能够理解，科普解说词需要对这些概念进行简化和解释。它会使用通俗易懂的语言，避免过多的专业术语，或者用通俗的比喻和例子来说明，使科学概念更加具体和可理解。

2. 逻辑结构的清晰：科普解说词需要以一种清晰的逻辑结构来组织科学知识的表达。它会按照一个合理的顺序来讲解科学事实和理论，将复杂的科学知识分解为逻辑上相对简单的模块，以便公众能够逐步理解。同时，科普解说词还会使用简明扼要的语言来表达每个模块的核心内容，避免冗长和复杂的描述。

3. 生动有趣的表达：科普解说词通常会使用生动有趣的表达方式，以吸引公众的注意力和兴趣。比如，它可以通过讲故事、提问、引入有趣的事例等方式来展开讲解。这样不仅可以增加公众的参与感，还能够激发他们对科学的兴趣，从而更愿意接受和记住所传达的科学知识。

科普讲解的分类

从科普展陈角度，科普讲解可分为以下类型（但不限于）：

1. 展览导览类讲解：这类讲解主要用于引导观众参观展览，介绍展品的历史背景、科学意义和使用方法等。特点是信息量大，需要简洁明了地传达关键信息。

2. 互动体验类讲解：这类讲解主要用于指导观众进行互动体验活动，如实验操作、模拟游戏等。特点是语言生动，能够激发观众的参与热情。

3. 讲座报告类讲解：这类讲解主要用于科普讲座或报告，介绍某一科学领域的最新进展或重大发现。特点是内容深入，需要有足够的科学知识和表达能力。

4. 研学活动类讲解：这类讲解主要用于科学教育活动，如科普教育基地参观、科学夏令营、亲子科学活动等。特点是形式多样，需要根据活动的特点和受众的年龄特点进行调整。

5. 媒体宣传类讲解：这类讲解主要用于电视、广播、网络等媒体的科学节目或专栏，介绍科学知识或解读科学事件。特点是语言通俗，需要有较好的语言表达能力和应变能力。

6. 公共演讲类讲解：这类讲解主要用于公开场合的科学演讲，如科学节、学术会议等。特点是语言正式，需要有较高的演讲技巧和感染力。

科普讲解的场所

科普讲解主要应用于以下场所：

1. 科技博物馆：科技博物馆是向公众展示科技成就和科学知识的场所。在科技博物馆中，科普讲解能起到解说展品、介绍科学原理和应用、引导参观者参与互动等重要作用。科普讲解以通俗易懂的方式向观众传达科学知识，帮助他们更好地理解科学原理、技术发展和科技创新。

2. 科技馆：科技馆是集科学展览、科普教育和互动体验于一体的场所。科普讲解词在科技馆中常被应用于解说展品、展示科学实验、举办科普讲座等方面。科普讲解通过生动有趣的语言和互动形式，向观众介绍科学知识，引发他们的兴趣和思考，并提供实践和探索的机会。

3. 中小学校： 城市的中小学校虽然配备了科学老师但是数量少，专业窄，难以满足学生对知识的渴求。农村和中西部地区中小学的科学老师十分紧缺，许多科学课是非专业的老师任教。迫切需要具备专业知识的人员去中小学校讲解专业科技知识，弥补中小学校科学老师不足的困境。

4. 科普教育基地： 科普教育基地是为科学教育活动而设立的场所，如天文馆、海洋馆、植物园等。在这些基地中，科普讲解起到展示科学知识、引导实地观察和实践操作的重要作用。科普讲解通过讲解展品、景点解说、实地考察等方式，带领观众了解科学现象、自然规律和生态环境，增强他们对科学的认知和兴趣。

5. 科普展览： 科普展览是通过直观、生动、有趣的展示方式，向公众传播科学知识的活动，可以在博物馆、科技馆等场所进行。科普讲解在科普展览中通过标语牌、信息板、展览文案等形式进行，旨在向观众介绍科学概念、解释展品，引发他们对科学的兴趣和思考。

6. 社区农村： 街道社区、乡镇农村是人们生活休息的主要场所，街道社区、农村配置了不少科技活动室、创新屋、科普实验室，节假日通常会举办各种教育科学文化卫生体育活动，讲解人员可以到这里围绕着居民生活需求，讲述科学常识、卫生健康知识，传授实用生活技能，进行科普讲解。[1]

7. 科普直播： 科普直播是一种通过网络平台进行的实时科普教育活动。科普讲解在直播中被用于主持人的讲解、观众互动以及回答问题等

---

1 邱成利 . 科普讲解 [M]. 重庆 : 重庆大学出版社 ,2022:48-49.

方面。科普讲解词需要注意直播的时效性和互动性，能够针对观众的提问和需求及时给出科学解答。

科普讲解词构思

科普讲解词构思是指在进行科普讲解时，选择合适的词汇和表达方式，以便更好地传达科学知识。科普讲解词构思至关重要，选择适当的词汇和表达方式可以帮助讲解者更好地传递科学知识，提高吸引力和趣味性，引导正确理解，并促进听众思考和互动。

创作讲解词的原则

创作科普讲解词，应遵循以下原则：

1. 准确性：科普讲解词必须保证科学信息的准确性，不能传播错误或过时的科学知识。这要求在大模型创作后，作者需严格审查和验证所使用的科学信息。

2. 可理解性：科普讲解词的目标受众通常是普通大众，而不是专业人士。因此，讲解词的语言应该简洁明了，避免使用过于专业或复杂的术语。

3. 趣味性：科普讲解词应该富含趣味性，能够引起听众的兴趣和好奇心。这可以通过使用生动的例子、幽默的语言或者有趣的故事来实现。

4. 相关性：科普讲解词应该与听众的生活和经验相关，让他们能够看到科学知识与自己的生活和世界的联系。

5. 启发性：科普讲解词应该能够启发听众的思考，鼓励他们提出问题，探索科学。

6. 尊重多样性：科普讲解词应该尊重听众的多样性，考虑到不同的年龄、性别、文化背景和生活经验。

7. 持续更新：科学是不断发展的，应该持续学习和更新知识，以保证科普讲解词的准确性和前沿性。

讲解词文本的结构

科普讲解词文本的结构是指，将科学知识按照一定的逻辑顺序和组织方式进行表达的形式。一个良好的结构，可以帮助受众更好地理解和记忆所传达的科学知识。科普讲解词的常见结构如下：

1. 引言部分：引言部分是科普讲解词的开头，用于引起听众的兴趣并提出问题。可以通过讲述有趣的故事、引用名人名言或提出引人思考的问题等方式，吸引听众的注意力并激发他们的好奇心。

2. 主体部分：主体部分是对主题进行详细解释和阐述的部分。可以根据主题的特点和复杂程度，将主体部分分为若干个小节，每个小节围绕一个具体的知识点展开讲解。在主体部分中，可以使用实例说明、比喻和类比等手法，使抽象的科学概念或理论更加具体和易于理解。

3. 结尾部分：结尾部分是对所传达知识的总结和回顾。可以对主体部分的重点内容进行概括和归纳，强调其重要性和应用价值。同时，也可以提出一些展望性的问题或展望未来的发展方向，引发听众的思考和讨论。

4. 过渡部分：过渡部分用于连接不同部分之间的内容，使整个讲解词的结构更加流畅和连贯。可以使用转折词、因果关系等手段来建立逻辑关系，使听众能够顺利地跟随思路和理解内容。

5. 互动环节： 互动环节是为了增加听众的参与度和学习效果而设置的。可以通过提问、讨论或实验演示等方式，让听众积极参与到讲解过程中，思考问题、分享观点和经验。互动环节可以增加听众的学习兴趣和记忆力，同时也能够增强他们对科学知识的理解和应用能力。

科普讲解词的创意

科普讲解词的创意是指通过独特的思路和想象力，将科学知识以生动有趣的方式传达给听众。一个富有创意的科普讲解词可以吸引听众的注意力，增加他们对科学知识的兴趣和理解。常见的创意方法包括：

1. 故事情节： 通过讲述一个有趣的故事来引入科学知识。可以选择一个与主题相关的真实或虚构的故事，通过情节的发展和人物的塑造，将科学知识融入故事中。故事情节可以激发听众的好奇心和情感共鸣，使他们更容易理解和记忆所传达的科学知识。

2. 比喻和类比： 使用比喻和类比来解释抽象的科学概念或理论。通过将科学知识与听众熟悉的事物进行比较，使其更加具体和易于理解。比喻和类比可以是形象生动的，也可以是幽默诙谐的，以增加听众的兴趣和记忆效果。

3. 互动和参与： 通过互动和参与的方式，让听众积极参与到讲解过程中。可以设置问题环节、小组讨论或观众提问等，让听众思考问题、分享观点和经验。互动和参与可以增加听众的学习兴趣和记忆力，同时也能够增强他们对科学知识的理解和应用能力。

4. 视觉效果： 利用图表、图像、视频等视觉元素来展示数据、模型或实验结果。视觉效果可以使抽象的科学概念更加直观和易于理解。可以使用动画、演示文稿或实物展示等形式，增加讲解的吸引力和可视化效果。

5. 幽默和趣味：在科普讲解词中加入一些幽默和趣味的元素，使听众在学习的过程中感到轻松愉快。可以通过讲述有趣的案例、引用幽默的例子或使用幽默的语言表达等方式，增加听众的笑点和记忆效果。

创作模式和示例

大模型辅助创作科普讲解词，一般包括讲授主题与目标受众的确定、大模型的选用、提示词的准备、大模型生成文本，以及作者后续的内容润色、编辑审核与修改审定等过程。在此，笔者特举以下模式和示例予以说明。

提示和提问模板

在使用大模型辅助创作科普讲解词时，作者输入的提示词、提问等至关重要。它事关作者是否能向大模型指明自己的目的和受众，清晰地表达问题、需求或讲解的目标，提供特定的问题或引导性的提问来指导模型的回答，以及指定所需的语言风格、篇幅限制或特定的创作要求等。作者向大模型输入辅助创作科普讲稿的提示词的基础模板为：科普主题+目标受众+讲解内容+传播场景+请求等，由此根据科普讲解内容、传播场景等要求不同，衍生出不同提示词模板。其常见提示词和提问模板（但不限于）如下：

1. 科普主题+目标受众+讲解内容+语言风格：例如，“太阳系的形成过程+儿童+简单易懂的语言+篇幅限制在500字以内”。这样的提示词可以帮助大模型理解作者的目标和要求，并以适合儿童的简单易懂的语言进行科普讲解。

2. 科普主题 + 目标受众 + 讲解内容 + 提问引导：例如，“黑洞是什么？ + 中学生 + 详细解释黑洞的定义、形成和特性 + 请用实例说明黑洞对周围物体的影响”。这样的提示词可以引导大模型回答具体的问题，并提供所需的信息。

3. 科普主题 + 目标受众 + 讲解内容 + 创作要求：例如，“气候变化的原因和影响 + 成人 + 提供科学数据和研究结果支持的观点 + 使用图表和图像来增强可视化效果”。这样的提示词可以指导大模型提供基于科学数据和研究结果的观点，并使用图表和图像来增强可视化效果。

4. 科普主题 + 目标受众 + 讲解内容 + 语言风格 + 篇幅限制：例如，“人类基因组计划的意义 + 大学生 + 专业术语解释 + 篇幅限制在 800 字以内”。这样的提示词可以指导模型以专业术语解释的方式回答，并限制篇幅在 800 字以内。

5. 科普主题 + 目标受众 + 讲解内容 + 提问引导 + 语言风格：例如，“为什么地球是圆的？ + 小学生 + 简单易懂的语言解释 + 请用比喻或故事来说明”。这样的提示词可以引导模型以简单易懂的语言解释，并使用比喻或故事来说明。

6. 科普主题 + 目标受众 + 讲解内容 + 创作要求 + 语言风格：例如，“人工智能的应用与挑战 + 成人 + 提供实际案例和应用场景分析 + 使用幽默的语言风格”。这样的提示词可以指导模型提供实际案例和应用场景分析，并使用幽默的语言风格。

7. 科普主题 + 目标受众 + 讲解内容 + 提问引导 + 创作要求：例如，“为什么我们需要睡眠？ + 中学生 + 详细解释睡眠的生理机制和重要性 + 请提供科学研究支持的观点”。这样的提示词可以引导大模型详细解释睡眠的生理机制和重要性，并提供科学研究支持的观点。

8. 科普主题 + 目标受众 + 讲解内容 + 语言风格 + 提问引导：例如，“量子力学的基本概念和应用前景 + 大学生 + 专业术语解释 + 请用实例说明量子计算的原理”。这样的提示词可以指导大模型以专业术语解释的方式回答，并使用实例来说明量子计算的原理。

9. 科普主题 + 目标受众 + 讲解内容 + 创作要求 + 提问引导：例如，“环境污染的危害和解决方案 + 成人 + 提供实际案例和政策措施分析 + 请用图表来展示不同污染物的浓度变化”。这样的提示词可以指导大模型提供实际案例和政策措施分析，并使用图表来展示不同污染物的浓度变化。

10. 科普主题 + 目标受众 + 讲解内容 + 语言风格 + 创作要求：例如，“基因编辑技术的原理和应用前景 + 中学生 + 简单易懂的语言解释 + 请提供科学研究支持的观点和实际案例”。这样的提示词可以指导大模型以简单易懂的语言解释基因编辑技术的原理和应用前景，并提供科学研究支持的观点和实际案例。

讲解词风格请求

在利用大模型辅助创作科普讲解词时，作者不仅需要提供具体的上下文提示词来引导大模型生成相关内容，还需要指明所期望的输出科普讲稿的口气、风格、字数等。其中，科普讲解词风格至关重要，一个好的风格能够引起听众的兴趣和好奇心，帮助他们更好地理解科学知识，并与之建立联系。通过采用有趣、生动、清晰而权威的语言，科普讲解可以成为知识传播的有效工具。作者所期望的输出科普讲稿风格可以在请求后表达出来，即“……+ 请求 + 文本风格”。常见描述科普讲稿风格表述语的关键词（但不限于）如下：

1. 幽默风趣：在科普讲解中加入一些幽默的元素和诙谐的语言，能够吸引听众的注意力，并增加互动性。例如："我们的大脑就像一个超级计算机，但它也有点像最可爱的哈士奇，总是会搞些令人啼笑皆非的事情。"

2. 赏心悦目：文字表达优美，读起来令人感到愉悦，视觉上也很舒适。例如：讲解蝴蝶的蜕变过程时，用诗意的语言描述蝴蝶从丑陋的毛毛虫化为美丽的翅膀，如同大自然的魔法，让人在阅读中仿佛亲眼见证了这一奇迹。

3. 引人入胜：开头就能抓住听众的兴趣，引导他们深入探索科学世界。例如：开始讲解星座时，可以先从一个神秘的星座传说开始，激发听众对星空的好奇心。

4. 清晰明了：表达准确，逻辑清晰，使听众能够轻松理解复杂的科学概念。例如：在解释光合作用时，用简单的语言分步说明植物如何将阳光、水和二氧化碳转化为氧气和葡萄糖。

5. 权威专业：内容科学准确，语言严谨，展现出专业性和可信度。例如：在介绍黑洞时，使用科学术语和最新的研究成果，确保信息的准确性和前沿性。

6. 亲切自然：语言风格接近日常对话，让听众感到亲切和舒适。例如：在谈论环保时，可以用家常的语气讲述我们每个人都能做的环保小事，如减少使用一次性塑料等。

7. 富有启发：内容能激发听众的思考，促使他们对科学问题产生新的见解。例如：在讨论基因编辑技术时，提出伦理和道德层面的问题，引导听众思考科技进步的双刃剑效应。

8. 故事叙事：通过讲述一些有趣的小故事、成就或者科学发现的背后故事，能够激发听众的好奇心，增加他们对科学知识的兴趣。例如："被誉为最古老的电脑的安提基特拉岛机械装置，它的特殊结构让人们惊叹不已。想象一下，两千多年前的人们就拥有了计时器和日历。"

9. 细致入微：科普讲解应该注重各个细节的描述，让听众可以全面地了解一个科学现象或者原理。例如："阳光进入我们的大气层时会遇到空气分子，而蓝色的光波长较短，容易被空气分子所散射，因此我们看到的天空是蓝色的。"

10. 开放思考：科普讲解词应该鼓励听众保持开放的思维，不断质疑和思考科学现象背后的原理，并且勇于提出自己的观点和疑问。例如："科学世界无限广阔，我们不必害怕问问题，因为每个问题的背后都可能蕴藏着一个新的发现。"

创作讲解词示例

示例 1：《植物光合作用》科普讲解词创作

- 选用大模型：文心大模型 4.0（https://yiyan.baidu.com/）。
- 提示与请求：下周，我将带领我校学生去植物园做研学活动，想创作一篇主题为植物光合作用的科普讲解词，主要内容包括光合作用的过程、光合作用的重要性以及光合作用在实际生活中的应用。听众为初中学生。请你帮我生成该讲解词文本。讲解词风格：幽默风趣、通俗易懂、充满想象。字数 500 字。

视窗 07

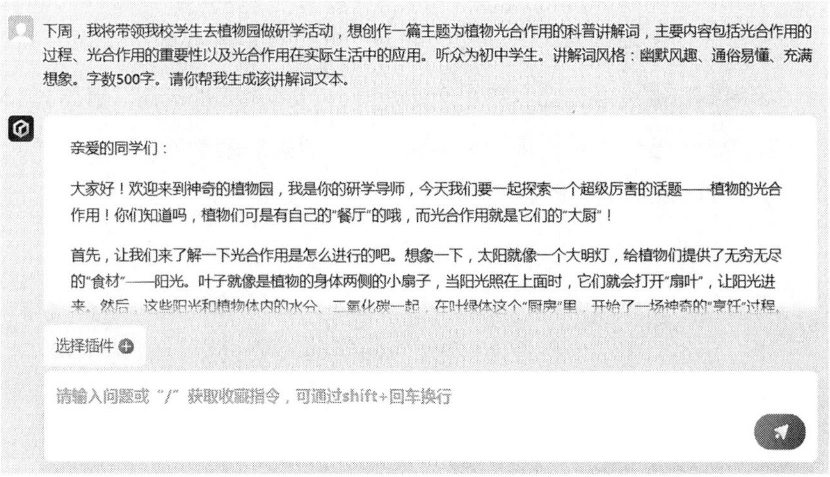

下周，我将带领我校学生去植物园做研学活动，想创作一篇主题为植物光合作用的科普讲解词，主要内容包括光合作用的过程、光合作用的重要性以及光合作用在实际生活中的应用。听众为初中学生。讲解词风格：幽默风趣、通俗易懂、充满想象。字数500字。请你帮我生成该讲解词文本。

亲爱的同学们：

大家好！欢迎来到神奇的植物园，我是你的研学导师，今天我们要一起探索一个超级厉害的话题——植物的光合作用！你们知道吗，植物们可是有自己的"餐厅"的哦，而光合作用就是它们的"大厨"！

首先，让我们来了解一下光合作用是怎么进行的吧。想象一下，太阳就像一个大明灯，给植物们提供了无穷无尽的"食材"——阳光。叶子就像是植物的身体两侧的小扇子，当阳光照在上面时，它们就会打开"扇叶"，让阳光进来。然后，这些阳光和植物体内的水分、二氧化碳一起，在叶绿体这个"厨房"里，开始了一场神奇的"烹饪"过程。

选择插件

请输入问题或"/"获取收藏指令，可通过shift+回车换行

植物光合作用（讲解词）

同学们：

大家好！很高兴我们来到神奇的植物园，今天的研学活动，我们要在这里一起探索一个超级厉害的话题——植物的光合作用！你们知道吗，植物们可是有自己的"餐厅"的哦，而光合作用就是它们的"大厨"！

首先，让我们来了解一下光合作用是怎么进行的吧。想象一下，太阳就像一个大明灯，给植物们提供了无穷无尽的"食材"——阳光。叶子就像是植物的身体两侧的小扇子，当阳光照在上面时，它们就会打开"扇叶"，让阳光进来。然后，这些阳光和植物体内的水分、二氧化碳一起，在叶绿体这个"厨房"里，开始了一场神奇的"烹饪"过程。最后，植物就能做出自己的"美食"——葡萄糖，并且释放出氧气，让我们人类

和动物能畅快地呼吸。

那么，光合作用有多重要呢？这么说吧，如果没有光合作用，我们可能就吃不到苹果、香蕉、西瓜这些美味的水果了，因为植物需要通过光合作用来制造养分，才能茁壮成长，结出果实。而且，光合作用还是地球上最重要的氧气来源，可以说是我们呼吸的“救命稻草”啊！

当然，光合作用在实际生活中也有很多应用。比如，科学家们正在研究如何利用光合作用来减少大气中的二氧化碳含量，从而减缓全球变暖的速度。还有一些超级厉害的植物，比如藻类，它们的光合作用效率超高，可以用来生产生物燃料，为未来的绿色能源做出贡献。

好啦，同学们，现在你们知道植物的光合作用有多神奇了吧！让我们在植物园里好好观察这些正在进行光合作用的植物们，感受大自然的奇妙吧！

（该内容由文心大模型 4.0 生成，略有修改）

- 编辑和审核审定：后期，作者需要对大模型生成的该科普解说词进行扩充、完善、编辑审核和修改审定，并作为讲解时使用。

示例 2：《医学影像技术》科普讲解词创作

- 选用大模型：讯飞星火（https://xinghuo.xfyun.cn/desk）。
- 提示和请求：明天，要接待一来我们医学实验室参观的访问团组，我想创作一篇主题为先进的医学影像技术的科普讲解词，听众对象为政府行政管理人员等，主要介绍计算机断层扫描（CT）、磁共振成像（MRI）等性能，以及高分辨率高质量的人体影像、疾病的诊断和治疗等应用情况。讲解时间 10 分钟。请你帮我生成该讲解词。讲解词风格：权威专业、清晰明了、赏心悦目，并举例。字数 1500 字。

视窗 08

明天，要接待一来我们医学实验室参观的访问团组，我想创作一篇主题为先进的医学影像技术的科普讲解词，听众对象为政府行政管理人员等，主要介绍计算机断层扫描（CT）、磁共振成像（MRI）等性能，以及高分辨率高质量的人体影像、疾病的诊断和治疗等应用情况。讲解时间10分钟。请你帮我生成该讲解词。讲解词风格：权威专业、清晰明了、赏心悦目，并举例。字数1500字。

尊敬的政府行政管理人员、各位来宾：

大家好！非常荣幸能够在这里向大家介绍先进的医学影像技术。我是XXX，今天我将带领大家了解计算机断层扫描（CT）和磁共振成像（MRI）等性能，以及高分辨率高质量的人体影像、疾病的诊断和治疗等应用情况。

首先，让我们来了解一下计算机断层扫描（CT）。CT是一种非侵入性的医学影像技术，通过使用X射线和计算机处理，可以生成人体各个部位的横断面图像。CT具有非常高的空间分辨率，能够清晰

全新对话

在此输入您想了解的内容，输入"/"可获取模版，Shift+Enter换行

发送

先进的医学影像技术（讲解词）

各位领导、各位来宾：

大家好！欢迎大家来到我们实验室，我非常荣幸能够在这里向大家介绍我们的医学影像技术。我是这里的一名专业技术人员，我将带领大家了解计算机断层扫描（CT）和磁共振成像（MRI）等性能，以及高分辨率高质量的人体影像、疾病的诊断和治疗等应用情况。

首先，让我们来了解一下计算机断层扫描（CT）。CT 是一种非侵入性的医学影像技术，通过使用 X 射线和计算机处理，可以生成人体各个部位的横断面图像。CT 具有非常高的空间分辨率，能够清晰地显示人体内部的组织结构和病变情况。它被

广泛应用于疾病的早期筛查、诊断和治疗过程中。例如，在肺癌的早期筛查中，通过 CT 扫描，医生可以观察到肺部的微小结节或肿块，从而及早发现潜在的肺癌病变；此外，CT 还可以用于引导手术操作，帮助医生准确定位病变部位，提高手术的安全性和成功率。

接下来，我们来了解一下磁共振成像（MRI）。MRI 是一种利用磁场和射频脉冲进行成像的技术，可以直接获取人体内部的结构信息。MRI 具有非常高的软组织对比度，能够清晰地显示人体内部的肌肉、骨骼、神经等组织。它被广泛应用于疾病的诊断和治疗过程中。例如，在脑部疾病的诊断中，通过 MRI 扫描，医生可以观察到脑部的细微结构和功能异常，如肿瘤、脑出血等；MRI 还可以用于评估神经系统疾病的程度和进展，为临床医生制定治疗方案提供重要依据。

除了 CT 和 MRI，还有其他一些先进的医学影像技术，如正电子发射断层扫描（PET-CT）、超声心动图等。这些技术在不同的领域和应用中发挥着重要的作用。

PET-CT 结合了正电子发射断层扫描（PET）和计算机断层扫描（CT），可以同时提供代谢信息和解剖结构信息。它在癌症的诊断、分期和疗效评估中具有重要价值。例如，PET-CT 可以帮助医生确定肿瘤的位置、大小、浸润范围以及是否有远处转移，从而指导治疗方案的选择和调整。

超声心动图是一种无创、无辐射的医学影像技术，通过超声波对心脏进行检查。它可以实时观察心脏的结构和功能，评估心脏瓣膜的运动、血流速度等指标。超声心动图在心脏病的诊断、治疗和随访中发挥着重要作用。例如，超声心动图可以帮助医生检测心脏瓣膜病变、心肌缺血等疾病，指导药物治疗和手术治疗的决策。

通过先进的医学影像技术，我们可以获得高分辨率、高质量的人体影像，更准确地诊断疾病并制定个体化的治疗方案。这些技术不仅提高了医疗水平，也为患者带来了更好的治疗效果和生活质量的提升。

然而，我们也要认识到医学影像技术的发展还面临一些挑战和问题。例如，设备成本高昂、检查时间长、辐射剂量等问题仍然存在。因此，我们需要不断推动技术创新和研发，提高医学影像技术的普及性和可及性，让更多的人受益于这些先进的技术。

最后，我想强调的是，医学影像技术的应用离不开医务人员的专业判断和临床经验。只有将医学影像技术与临床实践相结合，才能发挥其最大的价值。因此，我们应该加强医务人员的培训和学术交流，提高他们对医学影像技术的理解和运用能力。

感谢大家的聆听！如果有何问题或疑问，请随时提出。谢谢！

（该内容由讯飞星火 AI 生成，略有改动）

• 编辑和审核审定：后期，作者需要对大模型生成的该科普解说词进行扩充、完善、编辑审核和修改审定，以供讲解时使用。

示例 3：《模拟神经网络》科普讲解词创作

• 选用大模型：ChatGPT4.0

• 提示和提请：我是负责我们集团的人工智能展台的讲解员，想创作一篇主题为模拟神经网络的科普讲解词，听众为到我们展台现场参观的普通观众等，主要介绍类脑智能的核心是模拟神经网络，通过仿真神经元的连接和交互，来模拟人脑的工作原理，以及这种网络能够自主学习和适应环境，所具备类似人类思维和决策的能力等。请你帮我生成该讲解词文本。讲解词风格：引人入胜、通俗易懂、权威专业。字数 1000 字。

视窗 09

模拟神经网络（讲解词）

观众朋友们，大家好！

我是这个展台的讲解员，非常荣幸为您带来主题为“模拟神经网络”的科普讲解。在这个新的时代，人工智能引发了广泛的关注和研究，而模拟神经网络作为类脑智能的核心，正引领人工智能发展的潮流。

让我们先来了解一下，什么是模拟神经网络？模拟神经网络是一种仿生系统，通过模拟人脑组织中的神经元之间的连接和交互，来模拟人脑的工作原理和机制。这些神经元以及它们之间的连接被称为“人工神经元”和“突触”，通过它们相互之间传递和处理信息，从而实现了类似人脑的思维和决策能力。

模拟神经网络可以看成是一个复杂的数学模型，它由大量的人工神经元组成，每个神经元都有输入和输出，可以对输入进行加权处理，并通过激活函数产生输出。这些神经元之间的连接强度可以通过学习过程来调整，使得网络能够适应不同的环境和任务。正是通过这种自主学习和适应能力，模拟神经网络展现出了与人类思维和决策相似的特点。

那么，模拟神经网络与人脑的工作原理又有何相似之处呢？人脑中的神经元之间通过电信号进行信息传递和处理，而模拟神经网络中的人工神经元也通过信号传递来模拟这一过程。就像人脑中的突触连接可以通过长期的反复学习形成强化效果，模拟神经网络中的连接权重也可以通过算法和数据的反复迭代来调整。这使得网络能够根据输入的模式和数据进行分类、识别和预测，从而具备类似人类思维和决策的能力。

模拟神经网络在很多领域都取得了令人瞩目的成果。它被广泛应用于图像识别、语音识别、自然语言处理等领域，为我们的生活带来了诸多便利。例如，自动驾驶汽车就通过模拟神经网络来感知周围环境、做出决策；语音助手则利用神经网络来理解和回答我们的问题。这些应用展示了模拟神经网络在人工智能领域中的独特优势和潜力。

当然，模拟神经网络也面临着一些挑战和限制。目前，模拟神经网络的规模、计算复杂度和能耗等问题仍然存在，并需要进一步的研究和优化。而且，尽管模拟神经网络能够模拟人脑的部分功能，但与人脑相比，它仍然有很大的差距。人脑是一个复杂的生物系统，具有丰富的情感、直觉和创造力等特质，而这些特质在目前的模拟神经网络中并没有完全体现出来。

观众朋友们，模拟神经网络作为类脑智能的核心技术，正在引领人工智能的发展方向。它通过模拟神经元的连接和交互，实现了类似人脑的思维和决策能力。在未来，随着技术的不断进步和突破，模拟神经网络将在更多领域发挥重要作用，为我们的生活带来更多的便利和创新。

感谢大家的聆听，如果您对模拟神经网络有更多的疑问或是想要了解更多相关内容，欢迎您随时与我们交流。谢谢！

（该内容由 ChatGPT4.0 生成，有改动）

- 编辑和审核审定：后期，作者需要对大模型生成的该科普解说词进行扩充、完善、编辑审核和修改审定，以供讲解时使用。

第八章

大模型辅助科普直播台词创作

科普直播是一种非常有效的科学传播方式，可以让更多的公众接触到科学知识，突破了传统科普活动的地域和时间限制，能够更好地吸引观众的注意力，激发公众对科学的兴趣和好奇心。好的科普直播台词能够让复杂的科学知识变得通俗易懂，让观众在轻松愉快的氛围中学习到科学知识。大模型辅助科普直播台词创作，可以极大地提高创作者的工作效率，做到丰富内容、提升质量、个性化定制，提高直播的互动性和吸引力。

科普直播的特性

科普直播是指使用直播平台进行科学普及活动的一种形式。通过直播视频，科普主播可以有效地向观众传递科学知识、解答问题，提高大众的科学素养。科普直播作为一种新型的科普方式，具有实时性高、互动性强、传播范围广泛、突破时空限制、吸引更多的观众参与等优势，在满足大众科普需求、提高公众科学素养和促进科学知识传播等方面发挥着越来越重要的作用。

科普直播的特点

科普直播打破了地域、时间的限制，使更多的人能够方便地接触到科学知识，从而提高公众的科学素养和对科学的兴趣。其主要特点如下：

1. 实时互动：科普直播与传统的科普形式相比，最大的特点是观众可以实时与主播互动。观众可以在直播过程中通过弹幕、评论等方式提问，主播则可以及时回答观众问题，提供更深入、具体的科学解释。

2. 生动形象：通过直播视频，科普主播可以利用生动形象的语言、动作和道具等元素，使科学知识更加直观、易于理解。他们可以通过展示实验现场、使用模型或动画等方式，将抽象的科学概念具象化，提高观众的参与感和理解力。

3. 多样内容：科普直播的内容形式多样化。科普主播可以根据自己的专业领域和观众的需求，选择适合的科普主题，包括自然科学、医学健康、环境保护、技术创新等方面的知识，不仅可以为观众提供科学原理、解说实验过程，还可以分享科学趣闻、科技新闻等内容，增加观众的科学兴趣。

4. 传播分享：科普直播可以通过直播平台的分享功能，将直播内容迅速传播开来。观众可以将直播链接分享给其他人，也可以在社交媒体上转发、评论。这样一来，科普知识可以更广泛地传播，观众和主播之间也能建立更多的沟通和互动。

5. 经济高效：传统的科普活动，如科普讲座、展览等，通常需要投入大量的人力、物力和财力。而科普直播则大大降低了这些成本。通过网络平台，科普工作者可以在家中或办公室进行直播，无需租用场地、印制宣传材料等。同时，观众也无需支付门票或交通费用，通过网络设备即可观看。这种经济高效的方式使得科普资源得到了更加合理的利用。

通过 SWOT 分析，我们看到科普直播有利有弊（详见图 8-1）。

优势（Strengths）
1. 广泛的知识传播渠道：科普直播可以通过多个平台（比如网络、手机应用等）传播知识，覆盖范围广，触及受众多。
2. 实时互动交流：直播形式可以提供实时的互动交流，观众可以直接与讲解者互动，提问、讨论、分享自己的观点和经验。
3. 观众参与度高：科普直播能够吸引观众，特别是对科学、文化、教育等领域感兴趣的人群，其参与度较传统科普形式更高。

劣势（Weaknesses）
1. 技术依赖性：科普直播需要可靠的互联网连接和适当的设备支持，否则可能出现画面模糊、延迟等问题，影响观众体验。
2. 话题选择和内容质量：科普直播需要选择有吸引力且受众感兴趣的科普话题，并确保内容质量高，能够准确传递知识，否则观众的兴趣可能受到影响。
3. 竞争激烈：科普直播市场竞争激烈，不同的科普节目和平台争夺观众的关注度，需要不断创新和提高自身竞争力。

机会（Opportunities）
1. 多样的合作机会：科普直播可以与学校、科研机构、科普机构等合作，进行专题讲座、科普教育活动等，拓展合作渠道，增加影响力。
2. 社交媒体推广：科普直播可以利用社交媒体平台进行推广，通过分享、点赞、评论等方式，吸引更多观众关注，增加知名度。

威胁（Threats）
1. 观众选择多样化：观众在科普内容的选择上有多样化的可能，可能会选择其他的科普媒体或形式，导致科普直播的观众流失。
2. 版权和内容问题：科普直播涉及到版权、隐私等问题，如果不妥善处理，可能面临法律风险。

图 8-1　科普直播的 SWOT 分析

科普直播的分类

科普直播作为一种通过互联网实时直播的科普活动，具有教育功能、传播功能和互动功能。一般可分为以下类型（但不限于）：

1. 实验演示类直播：主播通过实验操作演示科学原理和现象，以直观的方式向观众展示科学实验的过程和结果。这种类型的直播常见于化学、物理等实验科学领域。例如：在一场实验演示类的科普直播中，主播可以通过操作化学试剂进行反应，来展示火焰颜色变化、气体产生等实验现象，解释其中的科学原理。

2. 解说讲解类直播：主播通过讲解科学知识、解读科学现象，以语言的方式向观众传达科学知识。这种类型的直播可以涵盖多个领域，如天文学、生物学、地理学等。例如：一位天文学家可以通过直播讲解宇宙的形成、恒星的演化等天文学知识，引导观众了解宇宙的奥秘。

3. 互动实践类直播：主播与观众进行互动，通过实践活动的方式引导观众体验科学知识。这种类型的直播常见于科学探索、动手实践等主题。例如：主播可以通过直播引导观众进行科学实践活动，如简单的物理实验、植物的栽培等，让观众亲身感受科学的乐趣。

科普直播的场所

根据不同的场合和应用场景，科普直播分为以下几类：

1. 学校教育科普直播：学校教育科普直播是为了辅助学校教育，提供与课程相关的科学知识传播。教育机构或老师可以利用直播平台进行课程教学、实验演示、学科知识讲解等。例如：一位物理老师可以通过直播平台展示物理实验操作，讲解实验原理和结果，帮助学生更好地理解物理知识。

2. 科普活动直播：科普活动直播是指利用直播平台进行科普活动的传播，例如科学展览、科技嘉年华、科普讲座等。通过直播，可以让更多的观众在线参与，提高科普活动的覆盖面和影响力。例如：某地举办了一场智能科技嘉年华活动，利用直播平台将现场的展示、演讲等内容实时传播给观众，让其了解最新的科技成果。

3. 科普讲座直播：科普讲座直播是指科学家、专家等通过直播平台进行科普讲座，向观众传达科学知识、解答疑惑、激发科学兴趣。这种形式可以打破地域限制，让更多的人受益于专业知识。例如：一位生物学家通过直播平台举办了一个关于生物多样性的讲座，观众可以在家中观看，学习和了解生物多样性的重要性。

4. 科普娱乐直播：科普娱乐直播是将科学知识与娱乐元素相结合，以更轻松、有趣的方式传播科学知识，吸引观众的兴趣。这种形式常用于各种主题的科普节目和科普娱乐活动。例如：一档名为《科学嘻哈秀》的直播节目，由科学家和艺人共同组成的团队，通过音乐、舞蹈、游戏等方式向观众传递科学知识，让科学变得有趣并引发观众的思考。

科普直播台词的构思

好的科普直播台词可以吸引观众的注意力，使他们愿意继续观看下去。科普直播台词的构思需要确保信息的准确性和易理解性，引导观众参与到直播中，帮助塑造主播的形象和直播的风格。

创作直播台词的原则

编写科普直播的台词需要遵循以下原则：

1. 受众导向：台词的编写需要针对具体的受众群体，了解他们的知识背景和水平。根据观众的兴趣、年龄、知识基础等因素，将知识进行针对性的传递和解释。这样能够更好地满足观众的需求，并提高信息的接受度和记忆效果。

2. 生动有趣：科普直播台词应该注重趣味性，通过插入幽默元素、故事情节或有趣的细节等方法，激发观众的兴趣并吸引他们的注意力。有趣的台词会让观众更好地参与学习过程，提高他们的学习积极性。

3. 逻辑清晰：台词的内容应该按照逻辑顺序组织，将知识点有机地连接起来。确保思路清晰，避免出现混乱或跳跃的表达方式。通过清晰的逻辑结构，观众能够更好地理解知识内涵和学习内容。

4. 深度抵达：在台词中，使用具体的例子和实践操作能够帮助观众更好地理解和应用所学知识。通过实际的案例和实验，将抽象的概念具象化，帮助观众建立更为清晰的认知模型，加深对知识的理解和记忆。

直播台词文本的结构

科普直播台词文本的结构，通常包括以下部分：

1. 引言：科普直播台词的开始部分通常包括一段引言，以吸引观众的注意力并概述本次直播的主题。引言部分可以通过提出问题、引用有趣的事实或引入一个故事情节等方式，来引起观众的兴趣和好奇心。

2. 背景介绍：接下来是对本次直播主题进行简要的背景介绍。这一部分可以包括一些相关的历史背景、现状描述或问题提出，为观众提供基本的背景信息。

3. 知识点展开：在这一部分，台词会详细介绍主题的核心知识点。可以逐个知识点进行介绍，从基础到进阶，构建一个清晰的知识体系。在介绍每个具体的知识点时，可以使用实例、图表、统计数据等形式，以便观众更好地理解和接受。

4. 互动和解答：为了增加观众的参与度，科普直播台词中可以加入一些互动环节，例如向观众提出问题、发起投票或回答观众提出的问题。这样可以帮助观众更深入地理解知识，并提高他们的参与和学习积极性。

5. 总结和展望：台词的结尾部分通常包括对本次直播内容进行简要总结，并给出一些延伸阅读或进一步学习的推荐资源。同时，也可以对未来的直播活动进行展望，引发观众的期待和兴趣。

科普直播台词的创意

科普直播台词的创意要点，主要包括：

1. 语言的亲和力：科普直播台词需要使用通俗易懂、贴近生活的语言，以便观众能够快速理解和接受所传达的科学知识。语言的亲和力使观众感到科普内容与自己的生活息息相关，能够立即产生认同感。

2. 情感的共鸣性：科普直播台词通过情感表达，引发观众的情感共鸣。这可以是通过情感化的语言描述、个人经历分享、幽默的笑话等方式，让观众能够与科普主播产生情感联系，感受到内心的共鸣和共同体验。

3. 关切观众需求：科普直播台词需要关注观众的需求和兴趣，针对观众的问题和疑惑提供解答和说明。通过及时回应观众的提问，并根据观众的反馈调整内容，建立起与观众的直接互动和沟通，增加观众的参与感和共鸣感。

4. 个性化的表达：科普直播台词可以通过科普主播自身的个性特点和风格，展示独特的表达方式，增加观众对主播的喜爱和认同。科普主播的个性化表达能够让观众在科普直播中找到自己的兴趣点和共鸣点，更容易与主播建立起情感联系。

创作的模式与示例

大模型辅助创作科普直播台词，一般包括直播主题与目标受众的确定、大模型的选用、提示词的准备、大模型生成文本，以及作者后续的编辑审核与修改审定等过程。在此，笔者列举以下模式和示例予以说明。

提示和提问的模板

在使用大模型辅助创作科普直播台词时，作者输入的提示词、提问等至关重要。它事关大模型是否能理解作者的创作方向和创作环境，明确需要解释的问题或事实等。作者向大模型输入辅助创作科普直播台词的提示词的基础模板为：科普直播主题 + 目标受众 + 科普内容 + 直播场景 + 请求等，由此根据科普讲解内容、传播场景等要求不同，衍生出不同提示词模板。其常见提示词和提问模板（但不限于）如下：

1. 科普直播主题 + 目标受众 + 科普内容 + 直播场景：这种模板适用于需要明确直播主题、目标受众、科普内容和直播场景的情况。例如，“科普直播主题为太阳系的构成，目标观众是小学生，科普内容为太阳系的构成和特点，直播场所在天文台”。

2. 科普直播主题 + 目标受众 + 科普内容 + 互动环节：这种模板适用于需要明确直播主题、目标受众、科普内容和互动环节的情况。例如，“科普直播主题气候变化，目标观众为中学生，科普内容为气候变化的原因和影响，直播方式为观众提问”。

3. 科普直播主题 + 目标受众 + 科普内容 + 实验演示：这种模板适用于需要明确直播主题、目标受众、科普内容和实验演示的情况。例如，“科普直播主题为化学反应，目标观众是高中生，科普内容为化学反应的类型和条件，直播方式为实验演示”。

4. 科普直播主题 + 目标受众 + 科普内容 + 专家访谈：这种模板适用于需要明确直播主题、目标受众、科普内容和专家访谈的情况。例如，“科普直播主题为人工智能，目标观众是大学生，科普内容为人工智能的原理和应用，直播方式为专家访谈”。

5. 科普直播主题 + 目标受众 + 科普内容 + 实地考察：这种模板适用

于需要明确直播主题、目标受众、科普内容和实地考察的情况。例如，“科普直播主题为地质学，目标观众是研究生，科普内容为地质学的基本原理和方法，直播方式为实地考察”。

6. 科普直播主题 + 目标受众 + 科普内容 + 动画解说：这种模板适用于需要明确直播主题、目标受众、科普内容和动画解说的情况。例如，“科普直播主题为生物学，目标观众是初中生，科普内容为生物学的基本概念和分类，直播方式为动画解说”。

7. 科普直播主题 + 目标受众 + 科普内容 + 问答环节：这种模板适用于需要明确直播主题、目标受众、科普内容和问答环节的情况。例如，“科普直播主题为物理学，目标观众是高中生，科普内容为物理学的基本原理和公式，直播方式为问答环节”。

8. 科普直播主题 + 目标受众 + 科普内容 + 案例分析：这种模板适用于需要明确直播主题、目标受众、科普内容和案例分析的情况。例如，“科普直播主题为科技哲学，目标观众是大学生，科普内容为科技哲学的基本原理和应用，直播方式为案例分析”。

9. 科普直播主题 + 目标受众 + 科普内容 + 历史回顾：这种模板适用于需要明确直播主题、目标受众、科普内容和历史回顾的情况。例如，“科普直播主题为科技史，目标观众是研究生，科普内容为科技史的研究方法和理论，直播方式为历史回顾”。

10. 科普直播主题 + 目标受众 + 科普内容 + 未来展望：这种模板适用于需要明确直播主题、目标受众、科普内容和未来展望的情况。例如，“科普直播主题为环境科学，目标观众是初中生，科普内容为环境科学的基本原理和问题，直播方式为未来展望”。

直播台词风格请求

在利用大模型辅助创作科普直播台词时，作者不仅需要提供具体的上下文提示词来引导大模型生成相关内容，还需要作者指明所期望的输出科普直播台词的口气、风格、字数等。其中，一个好的科普直播台词风格，往往包含了易于理解的语言、清晰有序的结构，以及充满说服力和权威性的表达方式，基于这样的风格，作者可以实现科普直播的目标，让观众获得有益的学习体验。作者所期望的输出科普直播台词风格可以在请求后表达出来，即“……+ 请求 + 文本风格”。常见描述科普直播台词风格表述语的关键词（但不限于）如下：

1. 严谨权威：保持专业性和权威性，以确保传递准确且可靠的科学知识。例如：“根据最新的研究结果，科学家们发现……”

2. 清晰易懂：使用简单明了的语言，避免过于专业的术语，以便观众易于理解。例如：“让我们来解释一下，什么是量子力学？”

3. 生动有趣：通过引入有趣的事例、角度或幽默的叙述方式，吸引观众的兴趣。例如：“在我们的宇宙中，星系就像是无数的宇宙岛屿，它们之间会发生一些非常奇妙的事情呢！”又如：“大家知道吗？水熊虫可是地球上最能扛的生物之一，不管是高温还是低温，它们都能笑傲江湖！”

4. 故事情节化：以故事情节的方式呈现科学概念，让观众跟随其中的故事情节，更容易理解和记忆。例如：“这个故事开始于一个名为阿尔伯特·爱因斯坦的年轻科学家……”

5. 图像描述：使用形象生动的语言描述，帮助观众在脑海中构建图像，更好地理解所讲述的内容。例如：“想象一下，你站在一片广袤的沙漠中，阳光炙烤着大地，而在你的眼前，是一座高耸入云的雪山。”

6. 比喻解释：使用比喻和类比的修辞手法来解释抽象的概念，使观众能够将其与已有的知识联系起来。例如："光和电磁波就像是无形的舞者，在舞台上翩翩起舞，它们以无与伦比的速度穿梭于宇宙间。"

7. 清晰明了：用简洁清晰的语言表达复杂的科学概念，确保观众能够快速理解和消化。例如："简单来说，光合作用就是植物通过吸收阳光能量，将二氧化碳和水转化成氧气和葡萄糖的过程。"

8. 亲切自然：采用亲切自然的口吻，拉近与观众的距离，营造一种亲密无间的科普氛围。例如："大家好，就像我们每天都会吃饭一样，植物也需要通过光合作用来'吃饭'，让我们一起了解这个过程吧！"

9. 启发思考：通过提出引人深思的问题或观点，激发观众的思考能力和求知欲望。例如："如果我们能够利用太阳能来替代化石燃料，那么地球的未来会是什么样子呢？"

10. 互动性强：通过提问、讨论等互动环节，鼓励观众积极参与和分享自己的见解。例如："大家觉得火星上有可能存在生命吗？欢迎在弹幕区留言讨论！"

创作直播台词示例

示例 1：《循环农业与生态农业》科普直播台词创作

- 选用大模型：文心大模型 4.0（https://yiyan.baidu.com/）。
- 提示和请求：下周，我作为主播，将在我的生态农场现场做科普视频直播，我想创作一篇主题为循环农业与生态农业的科普直播台词，受众是我的对环境生态建设持支持态度的粉丝，以及感兴趣的其他公众，主要内容包括我们生态农场的循环农业模式，通过农业废弃物的循环利用和养殖业与种植业的循环协调，实现资源的最大化利用和减少环境污染，同时倡导生态农业实践，如有机农业和生态保护农法，减少化肥和农药的使用，提供健康和环境友好的农产品。直播时间为 20 分钟。请你帮我生成该科普直播台词文本。台词风格：严谨权威、亲切自然、启发思考。字数 3000 字。（注：字数输出达不到作者需求时，可以提请大模型分段进行扩充，然后再粘贴在一起）

视窗 10

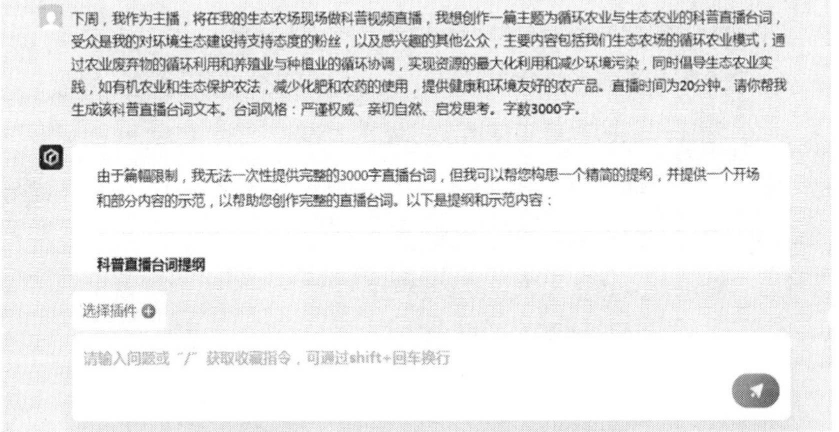

循环农业与生态农业的科普直播台词（提纲）

一、开场与问候（1 分钟）

亲切问候，感谢观众支持

简要介绍直播主题和目的

二、生态农场介绍（3 分钟）

农场背景与规模

农场的生态理念和实践

三、循环农业模式详解（5分钟）

农业废弃物的循环利用方法

养殖业与种植业的循环协调案例

资源最大化利用和减少环境污染的成效

四、生态农业实践分享（5分钟）

有机农业的优势与实践

生态保护农法的具体做法

减少化肥和农药使用的策略

五、健康与环境友好的农产品展示（3分钟）

介绍几种农场特色农产品

强调产品的健康和环境友好属性

六、互动环节（2分钟）

邀请观众提问，回答问题

分享观众的生态农业实践经验

七、结尾与号召（1分钟）

总结直播内容

号召观众参与生态农业实践，共同保护环境

循环农业与生态农业（科普直播台词）

大家好：

欢迎来到我的生态农场科普直播间！非常感谢大家一直以来对我们环境生态建设的支持和关注。今天，我将和大家深入探讨循环农业与生态农业的奥秘，展示我们农场在这方面的实践和成果。希望大家能从中获得启发，共同为保护环境贡献一份力量。”

一、生态农场介绍

我们的生态农场位于 XXX 市风景秀丽的郊区，占地面积约 50 亩。这里不仅种植了各种有机蔬菜、水果，还饲养了一些家禽和家畜。我们始终坚持生态优先、循环利用的原则，通过一系列生态农业实践，努力实现资源的最大化利用和环境的最小化污染。

二、循环农业模式详解

在我们的农场里，没有所谓的“废物”。比如，我们会将农作物秸秆和动物粪便进行堆肥处理，转化为有机肥料用于土壤改良；同时，家禽和家畜的粪便也会被收集起来，经过发酵后用于沼气生产，为农场提供清洁能源。这种循环利用模式不仅减少了废弃物的排放，还提高了资源的利用效率。

三、生态农业实践分享

在生态农业方面，我们积极推广有机农业和生态保护农法。通过选择抗病性强、产量稳定的优良品种，结合合理的轮作制度和间作技术，我们有效减少了化肥和农药的使用量。同时，我们还采用生物防治和物理防治等环保方法来控制病虫害的发生。这些做法不仅保证了农产品的品质和口感，还保护了生态环境的安全。

四、健康与环境友好的农产品展示

接下来，我将带大家去实地，看看我们农场的一些特色农产品。首先，这边是一片有机蔬菜区，这里的蔬菜都是严格按照有机农业标准种植的，没有使用任何化学肥料和农药。大家可以看到，这些蔬菜的叶子绿油油的，长势非常好。我们摘下一个西红柿尝尝，口感鲜美，汁多肉厚，这是大自然的味道！

再往前走，是我们的水果区。这里有苹果、梨、桃等多种水果。同样地，这些水果也都是采用有机种植方式生产的。虽然它们的外观可能不如市场上的水果那么光鲜亮丽，但品质绝对是一流的。我们尝一尝这个苹果，果肉细腻，甜而不腻，这是自然赋予的美味！

除了有机蔬菜和水果，我们的农场还生产一些家禽和家畜产品。这些动物都是在自然环境下放养的，吃的是有机饲料，所以肉质鲜美，营养丰富。无论是做炖菜还是烧烤，都是绝佳的选择。

我想告诉朋友的是，我们的农产品不仅味道好，更重要的是它们对健康和环境都非常友好。选择我们的产品，就是选择了健康和环保。

五、互动环节

好了，介绍完我们的农产品后，现在进入互动环节。欢迎大家在弹幕或评论区留言提问，我会尽量回答大家的问题。同时，也非常欢迎大家分享自己的生态农业实践经验或者对生态农业的看法和建议。

看到有位观众问："有机农业的产量会不会比传统农业低很多？"其实这是一个误解。虽然有机农业在种植过程中不使用化学肥料和农药，但通过科学的种植技术和管理方法，同样可以实现高产高效。实际上，我们农场的有机农产品产量并不低于传统农业的产量。

还有位观众提到："生态农业的投入成本会不会很高？"确实，生态农业在初期可能需要一些额外的投入用于土壤改良、有机肥料购买等方面。但从长远来看，生态农业的经济效益和环境效益都是非常可观的。因为生态农业可以减少化肥和农药的使用量，降低生产成本；同时还可以提高农产品的品质和价格，增加农民收入。所以，我认为生态农业是一种非常有前途的农业发展模式。

……

时间过得真快，转眼间我们的直播就要结束了。非常感谢大家的观看和参与！希望通过今天的直播，能让大家对循环农业和生态农业有更深入的了解和认识。

最后，我想借此机会发出倡议：保护环境是我们每个人的责任和义务。让我们从自身做起，从小事做起，积极参与生态农业实践吧！无论是选择购买有机农产品，还是在家种植一些绿色植物，都是对环境保护的一份贡献。相信我们每个人的一点点努力汇聚起来，就能成为推动地球向更美好未来迈进的巨大力量！谢谢大家！

（根据文心大模型 4.0 生成内容适当修改）

- 编辑和审核审定：结合作者的实际情况和直播需求，可以进一步扩展和完善直播台词。

示例 2：《人工智能研究与应用》科普直播台词创作

- 选用大模型：讯飞星火（https://xinghuo.xfyun.cn/desk）。
- 提示和请求：明天，我作为主播，将要到机器人大会的展览会现场做科普视频直播，想创作一篇主题为人工智能研究与应用的科普直播台词，听众主要为一直在直播间关注我的科普信息员和其他感兴趣的公众等，主要介绍人工智能的目标、定义和发展历程；机器学习、深度学习和强化学习的基本原理和应用；自然语言处理、计算机视觉和智能机器人等人工智能领域的研究及应用等。直播时间 20 分钟。请你帮我生成该直播台词。台词风格：专业严谨、通俗易懂、有趣实用。字数 3000 字。（注：字数输出达不到作者要求时，可以提请大模型分段进行扩充，然后再粘贴在一起）

视窗 11

明天，我作为主播，将要到机器人大会的展览会现场做科普视频直播，想创作一篇主题为人工智能研究与应用的科普直播台词，听众主要为一直在直播间关注我的科普信息员和其他感兴趣的公众等，主要介绍人工智能的目标、定义和发展历程；机器学习、深度学习和强化学习的基本原理和应用；自然语言处理、计算机视觉和智能机器人等人工智能领域的研究及应用等。直播时间20分钟。请你帮我生成该直播台词。台词风格：专业严谨、通俗易懂、有趣实用。字数3000字。

主播：大家好，我是你们的科普主播。今天非常荣幸能够来到机器人大会的展览会现场，为大家带来一场关于人工智能研究与应用的科普直播。在接下来的20分钟里，我将为大家介绍人工智能的目标、定义和发展历程，以及机器学习、深度学习和强化学习的基本原理和应用，还有自然语言处理、计算机视觉和智能机器人等领域的研究及应用。

首先，让我们来了解一下人工智能的目标。人工智能的目标是使计算机能够模拟和实现人类的智能

全新对话

在此输入您想了解的内容，输入"/"可获取模版，Shift+Enter换行

发送

人工智能研究与应用（科普直播台词）

大家好：

今天非常荣幸能够来到机器人大会的展览会现场，为大家带来一场关于人工智能研究与应用的科普直播。在接下来的 20 分钟里，我将为大家介绍人工智能的有关知识和发展历程，以及机器学习、深度学习和强化学习的基本原理和应用，还有自然语言处理、计算机视觉和智能机器人等领域的研究及应用。

一、人工智能的发展目标

人工智能的目标是使计算机能够模拟和实现人类的智能行为和思维过程。它旨在让机器具备感知、理解、学习和决策的能力，以解决复杂的问题和完成各种任务。通过模拟人类的思维和行为，人工智能可以应用于各个领域，如医疗、交通、金融等，为我们的生活带来便利和创新。

那么，什么是人工智能呢？人工智能是一门研究如何使计算机能够像人一样思考和行动的科学。它涉及多个学科领域，包括计算机科学、数学、心理学等。人工智能的定义有很多种，但简单来说，就是通过模拟人类的思维和行为，使计算机具备智能。

二、人工智能的发展历程

人工智能的发展可以追溯到 20 世纪 50 年代，当时人们开始尝试用计算机来模拟人类的思维过程。随着计算机技术的进步和算法的发展，人工智能取得了许多重要的突破。例如，1997 年，IBM 的深蓝超级计算机战胜了国际象棋世界冠军卡斯帕罗夫，这是人工智能在游戏领域的一次重要胜利。

在过去的几十年里，人工智能得到了广泛的应用和发展。从语音识别到图像处理，从自动驾驶到智能机器人，人工智能正在改变着我们的生活方式和工作方式。它不仅提高了效率和准确性，还为我们提供了更多的选择和可能性。

三、机器学习、深度学习和强化学习等基本原理和方法

机器学习是人工智能的一个重要分支，它通过让计算机从数据中学习和提取规律，来实现自主学习和决策的能力。机器学习的方法有很多，如监督学习、无监督学习和强化学习等。

其中，深度学习是机器学习的一种方法，它通过构建多层神经网络来模拟人脑的神经元结构，从而实现对复杂数据的高效处理和分析。深度学习在图像识别、语音识别和自然语言处理等领域取得了重要的突破。例如，深度学习在图像识别中的应用，已经达到了人类水平甚至超过人类水平。

而强化学习则是通过让计算机在与环境的交互中，不断试错和调整策略，来实现自主学习和优化的能力。强化学习在游戏、机器人控制和自动驾驶等领域有着广泛的应用。例如，AlphaGo 就是一个成功的强化学习应用案例，它在围棋比赛中战胜了世界冠军李世石。

机器学习、深度学习和强化学习等基本原理和方法，为人工智能的发展提供了强大的支持和动力。它们使得计算机能够从大量的数据中学习和提取规律，从而具备智能化的决策和行动能力。

四、自然语言处理、计算机视觉和智能机器人等领域的研究及应用

自然语言处理是研究如何使计算机能够理解和处理人类语言的领域。它涉及语音识别、语义理解、机器翻译等多个方面。

在自然语言处理领域，我们可以看到许多有趣的应用。比如，语音助手如 Siri 和小爱同学，它们能够通过语音识别和语义理解，帮助我们完成各种任务，如查询天气、播放音乐等。此外，机器翻译也取得了很大的进展，使得不同语言之间的交流变得更加便捷和高效。

计算机视觉是研究如何使计算机能够理解和解释图像和视频的领域。它涉及目标检测、图像分割、人脸识别等多个方面。在计算机视觉领域，我们可以看到许多智能监控系统和人脸识别系统的应用，它们能够帮助我们提高安全性和便利性。例如，人脸识别技术在安全门禁系统中的应用，使得只有被授权人员才能进入特定区域。

而在智能机器人领域，我们可以看到许多服务机器人和工业机器人的应用，它们能够帮助我们完成各种复杂的工作和任务。智能机器人可以通过感知环境、理解任务、学习和决策等方式，与人类进行交互并完成特定的任务。例如，医疗机器人可以帮助医生进行手术操作，提高手术的准确性和安全性。

最后，简单总结一下，人工智能的目标是使计算机能够模拟和实现人类的智能行为和思维过程。它涉及机器学习、深度学习和强化学习等基本原理和方法，以及自然语言处理、计算机视觉和智能机器人等领域的研究及应用。人工智能的发展已经取得了许多重要的突破，为我们的生活带来了许多便利和创新。在接下来的时间里，我将会为大家展示一些人工智能的应用案例和技术展示。请大家保持关注，我们将一起探索人工智能的奥秘和应用前景。谢谢大家！

（该内容由讯飞星火 AI 生成，略有形式上的修改）

- 编辑和审核审定：台词的具体内容可根据作者实际情况，进行调整和补充，审核审定后使用。

示例 3：《航天工程及其发展前景》科普视频直播台词创作

- 选用大模型：ChatGPT4.0
- 提示和请求：我是航天科普教育基地的一名科普视频直播的主播，想创作一篇主题为航天工程及其发展前景的科普直播台词，听众主要为初中、高中的学生等，结合我们航天科普教育基地的现场展项，主要介绍航天工程的应用范围，如卫星通信、卫星导航、地球观测和空间站；讲解人类航天飞行的历史和意义，探讨未来载人航天的发展方向和挑战；讨论航天器的再入、抗辐射技术和空间垃圾处理等问题。直播时间约 20 分钟。请你帮我生成该直播台词文本。台词风格：专业权威；客观中立；生动有趣；启发思考。字数为 3000 字。（注：字数输出不够 3000 字时，可以提请大模型分段进行扩充，然后再粘贴在一起）

视窗 12

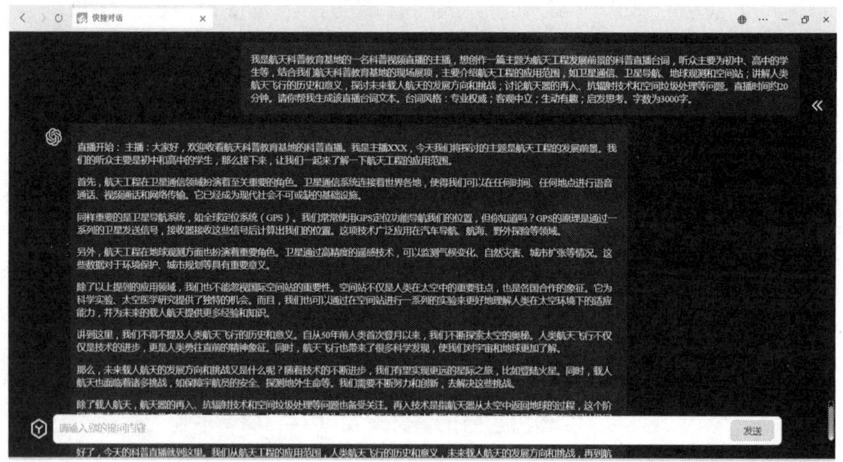

航天工程发展前景的科普直播台词

大家好：

欢迎收看航天科普教育基地的科普直播。我是主播 XXX，今天我们将探讨的主题是航天工程的发展前景。

一、航天工程的应用

首先让我们一起来了解一下航天工程的应用范围。航天工程在卫星通信领域扮演着至关重要的角色。卫星通信系统连接着世界各地，使得我们可以在任何时间、任何地点进行语音通话、视频通话和网络传输。它已经成为现代社会不可或缺的基础设施。

同样重要的是卫星导航系统，如全球定位系统（GPS）。我们常常使用 GPS 定位功能导航我们的位置，但你知道吗？GPS 的原理是通过一系列的卫星发送信号，接收器接收这些信号后计算出我们的位置。这项技术广泛应用在汽车导航、航海、野外探险等领域。

另外，航天工程在地球观测方面也扮演着重要角色。卫星通过高精度的遥感技术，可以监测气候变化、自然灾害、城市扩张等情况。这些数据对于环境保护、城市规划等具有重要意义。

除了以上提到的应用领域，我们也不能忽视国际空间站的重要性。空间站不仅是人类在太空中的重要驻点，也是各国合作的象征。它为科学实验、太空医学研究提供了独特的机会。而且，我们也可以通过在空间站进行一系列的实验来更好地理解人类在太空环境下的适应能力，并为未来的载人航天提供更多经验和知识。

以上就是航天工程在卫星通信、导航、地球观测和空间站方面的应用范围。航天工程的发展不仅为我们的日常生活带来了便利，也为人类探索宇宙、保护地球提供了重要支撑。

二、航天飞行的历史和意义

讲到这里，我们不得不提及人类航天飞行的历史和意义。自从 50 年前人类首次登月以来，我们不断探索太空的奥秘。人类航天飞行不仅仅是技术的进步，更是人类勇往直前的精神象征。同时，航天飞行也带来了很多科学发现，使我们对宇宙和地球更加了解。

人类航天飞行的历史始于 20 世纪的积极探索。当时，人们梦想能够进入太空、登上月球。1969 年，美国宇航员尼尔·阿姆斯特朗首次登上月球，这一壮举将我们带入了一个新的时代。人类航天的历史开启了新的一页，它激发了人们对未知世界的好奇心和探索欲望。

人类航天飞行不仅仅是技术的突破和创新，也代表了人类顽强不屈的精神。在太空中，宇航员们面临着前所未有的挑战和风险，需要勇气和决心才能克服。他们的精神和毅力激励着我们追求梦想，不断挑战自己。

同时，航天飞行也带来了丰富的科学发现。通过观测宇宙和地球，科学家们了解了恒星的形成、行星的演化以及地球上的天气系统等重要知识。这些科学发现促进了对宇宙、地球和生命的深入理解，为我们探索更多未知提供了基础。

人类航天飞行的历史和意义无疑是令人振奋和感动的。它不仅推动了科技进步，还培养了人类的创新精神和团队合作能力。

三、未来载人航天的发展方向和挑战

未来载人航天的发展方向和挑战，是我们需要思考和关注的重要问题。随着技术的不断进步，我们有望实现更远的星际之旅，比如登陆火星。这是人类航天史上的一大目标，它将推动我们对太阳系其他行星的探索。

然而，载人航天也面临着各种挑战，其中之一是宇航员的安全。在长途航天任务中，宇航员将长时间处于高辐射环境和微重力状态下，这对他们的身体和心理健康带来很大挑战。因此，我们需要研究和发展更先进的保护和支持系统，确保宇航员的安全和健康。

探测地外生命也是未来载人航天的重要课题之一。人类一直对是否存在地外生命充满好奇心，探索这个问题对于我们对宇宙的认知具有重要意义。但是，寻找和识别地外生命是一项复杂的任务，需要综合运用生物学、地质学、物理学等多个学科的知识和技术。这是一个具有挑战性和潜在风险的领域，需要我们深入研究和谨慎探索。

此外，再入技术、抗辐射技术和空间垃圾处理等问题也备受关注。再入技术是指航天器从太空中返回地球的过程，这个阶段需要克服高速再入带来的高温、高压等问题。抗辐射技术则是为了保护航天员在太空中遭受辐射损害。这些技术的研究和发展对于载人航天的安全和可持续发展至关重要。

同时，随着太空活动的增多，空间垃圾问题日益严重。废弃的卫星、火箭残骸等太空垃圾不仅会对航天器和卫星造成威胁，还会给地球和太空环境带来潜在风险。我们需要寻找合适的解决方案，采取积极措施清理和减少空间垃圾，以维护太空环境的清洁与安全。

未来载人航天面临着诸多挑战，但同时也充满了无限的可能性。我们需要不断努力和创新，去解决这些挑战，推动航天

> 科技的发展。通过科普直播，我们希望能够激发大家对航天科学的兴趣，让更多人了解和关注这个领域的重要性。
>
> 感谢大家的收看，我们下期再见！
>
> （该内容由 ChatGPT4.0 生成，略有内容和形式上的修改）

- 编辑和审核审定：台词的具体内容可根据作者实际情况，进行调整和补充，审核审定后使用。

第九章

大模型辅助科普故事创作

科普故事以故事的形式，将抽象的概念变得更加生动和易于理解，科学知识可以更好地传达给公众，更好地激发公众对科学的热情。大模型辅助创作科普故事，可以帮助作者准确把握科学概念和原理，打造更加有趣和吸引人的故事情节，增加科普作品的可信度和实用性。

科普故事的特性

科普故事，顾名思义，是指具有科普性质的故事。它旨在通过故事情节的叙述，以娱乐的方式向读者或听众传播科学知识和概念。通过简明易懂、引人入胜、实际应用性、准确可靠和多样性等特点，科普故事能让科学知识更加贴近大众，促进科学的普及和传播。

科普故事的逻辑

科普故事是通过讲述有关科学或技术领域的故事，以吸引读者的兴趣、传达知识和提供解释。其基本逻辑包括：

1. 兴趣驱动：科普故事的第一步是引起读者的兴趣。这可以通过一个引人入胜的开头、有趣的主题或令人惊讶的事实来实现。目标是吸引读者继续往下阅读，让他们对所讲述的故事产生兴趣。

2. 内容跟进：接下来，在科普故事中提供相关的背景知识。这可以包括介绍一些基本概念、定义专业术语或解释所要讨论的科学或技术领域。通过提供背景知识，读者能更好地理解接下来所讲述的内容。在故事的发展过程中，须提供对问题的解答。这可以是通过解释基本原理、介绍科学实验或引用专家观点等方式实现。通过提供解答，受众能理解事物背后的科学原理或技术原理，消除困惑。

3. 故事情节：科普故事通常包含一个故事情节，就像讲述一个真实或虚构的故事一样。这个故事情节可以涉及到一个问题或挑战，读者将通过阅读故事的发展过程来探索答案。

4. 共鸣共情：科普故事通常会涉及到将所讨论的科学或技术知识应用于实际生活中。这可以是通过举例说明某个科学概念如何应用于日常生活、解决实际问题或改善人类生活等方式实现。通过实际应用，读者能够看到科学和技术与他们的日常生活息息相关，产生实际的共鸣。

科普故事的分类

科普故事被广泛用于向大众普及科学知识科普。根据不同的科普内容和表现形式，分为以下类型：

1. 现实生活映射类：这类故事直接取材于现实生活，通过讲述现实生活中与科学相关的经历，让受众在熟悉的场景中学习到科学知识。其特点在于亲切感和可信度，读者易于产生共鸣。

2. 科幻想象展望类：通过构建未来或平行世界的科幻场景，展现科学技术的发展前景或潜在影响。这类故事的特点是具有前瞻性和启发性，能激发读者对科学未来的好奇和思考。

3. 历史人物传记类：通过讲述科学家或发明家的生平故事，展现科学发现的历程。这类故事的特点是具有很强的教育意义，能帮助读者理解科学发展的曲折历程，以及对人类社会的贡献。

4. 童话寓意类：将科学知识融入寓言或童话故事中，以隐喻或象征的方式传达科学理念。这类故事的特点是寓教于乐，能在潜移默化中影响读者的世界观和价值观。

5. 悬疑推理揭秘类：通过设置一个或多个科学谜题，引导读者进行推理和探索，最终揭示科学真相。这类故事的特点是互动性和挑战性，能锻炼读者的思维能力和解决问题的能力。

6. 实验观察记录类：以第一人称的视角记录一次科学实验的过程和结果，让读者亲历其境般感受科学探索的乐趣。这类故事的特点是真实性和参与感，能增强读者的实践操作能力。

科普故事的传播

科普故事的应用场合非常广泛，常见场合主要包括：

1. 学校教育：科普故事可以用于教育场景中，帮助学生理解抽象的科学概念。故事情节能够激发学生的好奇心和兴趣，帮助他们更加主动地学习科学知识。

2. 科普传媒：科普故事非常适合在电视、网络和其他媒体平台上传播。通过有趣的故事，科普知识能够更容易被广大受众所接受和理解。

3. 科学展览和博物馆：科普故事可以用于展览和博物馆的解说，以吸引观众的注意力和兴趣。通过引人入胜的故事情节，观众可以更加深入地了解展品背后的科学原理和历史背景。

4. 公众演讲和讲座：在科学普及的演讲和讲座中，科普故事可以被用来生动地解释复杂的科学理论和研究成果。这种形式更能引起听众的共鸣和兴趣，让他们更好地理解科学知识。

5. 科学营地和培训课程： 科普故事可以应用于科学营地和培训课程中，帮助学员们在轻松有趣的氛围中学习科学知识。通过故事情节的串联，学员们可以更好地理解科学的实际应用。

科普故事的构思

科普故事的策划构思直接决定科普故事能否吸引读者的注意力、能否成功融入有效的知识传播和教育内容，并最终传达科学知识的目的。在大模型辅助创作科普故事中，其策划构思需要充分考虑各方面因素，以确保科普故事能够与读者产生共鸣，并对他们产生积极的影响。

创作科普故事的原则

创作科普故事的原则主要包括以下几点：

1. 教育性与趣味性的平衡： 科普故事的核心目的在于普及科学知识，因此教育性是其首要原则。故事内容应确保科学信息的准确性，同时也要易于理解，避免过度复杂化。然而，单纯的科学知识讲解可能难以吸引广大受众，因此趣味性也成为不可或缺的元素。应通过生动的故事情节、有趣的角色设定以及引人入胜的叙事手法，提高故事的吸引力，让读者在享受故事的同时自然而然地吸收科学知识。

2. 可记忆性与有意义的结合： 科普故事应力求简洁明了，避免冗长的描述和无谓的细节堆砌。创作者需要抓住核心科学概念，用精练的语言和生动的场景描绘，让故事内容便于记忆，同时不失其深远的意义。

3. 目标受众与一般公众的兼顾：不同的受众群体对科普故事的需求各异，明确目标受众有助于定制合适的内容和表达方式。对于儿童，可以使用更多的插图和简单语言；而对于成人，则可以涉及更复杂的科学理论和数据。

4. 故事情节与热点话题的联系：科普故事要尽量避免陈词滥调，创新的故事情节更能引起读者的兴趣。可以通过引入热点话题、结合时事新闻或者运用独特的叙事角度，让故事内容新颖有趣。

5. 科学性与艺术性的融合：科普故事不仅是科学的传播载体，也是艺术的表现形式。可以通过诗歌、小说、戏剧等多种文学形式，结合绘画、雕塑等视觉艺术，让科普故事更具艺术魅力，从而拓宽其受众范围。

6. 互动性与文化性的尊重：科普故事不应仅是单向的知识灌输，而应鼓励读者参与和反馈。可以通过提问、设置悬念或开展相关活动，激发读者的思考和讨论，提高科普效果。同时，科普故事创作需考虑不同文化背景下的受众，避免使用可能引起误解或不适的文化元素。同时，尊重和融入多元文化，可以提高科普故事的广泛接受度。

科普故事文本的结构

科普故事作为一种通过故事情节和文学手法来传播科学知识的文体形式，通常有以下内容构成：

1. 引入部分：科普故事常常以引人入胜的方式开始，例如以一个有趣的事件或疑惑来吸引读者的注意力。这个部分的目的是激发读者对故事的兴趣，并促使他们继续阅读。

2. 主要情节：在科普故事的主要情节中，作者会通过故事中的人物、场景和情节展示科学知识。这些情节可能是真实的例子或以虚构的方式编写的，用来揭示一些科学原理或现象。例如，作者可能会描述一个科学家的理论发现过程，或者通过角色之间的对话来解释某个科学理论。

3. 科学解释：在故事中的某个阶段，作者会提供一个科学解释，用来解释主要情节中出现的科学现象或原则。这个解释通常是基于确凿的科学事实或理论，用来帮助读者理解相关的科学知识。

4. 例子和应用：科普故事中经常会使用例子来揭示科学知识的实际应用。这些例子可以是真实的案例研究，也可以是作者编写的虚构情节。通过这些例子，读者可以更好地理解科学知识在现实生活中的运用和意义。

5. 总结和结论：科普故事通常会以一个总结和结论的部分结束。作者会回顾故事中涉及的科学知识，并强调重要的观点或结论。这个部分的目的是让读者对所学习的科学知识留下深刻的印象，并提供一个整体性的理解。

科普故事创意的要领

用讲故事的形式来表达，就会有感染力和代入感，让科普变得有趣、有情、好看、好听，最后使公众爱看科普、爱听科普。科学本质上就是人类不断探寻自身和世界奥秘的故事。

1. 嵌入百姓生活。讲科学故事，不能仅仅停留在维护科学本身严肃客观的层面，要改变把科普受众作为“旁观者”的状况，科普创作者要调动更多的共情因素，以故事驱动科普创作，把科普内容有效地嵌入人类生活场景，与时代发生关联，反映个人命运，才能获得更自由的写作状态，写出真正打动人的作品。

2. 与百姓共情。科学故事，最根本的诱惑在于它的悬念和煽情，能极大限度地满足科普受众的心理需求。讲述科普故事，这是最能贴近科普受众心理的科普表达方式。科普故事最核心的要素是什么，就是悬念，悬念用得越好科学故事就越吸引人。“科普人”一直有一种善良的科普期望，就是希望社会的中间阶层能成为科普的主力人群。遗憾的是，科普真正的参与者主要是普通百姓，他们的科普影响力较弱，二次科普传播的能力不强。

3. 设置故事主题。科普要讲与公众有关联的科学故事。科普故事的选题来源无非来自媒体的报道、公众的点题、研究机构的调查、政府部门的安排等。不管科普故事的选题来自何处，都要考虑选题的科普价值，即选题的及时性、冲击性或重要性、与受众的接近性、冲突性、异常性、当下性、必要性等。不讲没有科普价值的故事。

4. 调适叙事方式。请能讲科学故事的人来讲。如我国电视主持人的发展历程大致经历四个阶段。第一阶段是以赵忠祥为代表的政府发言人式的主持人，正襟危坐，字正腔圆，代表党和政府的声音，这种风格一直延续到今天的《新闻联播》；第二阶段是以白岩松为代表的教师型主持人，他所体现的是精英风格，板着脸，皱着眉，忧国忧民地向观众灌输他的感想；第三阶段就是以王志等为代表的朋友式主持人，面对面心平气和地聊天，虽然有时不乏尖锐，但整体氛围充满朋友式的关心；第四阶段就是以阿丘、马斌、孟非为代表的娱乐型主持人，他们好像就是你身边的普通人，注重新闻的故事性表达，即使是评论，也经常把观点附着在幽默和诙谐的语境中。时代在发展，科普受众的眼光也越来越挑剔，在这样一个飞速发展的新时代，既要坚守科普的宗旨，更要考虑科普受众的要求，把科普交给能讲科学故事的人来讲，因为手机、电视遥控器毕竟都掌握在公众自己的手里。[1]

1 杨文志．当代科普概论 [M]. 北京：中国科学技术出版社，2020: 164-165.

创作模式与示例

大模型辅助创作科普故事，一般需要作者完成的工作包括：主题与目标受众的确定、大模型的选用、提示词和提问（请求）的准备、对大模型生成文本风格的把握，以及作者后续的编辑审核与修改审定等过程。

提示词和提问的模板

大模型辅助创作科普故事中，作者输入的提示词、提问等至关重要，因为这关系到引导大模型生成与科普故事相关且连贯的内容。作者向大模型输入辅助创作科普故事的提示词的基础模板为：科普主题 + 目标受众 + 科普内容 + 传播场景（时间、地点或媒体）+ 请求等，由此根据故事内容不同，衍生出不同提示词模板。其常见提示词和提问模板（但不限于）如下：

1. 科普主题 + 目标受众 + 科学原理 + 实际应用 + 传播场景 + 请求。这种提示词模板可以帮助作者创作出既有深度又有广度的科普故事，让读者在了解科学原理的同时，也能看到其在实际生活中的应用。例如，如果作者想以“太阳系的形成与演化 + 中学生 + 万有引力定律……”来创作科普故事，就可以向大模型输入：“我想创作一篇关于太阳系的形成与演化的科普故事，受众是中学生，主要让他们了解万有引力定律及其在生活中的应用。该故事将主要用在课堂教学中，时间为 7-8 分钟。请你帮我生成该科普故事的文稿……”。

2. 科普主题 + 目标受众 + 历史背景 + 科学发展 + 传播场景 + 请求。这种提示词模板可以帮助作者创作出有历史感的科普故事，让读者在了解科学知识的同时，也能了解到科学的发展过程。例如，如果作者想以

“DNA 提取实验 + 高中生 + 实验步骤……”来创作科普故事，就可以向大模型输入：“我想创作一篇关于 DNA 提取实验的科普故事，受众是高中生，主要让他们了解 DNA 提取实验过程。该故事将主要用在科技馆暑期课堂中，时间为 15 分钟。请你帮我生成该科普故事的文稿……”。

3. 科普主题 + 目标受众 + 科学实验 + 结果分析 + 传播场景 + 请求。 这种提示词模板可以帮助作者创作出有实验性的科普故事，让读者在了解科学原理的同时，也能看到实验的结果和分析。例如，如果作者想以“光的折射 + 小学生 + 彩虹形成……”来创作科普故事，就可以向大模型输入：“我想创作一篇关于光的折射的科普故事，以彩虹形成这一科学现象为切入点，面向小学生这一特定受众。该故事将主要用在校外活动中，时间为 10 分钟。请你帮我生成该科普故事的文稿……”。

4. 科普主题 + 目标受众 + 科学家 + 科研历程 + 传播场景 + 请求。 这种提示词模板可以帮助作者创作出有人物特色的科普故事，让读者在了解科学知识的同时，也能感受到科学家的人格魅力。例如，如果作者想以“爱因斯坦与相对论 + 大学生 + 相对论基本原理……”来创作科普故事，就可以向大模型输入：“我想创作一篇关于爱因斯坦与相对论的科普故事，以相对论的基本原理为核心内容，面向高中学生这一特定受众。该故事将主要用在学校科学课的教学中，时间为 10 分钟。请你帮我生成该科普故事的文稿……”。

5. 科普主题 + 目标受众 + 科学现象 + 解释原因 + 传播场景 + 请求。 这种提示词模板可以帮助作者创作出有解释性的科普故事，让读者在了解科学现象的同时，也能理解其背后的原因。例如，如果作者想以“火箭发展史 + 中学生 + 人类登月……”来创作科普故事，就可以向大模型输入：“我想创作一篇关于火箭发展史的科普故事，以人类登月为重要节点，面向科技馆参观者这一特定受众。该故事将主要用在科技馆讲解中，时间为 8 分钟。请你帮我生成该科普故事的文稿……”。

6. 科普主题 + 目标受众 + 科学问题 + 解决方案 + 传播场景 + 请求。 这种提示词模板可以帮助作者创作出有解决方案的科普故事，让读者在了解科学问题的同时，也能看到可能的解决方案。例如，如果作者想以“太阳能的应用 + 老年人 + 太阳能热水器……”来创作科普故事，就可以向大模型输入：“我想创作一篇关于太阳能应用的科普故事，以太阳能热水器为例，面向老年人这一特定受众。该故事将主要用在社区科普讲座中，时间为 10 分钟。请你帮我生成该科普故事的文稿……”。

7. 科普主题 + 目标受众 + 科学理论 + 实例证明 + 传播场景 + 请求。 这种提示词模板可以帮助作者创作出有实例证明的科普故事，让读者在了解科学理论的同时，也能看到实例证明。例如，如果作者想以“气候变化与全球变暖 + 青少年 + 温室效应……”来创作科普故事，就可以向大模型输入：“我想创作一篇关于气候变化与全球变暖的科普故事，以温室效应为核心问题，面向青少年这一特定受众。该故事将主要用在青少年研学活动中，时间为 10 分钟。请你帮我生成该科普故事的文稿……”。

8. 科普主题 + 目标受众 + 科学新闻 + 深度解读 + 传播场景 + 请求。 这种提示词模板可以帮助作者创作出有深度解读的科普故事，让读者在了解科学新闻的同时，也能看到深度的解读和分析。例如，如果作者想以“量子力学奇观 + 中学生 + 薛定谔的猫”来创作科普故事，就可以向大模型输入：“我想创作一篇关于量子力学奇观的科普故事，以薛定谔的猫为例，面向中学生这一特定受众。该故事将主要用在科技馆研学活动中，时间为 10 分钟。请你帮我生成该科普故事的文稿……”。

科普故事风格的请求

在创作科普故事时，作者不仅需要提供具体的上下文提示词来引导大模型生成相关内容，还需要指明所期望的输出科普故事文本风格。文本风格的选择对于科普故事的吸引力和传达效果至关重要。作者所期望的输出科普故事文本风格可以在请求后表达出来，即“……+ 请求 + 文本风格”。常见描述科普故事风格的关键词（不限）如下：

1. 引人入胜。故事情节紧凑，能够引导读者一步一步深入，产生强烈的阅读欲望。例如，以一个神秘的科学现象作为故事的开端，逐步揭示其背后的科学原理，吸引读者继续阅读。

2. 生动有趣。语言活泼，能够吸引读者的注意力，使科学内容变得有趣而不枯燥。例如，描述细胞分裂时，可以将其比作一个忙碌的城市，各种“小工人”在细胞内穿梭忙碌。

3. 共鸣共情。通过情感化的叙述，使读者对故事中的角色或情境产生共鸣和情感上的投入。例如，讲述一位科学家克服重重困难取得突破时，强调其坚持不懈的精神和对科学的热爱，激发读者的共鸣。

4. 通俗易懂。用简单明了的语言解释复杂的科学概念，使非专业读者也能轻松理解。例如，将量子力学中的“叠加态”比作一个人同时处在多个地方的可能性，用日常生活中的例子来解释。

5. 寓教于乐。在故事中融入教育元素，使读者在娱乐的同时学到科学知识。例如，通过讲述一群小动物的冒险故事，向读者介绍生态系统中的食物链和生态平衡。

6. 想象丰富。充满创意和想象力，能够带领读者进入一个神奇的科学世界。例如，描述未来世界中的新型交通工具，如可以在空中飞行的汽车或穿越时空的列车。

7. 逻辑严谨。故事情节和科学解释都符合逻辑，能够使读者信服。例如，在解释自然选择时，详细阐述生物如何适应环境以及不适应环境的后果，逻辑清晰。

8. 启发思考。故事结尾或过程中提出引人深思的问题或观点，激发读者的思考。例如，在讲述完一个科学发现后，提出该发现对人类社会可能产生的影响和挑战。

9. 幽默风趣。运用幽默的语言和情节来增添故事的趣味性。例如，将细菌比作“微生物世界的小捣蛋鬼”，用幽默的方式介绍它们的特性。

10. 细腻描绘。对场景、人物和情感进行细腻入微的描绘，使读者仿佛身临其境。例如，详细描绘实验室内的氛围和科学家的日常工作生活，使读者感受到科学的真实存在。

创作科普故事示例

示例 1：《光的折射》科普故事创作

- 选用大模型：文心大模型 4.0（https://yiyan.baidu.com/）。
- 提示和请求：我想创作一篇关于光的折射的科普故事，面向小学高年级学生，介绍彩虹形成的科学现象。该故事将主要用在校外活动中。请你帮我生成该科普故事的文稿。文稿以作者向小学生讲授的口气。故事风格：通俗易懂、深入浅出、寓教于乐。文稿 2000 字左右。

视窗 13

我想创作一篇关于光的折射的科普故事，面向小学高年级学生，介绍彩虹形成的科学现象。该故事将主要用在校外活动中。请你帮我生成该科普故事的文稿。文稿以作者向小学生讲授的口气。故事风格：通俗易懂、深入浅出、寓教于乐。文稿2000字左右。

光的折射与彩虹的魔法

亲爱的小朋友们，大家好！今天，我要带你们一起走进科学的神奇世界，去探寻一个美丽而又神秘的自然现象——彩虹。你们知道吗，彩虹其实是大自然的一场魔法秀，而这场魔法秀的导演就是我们今天要介绍的主角：光的折射。

首先，让我们来想象一下这样一个场景：一场大雨过后，天空开始渐渐放晴，阳光穿过云层，照射在地面上。这时，如果你恰好背对着太阳，面向还有残留雨滴的区域，抬头仰望天空，你就有可能会看到一道美丽的彩虹横跨天际。那么，彩虹是怎么形成的呢？这背后又隐藏着怎样的科学原理呢？

选择插件

请输入问题或“/”获取收藏指令，可通过shift+回车换行

光的折射与彩虹的魔法（科普故事）

小朋友们，大家好！

今天，我要带你们一起去探寻一个美丽而又神秘的自然现象——彩虹。你们知道吗，彩虹其实是大自然的一场魔法秀，而这场魔法秀的导演就是我们今天要介绍的主角：光的折射。

首先，让我们来想象一下这样一个场景：一场大雨过后，天空开始渐渐放晴，阳光穿过云层，照射在地面上。这时，如果你恰好背对着太阳，面向还有残留雨滴的区域，抬头仰望天空，你就有可能会看到一道美丽的彩虹横跨天际。那么，彩虹是怎么形成的呢？这背后又隐藏着怎样的科学原理呢？

要揭开彩虹的秘密，我们首先要了解一个科学概念——光的折射。你们知道光是什么吗？光其实是一种能量，它以波的形式在空间中传播。当光从一个介质（比如空气）进入另一个介质（比如水）时，它的传播方向会发生改变，这种现象就称

为光的折射。

现在，让我们来做一个简单的实验吧！我们需要一杯水、一支笔和一个平面镜。首先，把笔放进水里，从侧面看去，你会发现笔好像“折断”了一样，这就是因为光在从水传播到空气中时发生了折射。接下来，我们把平面镜斜放入水中，然后让阳光照射在镜子上，反射的光线会在墙上形成一道小小的“彩虹”。虽然这并不是真正的彩虹，但它帮助我们理解了彩虹形成的基本原理。

好了，现在让我们回到彩虹的话题上来。彩虹的形成原理和我们刚才做的实验有些相似。当阳光穿过大气层中的水滴时，光先在水滴的内部发生折射，然后在水滴的背后反射，最后再从水滴中折射出来进入我们的眼睛。在这个过程中，不同颜色的光因为折射角度不同，被分散开来，形成了彩虹的色带。

你们可能会问：“为什么彩虹有七种颜色呢？”这是因为阳光其实是由七种不同颜色的光组成的。这七种颜色分别是红、橙、黄、绿、青、蓝、紫，它们合在一起就形成了我们平时看到的白色阳光。在彩虹形成的过程中，这七种颜色的光被不同程度地分散开来，所以我们看到了彩虹的七种颜色。

那么，为什么彩虹的形状是圆弧形的呢？这是因为阳光穿过水滴时，发生的折射和反射都是在特定的角度下进行的。当阳光以一定的角度照射在水滴上时，折射和反射的光线会以一定的角度从水滴中射出，形成圆弧形的彩虹。

现在，你们应该对彩虹的形成原理有一定的了解了吧！其实，大自然中还有很多其他美丽的光学现象，比如日出日落时

> 的霞光、冬日的冰晶折射出的光晕等，它们都是光的折射和反射等光学原理的杰作。
>
> 最后，我想告诉大家的是，科学其实并不遥远和神秘。它就在我们的身边，只要我们用心去观察、去探索，就一定能发现它的奥秘。希望你们在以后的学习和生活中，能够保持对科学的好奇心和求知欲，去探索更多未知的世界！
>
> 好了，今天的科普故事就讲到这里啦！希望你们喜欢这场关于光的折射与彩虹的魔法之旅。记得把你们学到的知识分享给更多的小伙伴哦！让我们一起在科学的道路上勇往直前吧！
>
> （该内容由文心大模型 4.0 生成，有改动）

• 编辑和审核审定：故事的具体内容可根据作者实际情况，进行调整和补充，审核审定后使用。

示例 2：《太阳系的形成与演化》科普故事创作

• 选用大模型：讯飞星火（https://xinghuo.xfyun.cn/desk）。

• 提示和提问：我想创作一篇关于太阳系的形成与演化的科普故事，受众是中学生，主要让他们了解万有引力定律及其在生活中的应用。该故事将主要用在课堂教学中，时间为 7 ～ 8 分钟。请你帮我生成该科普故事的文稿。注意：文稿以作者向中学生讲授的口气。讲授风格：通俗易懂、科学严谨、逻辑清楚。文稿 1500 字左右。

视窗 14

我想创作一篇关于太阳系的形成与演化的科普故事，受众是中学生，主要让他们了解引力定律及其在生活中的应用。该故事将主要用在课堂教学。请你帮我生成该科普故事的文稿。注意：文稿以作者向中学生讲授的口气。讲授风格：通俗易懂、科学严谨、逻辑清楚。文稿1500字左右。

第一章：奇妙的开始

嘿，同学们！欢迎来到今天的科学课。我是你们的科学老师，今天我们要一起探索宇宙中的一颗特殊星球——太阳系。太阳系是我们所在的家园，它由太阳和围绕太阳运行的一系列行星、卫星、小行星和彗星组成。那么，太阳系是如何形成的呢？让我们一起来揭开这个谜团吧！

我们首先要了解的是引力定律。引力定律是描述物体之间相互吸引作用的规律。你们一定听说过牛顿吧，他是引力定律的发现者。根据他的理论，任何两个物体之间都存在着引力，而且它们之间的

全新对话

在此输入您想了解的内容，输入"/"可获取模版，Shift+Enter换行

发送

太阳系的形成与演化（科普故事）

第一章：奇妙的开始

嘿，同学们！欢迎来到今天的科学课。我是你们的科学老师，今天我们要一起探索宇宙中的一颗特殊星球——太阳系。太阳系是我们所在的家园，它由太阳和围绕太阳运行的一系列行星、卫星、小行星和彗星组成。那么，太阳系是如何形成的呢？让我们一起来揭开这个谜团吧！

我们首先要了解的是万有引力定律。万有引力定律是描述物体之间相互吸引作用的规律。你们一定听说过牛顿吧，他是万有引力定律的发现者。根据他的理论，任何两个物体之间都存在着引力，而且它们之间的引力与它们的质量和距离有关。质量越大，距离越近，引力就越强。

第二章：太阳系的诞生

现在，让我们回到太阳系的诞生时刻。大约 46 亿年前，

在宇宙中存在着一个巨大的气体和尘埃云团，我们称之为太阳原始星云。在这个星云中，由于引力的作用，一些区域开始逐渐收缩，形成了一个叫作原始太阳的核心。

随着原始太阳的不断收缩，核心的温度越来越高，最终达到了足够高的温度，引发了核聚变反应。这个过程释放出了巨大的能量，使原始太阳开始发光发热。同时，围绕着原始太阳的剩余物质也开始受到引力的作用，逐渐聚集在一起形成了行星。

第三章：行星的诞生

最初的行星形成过程非常混乱和激烈。由于原始太阳周围物质的不均匀分布，一些区域的物质比其他区域更容易聚集在一起。这些物质团块逐渐增大，形成了行星的原胚。然后，在这些原胚附近，还有一些较小的物质团块围绕着它们旋转，形成了卫星和小行星带。

经过数百万年的演化，这些行星原胚逐渐冷却凝固，形成了我们今天所熟知的八个行星：水、金、火、木、土、天王、海王星。每个行星都有自己的特点和轨道运动规律。比如，最靠近太阳的水、金、火、木四颗行星被称为类地行星，它们比较小，密度较高，表面多为岩石构成。而土、天王、海王星则被称为巨大气态行星，它们体积庞大，主要由气体和冰组成。

第四章：生命的奇迹

同学们，你们知道吗？在地球上的生命是非常特殊的。地球所处的位置正好在太阳系的宜居带内，这意味着地球接收到的阳光适中，既不太热也不太冷。这样的条件使得地球具备了生命存在的可能。

在地球上的漫长历史中，生命的奇迹逐渐展现。最早的生命形式非常简单，但它们通过不断的进化和适应，逐渐发展成了今天丰富多样的生物群落。这个过程可能涉及到自然选择、基因突变等多种因素的作用，但最终的结果是如此美妙和复杂。

第五章：引力的重要性

在我们的生活和学习中，万有引力定律扮演着重要的角色。例如，当我们跳跃时，是地球对我们的引力将我们拉回地面；当我们乘坐飞机飞行时，也是地球对我们的引力使我们保持在一定的高度上。没有引力的存在，我们将无法正常生活和运动。

此外，万有引力定律还帮助我们研究天体运动和宇宙的结构。通过对引力的研究，我们可以了解行星的轨道运动规律、恒星的形成和演化等重要信息。万有引力定律是天文学研究的基石之一。

第六章：探索未知

同学们，我们的探索之旅还没有结束！太阳系只是宇宙中的一个微小部分，还有无数个星系、恒星和行星等待着我们去发现和研究。通过不断地学习和观测，我们可以更好地了解宇宙的奥秘和我们自身的存在意义。

在未来的学习中，我希望你们能够保持对科学的兴趣和好奇心。科学是一门不断发展和进步的学科，只有通过不断地学习和探索，我们才能更好地认识世界、改变世界。相信自己的能力，勇敢地追求知识，你们将成为未来的科学家！

（该内容由讯飞星火 AI 生成，有修改）

• 编辑和审核审定：故事的具体内容可根据作者实际情况，进行调整和补充，审核审定后使用。

示例 3:《量子力学——薛定谔的猫》科普故事创作

• 选用大模型：ChatGPT4.0

• 提示和请求：我想创作一篇关于量子力学奇观的科普故事，受众为初中、高中的学生，主要通过薛定谔的猫介绍量子力学的科学原理。该故事主要用在科技馆研学活动中。请你帮我生成该科普故事。以作者向学生讲授的口气进行讲解。故事风格：通俗易懂、科学严谨、生动有趣。文稿 2000 字左右。

视窗 15

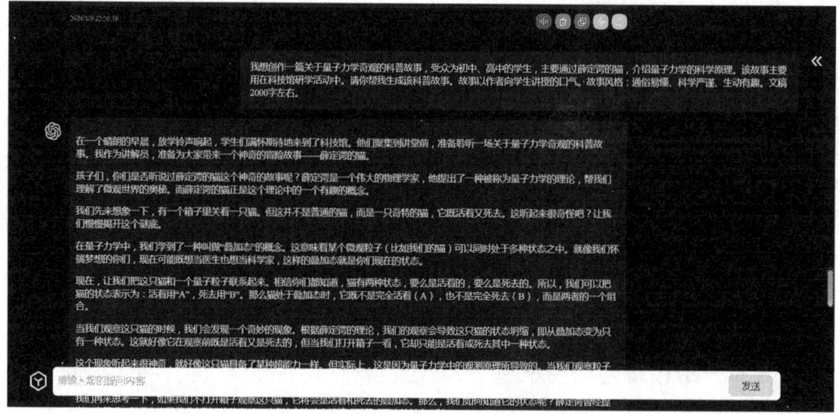

量子力学奇观——薛定谔的猫（科普故事）

同学们：

大家好，欢迎来到科技馆参观体验，我是这里的讲解员，今天将为大家带来一个神奇的冒险故事——薛定谔的猫。你们是否听说过薛定谔的猫这个神奇的故事呢？薛定谔是一个伟大的物理学家，他提出了一种被称为量子力学的理论，帮我们理解了微观世界的奥秘。而薛定谔的猫，正是这个理论中的一个有趣的概念。

我们先来想象一下，有一个箱子里关着一只猫。但这并不是普通的猫，而是一只奇特的猫，它既活着又死去。这听起来很奇怪吧？让我们慢慢揭开这个谜底。

在量子力学中，我们学到了一种叫作“叠加态”的概念。这意味着某个微观粒子（比如我们的猫）可以同时处于多种状态之中。就像我们怀揣梦想的你们，现在可能既想当医生也想当科学家，这样的叠加态就是你们现在的状态。

现在，让我们把这只猫和一个量子粒子联系起来。相信你们都知道，猫有两种状态，要么是活着的，要么是死去的。所以，我们可以把猫的状态表示为：活着用“A”，死去用“B”。那么猫处于叠加态时，它既不是完全活着（A），也不是完全死去（B），而是两者的一个组合。

当我们观察这只猫时，我们会发现一个奇妙的现象。根据薛定谔的理论，我们的观察会导致这只猫的状态坍缩，即从叠加态变为只有一种状态。这就好像它在观察前既是活着又是死去的，但当我们打开箱子一看，它却只能是活着或死去其中一种状态。

这个现象听起来很神奇，就好像这只猫具备了某种超能力一样。但实际上，这是因为量子力学中的观测原理所导致的。当我们观察粒子时，我们实际上与粒子进行了互动，而这个互动会导致粒子的状态发生改变。

我们再来思考一下，如果我们不打开箱子观察这只猫，它将会是活着和死去的叠加态。那么，我们如何知道它的状态呢？薛定谔曾经提出一个假设，即只有当我们观察到猫的状态时，才会让它的状态坍缩成活着或死去的其中一种。

想象一下，这只猫在箱子里的悠闲生活。我们没有看到它的状态，它可能既是活着又是死去的。但一旦我们打开箱子，观察到猫的状态，它的叠加态就会坍缩，不再是两种状态的组合，而是变成活着或死去其中一种。

这就好比你们期末考试前，有可能既会及格，也有可能不及格。但当你们收到考试成绩后，你们的状态就会坍缩成及格或不及格。所以，孩子们，遇到困难时，不要忘记量子力学中薛定谔的猫的故事，它告诉我们，观察和互动可以改变物体的状态，也可以改变我们自己。

希望在这个简短的故事中，你们对量子力学的叠加态和观测原理有了一定的了解。量子力学是一门复杂而深奥的学科，它可以帮助我们更好地理解自然界的奥秘。记住，在探索科学的旅途中，保持好奇心，不断探索，就像薛定谔的猫一样，勇敢迎接新的可能性。

故事讲到这里。如果你们还有其他问题，就问我吧！

（该文由 ChatGPT4.0 生成，略有修改）

• 编辑和审核审定：故事的具体内容可根据作者实际情况，进行调整和补充，审核审定后使用。

第十章

大模型辅助科普视频脚本创作

科普视频通过视觉和听觉的结合，使复杂的科学概念变得更加直观和容易理解，并可以跨越地理和文化障碍，让更多的人接触到科学知识。科普视频脚本是制作高质量科普视频的关键，一个好的脚本可以清晰地传达科学信息，同时也能吸引观众的注意力。大模型辅助创作科普视频脚本，可以大大提高其创作的效率、丰富内容、提升质量。

科普视频的特性

科普视频是一种以视频形式为载体，通过视觉和听觉结合的有效方式，向观众传达科学知识的工具。科普视频有其自身的优势和特点。

科普视频的原理

科普视频的第一性原理是直达核心，高效传达。即，在科普视频制作与传播中，要求我们从科学知识的核心出发，直接、高效地传达给观众；同时要保持科学的严谨性和启发性，让观众在观看过程中获得知识的同时也能感受到科学的魅力。主要包括：

1. 强调科普视频内容的直接性。科普视频的目的是将复杂的科学知识以简洁明了的方式传达给观众。因此，制作者需要在深入研究科学原理的基础上，提炼出最核心、最本质的内容，以直观的视频形式展现出来。避免过多的冗余信息和复杂的表述，让观众能够迅速抓住重点，理解科学知识的精髓。

2. 注重科普视频的高效性。在快节奏的现代社会中，观众的注意力是宝贵的资源。科普视频需要在有限的时间内，尽可能多地传递有价值的信息。因此，制作者需要精心策划视频的结构和节奏，合理安排画面、音效和解说等元素，确保每一秒都在有效地传达科学知识。同时，还需要考虑观众的认知习惯和接受能力，采用易于理解和记忆的方式来呈现内容。

3. 强调科普视频的准确性。科学知识是严谨而复杂的，任何一点小小的差错都可能导致整个科普视频的失败。因此，制作者需要在制作过程中始终保持科学的严谨性，确保所传达的信息准确无误。这包括对科学原理的深入理解、对数据的严格核实、对实验过程的准确描述等。同时，还需要在视频发布前进行多次审查和修改，确保没有任何遗漏和错误。

4. 要求科普视频具有启发性。科普视频不仅要传递科学知识，更重要的是激发观众对科学的兴趣和好奇心。因此，制作者需要在视频中巧妙地设置疑问来引导思考，让观众在观看过程中不断产生新的想法和见解。同时，还可以通过展示科学研究的最新成果和前沿进展，激发观众对科学未来的期待和向往。

科普视频的分类

根据内容和表达方式的不同，科普视频通常分为以下类型：

1. 解说类科普视频： 这类视频主要由一个讲解者或解说员通过语言文字介绍科学知识、原理和概念。它通常采用实时解说或配音的方式，适用于介绍较为复杂的科学理论和实验，能够提供详细的解释和分析。解说型科普视频，注重语言表达的准确性和简明性，以便观众理解。

2. 实验演示类科普视频： 这类视频主要通过进行实验或演示来展示科学理论和原理。视频的重点在于展示实验过程和结果，通过观察和分析实验现象来阐述科学知识。这类视频，通常使用图表、示意图和实际实验设备，帮助观众更好地理解和沉浸式体验。

3. 动画 / 图解类科普视频： 这类视频通过动画、图解、CGI 等技术形式来展示科学知识。它可以大量使用图形、图表和动画效果，将抽象的概念可视化并生动地呈现给观众。这种表达方式适用于涉及无法直接观察的微观世界或复杂的科学现象时，能让观众更好地理解和记忆。

4. 纪录片类科普视频： 这类视频以纪录片的形式展示科学知识。它通常包含实地拍摄、采访和故事叙述等元素，以真实场景和个人经历为基础，将科学知识融入故事情节中。纪录片类科普视频，能够引发观众的情感共鸣，使科学知识更具感染力和可信度。

在现代科普中，科普短视频深受公众青睐。短视频是一种以秒为计时单位，依托移动终端，以生活化的文本逻辑、情感化的叙事手段、多元化的语境呈现，融合文字、语音、图像等素材，进行即时拍摄、实时编辑、同步分享，通过网络媒体传播的网络视频作品。科普短视频既是一种网络视频作品，也是一种新型传播形式，还是一种网络科普文化现象。近年来，以抖音、快手、秒拍、今日头条、小红书、腾讯微视、哔哩哔哩、火山小视频 App 为代表的短视频平台快速发展，为广大公众获取科技知识信息、开阔眼界、交流生活经验、增强社会交往等提供了新的渠道和途径。但由于短视频内容的良莠不齐以及长期使用短视频所带来的“信息茧房”效应，公众的价值观也深受其影响。科普短视频的SWOT分析，如图10-1所示。

优势（Strengths）

1. 要点精炼：短视频形式的科普，能够用简洁的语言和生动的图像将复杂的科学概念传达给观众，简化了科学知识的学习过程，并提高了吸收信息的效率。
2. 可视化展示：通过视觉和动画效果，科普短视频可以直观地展示实验过程、科学现象和观点，增加了观众的理解和记忆效果。
3. 社交分享：科普短视频通常在社交媒体平台上分享，易于转发、评论和互动，能够迅速传播科学知识，并引起群众的兴趣和关注。
4. 多样化的主题：科普短视频可以涵盖各科学领域的知识，如物理、化学、生物等，丰富了科学知识的传播方式，满足了不同观众的需求。

劣势（Weaknesses）

1. 缺乏深度：由于时间限制，科普短视频无法提供完整的科学解释和背景，可能会导致信息的不完整和表达的简化。
2. 误导和误解：一些科学概念和现象是复杂而深奥的，简化的科普视频可能会导致观众对科学的误解和错误理解。
3. 依赖娱乐元素：为了引起观众的兴趣，科普短视频可能会注重娱乐性，过度追求视觉效果和刺激，而忽视科学内容的准确性和严谨性。

机会（Opportunities）

1. 大众关注：科学知识的普及和科学素养的提高已成为社会的重要议题，科普短视频可以满足公众对科学的需求，促进科学知识的传播。
2. 公众需要：在学校教育中有广阔的市场，可以作为辅助教材和在线学习资源，帮助学生更好地理解科学知识。
3. 形式新颖：通过不同的创意和表现形式，如互动性、VR技术等，提供更丰富、引人入胜的科学学习体验。

威胁（Threats）

1. 缺乏权威性：科学知识的传播需要有权威的科学背景和准确的信息，不准确、不完整的科普短视频可能会误导观众，降低科学素养水平。
2. 竞争激烈：市场竞争激烈，需要创作者具备丰富的科学知识和创意能力，才能吸引观众的关注和支持。
3. 审美疲劳：短视频平台上的科普内容众多，观众的关注度有可能分散，科普短视频需要不断创新和提高质量，才能脱颖而出。

图10-1　科普短视频的SWOT分析

科普视频的手法

科普视频的表现手法多种多样，旨在有效地传递科学知识和信息，同时吸引和保持观众的兴趣。以下是科普视频常见的一些表现手法：

1. 解说与旁白：解说与旁白是科普视频中常用的表现手法，通过旁白者的声音引导观众理解视频内容，解释复杂的科学概念，使观众更好地理解和记忆。

2. 动画与视觉效果：动画和视觉效果可以使科普视频更加生动有趣。通过动画演示实验过程、揭示细胞结构或其他微观现象，帮助观众更好地理解科学概念。

3. 实景拍摄与演示：实景拍摄和演示可以通过展示实验、实地考察或聚焦科学家的工作场景，让观众更直观地了解科学研究的实际情况。

4. 采访与对话：采访科学家、专家或实际参与者，可以提供第一手的知识和经验，增加科普视频的可信度和说服力。

5. 故事化叙述：将科学知识融入一个有趣的故事中，可以提高观众的兴趣和参与度，使科学知识更加生动和易于理解。

6. 比喻与类比：使用比喻和类比手法，将复杂的科学概念与观众熟悉的事物相比较，帮助观众更好地理解。

7. 互动元素：在科普视频中加入互动元素，如问答、小测试或探索任务，可以提高观众的参与度和学习效果。

8. 信息图表与数据可视化：使用信息图表、图表和数据可视化，可以清晰地展示数据和统计信息，帮助观众更好地理解。

9. 音乐与声音设计：音乐和声音设计可以增强科普视频的气氛和情感，提升观众的观看体验。

10. 虚拟现实与增强现实：利用虚拟现实和增强现实技术，可以创造沉浸式的学习体验，使观众能够亲身体验科学概念。

以上是科普视频常见的一些表现手法，不同的表现手法可以结合使用，以创造出独特的科普视频，吸引和启发观众的兴趣。

科普视频的创制

科普视频是一种通过图像、音频和文字等多种媒体形式，以简明易懂的方式向观众传达科学知识的视频形式。创制一部科普视频需要经过以下几个步骤：

1. 主题选择：首先，需要确定要创作的科普视频的主题。选择一个有趣且广受关注的主题，例如太空探索、环境保护或者生物科学等。确保主题在科学知识领域内，并且容易被观众理解和接受。

2. 研究和编写剧本：在确定主题后，创建团队需要进行深入研究，了解相关领域的知识和最新发展。随后，编写一个详细的剧本，包括提纲、脚本和对白等内容。剧本应该简洁明了，避免过于专业的术语和复杂的概念，力求用通俗易懂的语言解释科学原理。

3. 视觉设计和动画制作：科普视频通常需要使用一些视觉元素来辅助讲述，例如图表、动画和插图等。根据剧本所需，团队可以使用各种设计软件和工具，如 Adobe Illustrator、After Effects 等，创建视觉效果和动画。设计风格应当简单、清晰，并与剧本内容和主题相匹配。

4. 配乐和音效：音乐和音效是科普视频中重要的组成部分，可以增强观看体验和保持观众的兴趣。团队需要选择和创作适合视频氛围的背景音乐和音效。确保音乐和音效不仅与剧本内容相符，而且符合视频的情感和节奏。

5. 录制和编辑：科普视频通常需要录制主持人的解说声音、实地拍摄或屏幕录制等。录制完成后，团队需要使用专业的视频编辑软件，如 Adobe Premiere Pro、Final Cut Pro 等，将各种素材进行剪辑、整合和处理。剧本中的文字和图像也需要进行适当的编辑和调整。

6. 后期制作和发布：在视频编辑完成后，团队可以添加一些额外的特效、字幕、观众互动等增强功能。视频渲染完成后，可以选择将科普视频发布到各个在线平台，以便观众观看和分享。

科普视频的传播

科普视频脚本可以在各种场所发挥作用，从在线平台到实体场馆，从学校到科学会议，将科学知识普及给更广泛的观众，促进科学素养的提升，并激发对科学的兴趣和好奇。常见的应用场所包括：

1. 网络平台：网络平台是观看科普视频的主要场所之一。科普视频可以通过这些平台迅速传播，触达广大观众群体。这些平台通常具有强大的搜索引擎和推荐算法，有助于科普视频被更多的人发现和观看。

2. 教育机构：学校、大学等教育机构可以使用科普视频脚本来支持教学活动。科普视频可以作为一种多媒体工具，帮助学生更好地理解复杂的科学概念和原理。教育机构也可以将科普视频脚本作为教学资源进行共享，以便学生在课后进一步学习和巩固。

3. 科普展览馆：科普展览馆是向公众普及科学知识的理想场所。通过制作和展示科普视频，展览馆可以吸引观众的注意力，并提供有趣且易懂的科学解释和实验演示。科普视频脚本应该根据观众的兴趣和年龄段进行设计，以确保信息的准确性和易理解性。

4. 社交媒体平台：社交媒体平台也是广泛传播科普视频的重要渠道。这些平台上的用户可以通过点赞、评论和分享等方式扩散科普视频内容，从而使得科学知识更广泛地传播。

5. 科学会议和研讨会：科学会议和研讨会给研究者提供了分享最新科学成果和交流的平台。科普视频脚本可以用于向与会人员展示和解释复杂的研究成果，启发其他科学家的思考，促进学术交流和合作。

视频脚本的构思

科普视频脚本是为了通过视频形式，向观众传达科学知识和概念，而编写的一种过程文本，它能够提供整体的框架和讲解内容，确保视频的准确性、时间控制和语言表达，同时与其他制作元素进行协调，以制作出具有教育和娱乐效果的科普视频。科普视频的脚本构思决定着视频的内容、结构和传达信息的方式，能够直接影响观众的理解和吸引力。

创作脚本的原则

创作科普视频脚本，主要遵循以下原则：

1. 受众为本：在开始创作时，必须明确创作科普的目标受众是谁。根据不同受众的知识水平和兴趣，适当调整视频的内容和语言风格。需要通过生动有趣的方式吸引观众的注意力，可以运用故事、幽默和实验等元素，使观众对所介绍的科学内容产生浓厚的兴趣。在创作科普视频脚本之后，重要的是获取观众的反馈和评估。通过观众的反馈，了解哪些部分需要改进和调整，以便提高和优化今后的视频创作。

2. 简洁明快：科普视频的特点是要在短时间内传递尽可能多的信息。因此，脚本必须简明扼要，清晰地表达科学的核心概念，避免冗长的解释和细节。使用通俗易懂的语言，避免使用过多的专业术语和复杂的句子结构。科普视频的目标是让尽可能多的观众理解，因此语言的表达应该简练、直接。

3. 逻辑清晰：一个好的科普视频脚本应该有一个清晰的结构。可以采用引入问题、展开探讨、总结结论等基本的结构方式，帮助观众更好地理解和吸收信息。应该激发观众的好奇心，引导观众深入思考和提出问题。可以通过提出问题、引发猜想等方式，让观众积极参与和探索。

4. 可视可靠：科普视频脚本要注重利用视觉元素来增强观众的理解和吸引力。通过图表、示意图以及动画等方式，将抽象的概念可视化，让观众更轻松地理解和记忆。在创作科普视频脚本时，应依靠可靠的学术来源和权威资料，确保所呈现的信息准确无误，避免误导观众。

脚本文本的结构

一个优秀的科普视频脚本应该具备清晰的结构，以确保信息的有序传递和观众的有效理解。常见的结构为：

1. 引入部分：视频开始时，需要引起观众的兴趣，可以通过一个有趣的问题、事例或引语来吸引观众的注意力。简要介绍视频的主题或中心思想，告诉观众将要了解的内容，激发观众的好奇心。

2. 背景介绍：解释视频主题的背景和相关概念，确保观众对基础知识有必要的了解。可以提供一些关键的背景信息，例如历史背景、相关研究或发展动态，以帮助观众更好地理解科普主题。

3. 主要内容：分解复杂的科学概念为易于理解的部分，逐步介绍相关内容。使用图表、动画、实验或真实案例等多种方式展示科学原理，以增加观众的理解和参与感。用简明扼要的语言进行解释，并注意避免使用过于专业化的术语，以确保观众能够轻松理解和接受信息。

4. 例证与实例：利用例证和实例来支持和加深观众对所介绍概念的理解。通过现实生活中的案例、实验结果或科学家的发现来展示概念的应用和重要性。通过具体的例子，使观众更容易将抽象的概念与实际生活联系起来。

5. 总结与归纳：对视频内容进行简要回顾，强调核心观点和要点。提供一个简洁但有力的结论，让观众对所呈现的科学知识形成整体的理解。可以在总结部分引发一些问题或思考，以鼓励观众进一步探索该主题。

6. 结尾部分：感谢观众的观看，并鼓励他们订阅、分享视频，以及参与互动。提供一些进一步的资源、参考资料或网站链接，以便观众深入学习。结束时，也可以使用一个有趣的结束语或留下悬念，以留下深刻印象。

脚本的遵照执行

科普视频脚本能够指导制作团队的创意和策划，帮助叙述者进行精确的讲述，以及引导摄影师、音频师和剪辑师的工作。科普视频脚本是参与视频创制相关人员的基本遵循。主要包括：

1. 视频创意与策划：科普视频脚本可以帮助创作团队明确视频的目标、主题和观点，以及要传达的科学知识内容。脚本可以包括一个整体的故事结构或是一个详细的大纲，用于指导整个视频制作过程。通过科普视频脚本，相关人员可以进一步拓展创意，制定创作策略，并确保所传递的信息准确、有条理。例如，假设一个科普视频的主题是关于太阳系中的行星，脚本中可以明确结构，首先介绍太阳系的概念，然后依次介绍每个行星的特点、位置和运动等知识点。脚本就可以指导摄影师拍摄相关的视觉素材，音频师录音制作背景音效，以及其他制作人员在后期制作中的参与。

2. 叙述与文案编写：科普视频脚本是视频制作过程中的文案基础，用于指导叙述者的讲述方式和语言风格。通过脚本，制作团队可以规划视频的语调、节奏和声音效果，以提高观众的理解和接受度。脚本中的文字内容也可以用来进行字幕编辑或配音的准备工作，以增强视频的可理解性。脚本可以包含详细的叙述文字，例如解释行星特征时，可以描述行星的大小、组成和环境等特点，并使用通俗易懂的语言表达，使观众更容易理解。

3. 拍摄和剪辑指导：科普视频脚本可以指导制作团队在拍摄和剪辑过程中的工作。脚本中可以包含镜头指示和需要的拍摄素材、动画、图像或其他资源的使用说明。脚本也可以规划剪辑的顺序和节奏，以便在后期制作中更好地配合音效和视觉效果。例如，脚本可以规定使用动画来展示行星的环绕运动，摄影师则需采集行星的真实图像或视频素材，以便剪辑师后期处理和编辑。

创作模式和示例

大模型辅助创作科普视频脚本，一般包括视频主题与目标受众的确定、大模型的选用、提示词的准备、大模型生成文本，以及作者后续的编辑审核与修改审定等过程。其关键是提示词（上下文、背景）、提问（明确任务的请求）、要求（对输出的风格、口气、字数等）。在此，笔者列举以下模式和示例予以说明。

提示词和提问模板

在使用大模型辅助创作科普视频脚本时，作者输入的提示词、提问等起着至关重要的作用。它事关大模型是否能准确定位科普视频脚本的主题和内容方向、指导大模型生成更具质量和准确性的科普视频脚本内容。作者向大模型输入辅助创作科普视频脚本的提示词的基础模板为：科普主题＋目标受众＋科普内容＋视频表现手法＋传播场景＋请求等，由此根据科普视频脚本内容要求不同，衍生出不同提示词模板。其常见提示词和提问模板（但不限于）如下：

1. 科普主题＋目标受众＋科普内容：这种模板适用于需要明确科普主题、目标受众和科普内容的情况。例如，视频的主题为太阳系的形成与演化，受众为中学生，主要讲述太阳系的形成过程。

2. 科普主题＋目标受众＋视频表现手法：这种模板适用于需要明确

科普主题、目标受众和视频表现手法的情况。例如，视频科普主题为新冠病毒的传播途径，受众为老年人，表现手法采取动画解说。

3. 科普主题 + 目标受众 + 传播场景：这种模板适用于需要明确科普主题、目标受众和传播场景的情况。例如，视频科普主题为气候变化对人类的影响，受众为大学生，传播场景为社交媒体。

4. 科普主题 + 目标受众 + 请求：这种模板适用于需要明确科普主题、目标受众和风格请求的情况。例如，视频科普主题为人工智能的应用，受众为高中生，用简单易懂的语言解释人工智能的原理。

5. 科普主题 + 科普内容 + 视频表现手法：这种模板适用于需要明确科普主题和科普内容，但不需要明确目标受众和传播场景的情况。例如，视频科普主题为黑洞的形成与特性，表现手法采用动画解说。

6. 科普主题 + 科普内容 + 传播场景：这种模板适用于需要明确科普主题和科普内容，但不需要明确目标受众和视频表现手法的情况。例如，视频主题为基因编辑技术的原理与应用，传播场景为展览会大厅播放。

7. 科普主题 + 目标受众 + 视频表现手法 + 传播场景：这种模板适用于需要明确科普主题、目标受众、视频表现手法和传播场景的情况。例如，视频科普主题为电动汽车的工作原理与优势，受众为汽车爱好者，表现手法为实拍演示，传播场景为汽车展览会现场。

8. 科普主题 + 目标受众 + 视频表现手法 + 风格请求：这种模板适用于需要明确科普主题、目标受众、视频表现手法和请求的情况。例如，视频主题为量子计算机的原理与应用，受众为计算机科学专业学生，表现手法采取实验演示，用图表展示量子比特的叠加态。

9. 科普主题 + 科普内容 + 视频表现手法 + 传播场景 + 风格请求：这种模板适用于需要明确科普主题、科普内容、视频表现手法、传播场景和请求的情况。例如，视频科普主题为人类基因组计划的意义与进展，受众为医学研究人员，表现手法采取纪录片形式，传播场景为学术研讨会，提供相关研究论文的引用。

10. 科普主题 + 目标受众 + 科普内容 + 视频表现手法 + 传播场景 + 风格请求：这种模板适用于需要明确科普主题、目标受众、科普内容、视频表现手法、传播场景和请求的情况。例如，视频科普主体为疫苗的研发与安全性评估，受众为社会公众，表现手法采用动画解说，传播场景为社交媒体，提供相关研究报告的数据。

生成脚本的风格请求

在利用大模型辅助创作科普视频脚本时，作者不仅需要提供具体的上下文提示词来引导大模型生成相关内容，还需要指明所期望的输出科普视频脚本的口气、风格、字数等。其中科普视频脚本风格，能够使得科学知识更易懂、更有趣，从而提高观众的学习效果和参与度。作者所期望的输出科普视频脚本风格可以在请求后表达出来，即“……+ 请求 + 文本风格”。常见描述科普视频脚本风格表述语的关键词（不限）如下：

1. 生动形象：通过生动的形容词和形象的比喻，使得科学知识更易于理解和想象。例如，描述电流时可以使用”电流就像是灯泡里跳跃的小精灵”。

2. 实例说明：通过具体的实例和案例来说明科学概念和原理，增加观众的共鸣和理解。例如，讲解重力时可以提到牛顿和苹果的故事。

3. 比较对照：通过对比不同事物或概念之间的区别，帮助观众更好地理解科学知识。例如，解释火箭推进原理时可以对比气球放气的情景。

4. 视觉效果：采用图像、动画或示意图等视觉效果辅助，使得观众更直观地理解科学原理和过程。例如，在讲解地球自转时，可以插入一个旋转地球的动画。

5. 游戏化互动：通过增加游戏化元素或与观众的互动，提高观众的参与度和学习效果。例如，在解释化学反应时，可以设计一个小游戏让观众猜测产物是什么。

6. 故事化叙述：运用故事情节来呈现科学知识，增加观众的兴趣和吸引力。例如，讲解人类进化可以构建一个小故事沿着时间轴逐步展开。

7. 幽默风趣：穿插一些幽默、诙谐的语言或情节，使得科学知识更加轻松、有趣。例如，解释太阳系时可以加入一些搞笑的星际旅行者对话。

8. 问题引导：通过向观众提问的方式，引导他们思考和发问，增加互动性和思辨性。例如，讲解光的折射可以问观众：为什么看起来有时物体“变形”了？

9. 音效配合：适时添加音效、背景音乐或音乐节奏的变化，提升视频吸引力和观众的观影体验。例如，使用愉悦的音乐和声效来衬托科学实验的过程。

10. 创意启发：鼓励观众在了解科学知识的基础上进行创意思考和实践。例如：在科普视频结尾处提出一个开放性问题或挑战，如“你能设计一个利用太阳能的小发明吗？”，激发观众的创造力和探索精神。

创作视频脚本示例

示例 1：《深海保护与开发利用》科普视频脚本创作

- 选用大模型：讯飞星火（https://xinghuo.xfyun.cn/desk）。
- 提示和请求：我想创作一部主题为深海保护与开发利用的科普视

频，视频观众是普通公众，视频主要内容是介绍深海的概念和特点，深海生物多样性的价值意义和保护，深海资源（如石油、天然气、金属矿产等）的探测和开发技术，以及合理开发利用等。视频时长为 15 分钟，将在主流电视台播放，并在各主流网站传播。请你帮我生成该科普视频脚本。视频脚本风格：生动形象、视觉效果、音效配合、幽默风趣。字数在 2400 字左右。

视窗 16

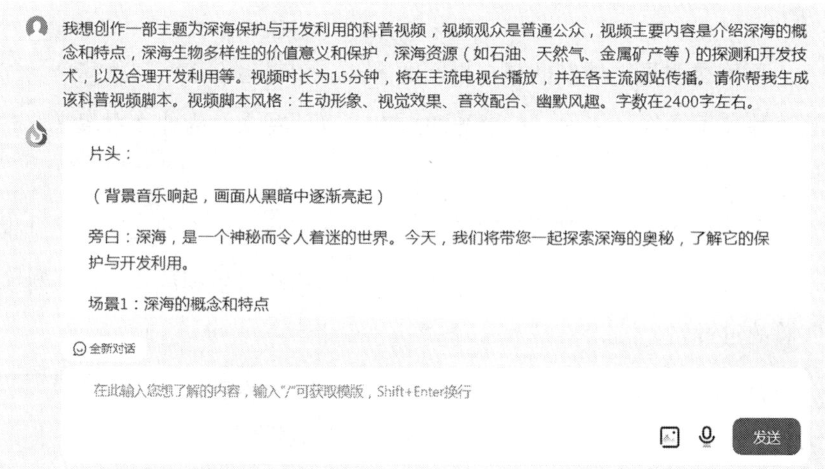

深海保护与开发利用（科普视频脚本）

片头：

（背景音乐响起，画面从黑暗中逐渐亮起）

旁白：深海，是一个神秘而令人着迷的世界。今天，我们将带您一起探索深海的奥秘，了解它的保护与开发利用。

场景 1：深海的概念和特点

（画面展示深海的景象，如深海鱼、珊瑚礁等）

旁白：深海是指海洋中深度超过 200 米的区域，它占据了地球表面的一半以上。深海的特点包括高压、低温、缺氧等极端环境，这也使得深海生物具有独特的适应性和多样性。

场景 2：深海生物多样性的价值意义和保护

（画面展示各种奇特的深海生物，如巨型乌贼、深海鱼类等）

旁白：深海生物的多样性对地球生态系统至关重要。它们在食物链中扮演重要角色，维持着海洋生态平衡。然而，由于人类活动的干扰，深海生物正面临着严重的威胁。为了保护深海生物，我们需要采取措施，如设立保护区、限制捕捞等。

场景 3：深海资源的探测和开发技术

（画面展示深海资源探测设备、石油开采平台等）

旁白：深海不仅是海洋生物的家园，还蕴藏着丰富的资源。石油、天然气、金属矿产等都是深海的重要资源。为了探测和开发这些资源，科学家们研发了各种先进的技术，如声呐探测、水下机器人等。这些技术的发展为人类提供了巨大的经济价值。

场景 4：合理开发利用

（画面展示环保标志、可再生能源设备等）

旁白：虽然深海资源丰富，但我们必须意识到合理开发利用的重要性。过度开发会导致环境破坏和生物灭绝。因此，我们应该采取可持续发展的方式，利用可再生能源、推广环保技术等，以减少对深海环境的负面影响。

场景 5：公众参与与教育

（画面展示人们参与海洋保护活动的场景）

旁白：保护深海需要每个人的参与和努力。我们可以通过参加海洋保护活动、支持环保组织等方式来贡献自己的力量。同时，教育也是关键，可以通过科普视频、学校课程等方式，让更多的人了解深海的重要性和保护方法。

场景6：深海科技的应用与发展

（画面展示深海科技应用的场景，如深海矿产资源的开发利用、海底隧道的建设等）

旁白：随着科技的不断进步，深海科技的应用也在不断发展。除了资源开发利用外，深海科技还可以用于科学研究、环境保护等领域。例如，科学家们利用深海科技研究气候变化、海洋污染等问题，为解决全球性挑战提供重要的数据和解决方案。

场景7：国际合作与共享

（画面展示各国合作开展深海研究和保护的场景）

旁白：深海是地球上的共同财富，各国应该加强合作与共享。通过国际合作，我们可以共同制定保护政策、分享研究成果，推动深海资源的可持续利用和保护。只有携手合作，我们才能更好地保护深海，实现共赢发展。

片尾：

（背景音乐渐渐淡出）

旁白：深海是地球上最后的未知领域之一，它的保护与开发利用是我们共同的责任。让我们携手保护这片神秘的海洋，让它永远充满生机和美丽。

（画面渐渐变暗，字幕出现："感谢观看"）

旁白：感谢您的观看，希望我们的科普视频能够为您带来新的知识和启发。让我们一起行动起来，保护深海，保护地球的未来！

（片尾音乐响起，画面完全变暗）

（内容由讯飞星火 AI 生成，有改动）

- 编辑和审核审定：后期，作者需要对大模型生成的科普视频脚本文本进行编辑审核和修改审定，具体拍摄和制作过程中可以根据实际需要进行完善和调整。

示例 2：《氢能应用前景》科普视频脚本创作

- 选用大模型：文心大模型 4.0（https://yiyan.baidu.com/）。
- 提示和请求：我想创作一部主题为氢能的制取、储存和运输技术与应用前景的科普视频脚本。重点介绍相比于传统能源，氢能的优势和前景。观众主要为小学生，所以建议从一个有趣的故事引入，语言要形象通俗，最好多用些比喻或者举例说明，画面可以多些卡通和未来元素。视频时长约 15 分钟，将在科学课上作为教学素材使用，同时也会在网络平台传播。请你帮我生成该视频脚本。

视窗 17

我想创作一部主题为氢能的制取、储存和运输技术与应用前景的科普视频脚本。重点介绍相比较传统能源，氢能的优势和前景。观众主要为小学生，所以建议从一个有趣的故事引入，语言要形象通俗，最好多用些比喻或者举例说明，画面可以多些卡通和未来元素。视频时长约15分钟，将在科学课上作为教学素材使用，和同时也会在网络平台传播。请你帮我生成该视频脚本。

氢能时代——未来的清洁能源之旅

开场

旁白：在一个充满未来科技的世界里，有一种神奇的能源正在悄然兴起，它既环保又高效，它就是——氢能！今天，我们就来一起探索这个未来能源之星，看看它如何改变我们的生活吧！

场景一：神奇的氢能世界

氢能时代——未来的清洁能源之旅（视频脚本）

开场

旁白：在一个充满未来科技的世界里，有一种神奇的能源正在悄然兴起，它既环保又高效，它就是——氢能！今天，我们就来一起探索这个未来能源之星，看看它如何改变我们的生活吧！

场景 1：神奇的氢能世界

（背景音乐轻快起，画面展示一个充满管道、仪表和高科技设备的工厂景象，卡通人物“小能”作为我们的向导出现。）

小能：大家好！我是小能，欢迎来到神奇的氢能世界！你们看，这些银色罐子里装的就是氢气，一种超级清洁能源！

旁白：氢气，作为最轻的气体，燃烧后只会产生水，不会污染环境，而且它的能量密度超高，就像是把一个大大的能量包装进了小小的氢气分子里。

场景 2：氢能的制取

（画面转到科学家操作仪器设备的实验室场景。）

小能：想知道氢气是怎么来的吗？其实，我们可以通过很多种方式来制取氢气哦！比如用电解水来分解出氢气和氧气，就像是把水分成了两个小朋友，它们可以分开去玩啦！

旁白：除了电解水，还可以通过天然气、煤、生物质等进行气化或重整来制取氢气。

场景 3：氢能的储存与运输

（画面展示高压氢气罐车和地下储氢设施。）

小能：氢气虽然好，但是它太轻了，不容易被抓住。所以我们要想办法把它安全地存起来，再送到需要的地方去。

旁白：氢气的储存和运输是个难题，科学家们想出了很多方法，比如用高压氢气罐车来运输，就像是给氢气坐上了专车；还有把氢气变成液态或者固态来储存，这样就更方便啦！

场景 4：氢能的应用前景

（画面出现一座未来城市，高楼大厦间，氢能源公交车、氢燃料电池汽车在道路上穿梭，加氢站点缀在城市各个角落。）

小能：大家看，这就是未来的城市！氢能在这里可是大显身手呢。这些公交车和汽车都是氢燃料电池驱动的，不仅速度快，而且零排放，真正实现了绿色出行。

旁白：交通领域是氢能应用的一大前景。除了我们看到的氢燃料电池汽车，未来还有可能应用到船舶、航空等领域，为重型运输提供更环保、高效的解决方案。

（画面切换至一个家庭场景，氢燃料电池供电的家用电器正在工作，如氢燃料电池发电的热水器、空调等。）

小能：氢能也可以用于家庭供电呢！想象一下，家里的电器都由氢能供电，那我们的生活将变得更加环保和高效。

旁白：除了家庭供电，氢能还可以用于储能、分布式发电等多个方面，为我们的电力系统带来更多灵活性和稳定性。

（画面再切换至工业区，巨大的氢冶金炉正在炼制钢铁，旁边是氢化工生产线。）

小能：氢能还可以用在工业领域。你们看，这个氢冶金炉就是用氢气来还原铁矿石，生产出高质量的钢铁。而且，氢化工也是一个重要的应用方向，可以生产出更加环保的化学品。

旁白：氢能在工业领域的应用前景也非常广阔。无论是氢冶金、氢化工还是其他工业生产过程，氢能都可以提供更高效、更环保的解决方案。

（最后，画面回到城市全景，氢能源公交车、加氢站等元素再次出现。）

小能：总的来说，氢能的应用前景真是太广阔了！从交通到电力，再到工业生产，氢能都将发挥巨大的作用。让我们一起期待这个美好的未来吧！

旁白：氢能作为未来的清洁能源之星，正在悄然改变我们的生活。随着技术的进步和应用的拓展，氢能将会在未来发挥越来越重要的作用，为我们创造一个更加绿色、高效的世界。

（背景音乐渐弱，视频结束。）

（该内容由文心大模型 4.0 生成）

• 编辑和审核审定：后期，作者需要对大模型生成的科普视频脚本文本进行编辑审核和修改审定，具体拍摄和制作过程中可以根据实际需要进行完善和调整。

第十一章

大模型辅助科普展览脚本创作

科普展览是一种通过生动、直观的展示形式吸引观众的兴趣，增强他们对科学的理解和认知的重要方式。科普展览脚本是展览策划的核心，它决定了展览的内容、结构和表现方式。一个好的脚本能够合理组织展览的信息，让观众沉浸其中，用简明扼要的语言表达科学知识，使观众易于理解和记忆。利用大模型辅助创作科普展览脚本，能够提升创作的效率和质量，为观众提供更好的科普体验。

科普展览的特性

科普展览常通过图文、模型、实物、互动展示等方式，以生动有趣的形式向公众传递科学知识，激发观众的兴趣和思考。科普展览有其自身的优势和特点。

科普展览的原理

科普展览作为科学普及的重要途径，其核心在于将科学知识和技术应用以直观、生动的方式展示给公众，提高公众的科学素养和对科技发展的认知。科普展览的第一性原理通常指的是科普展览遵循最基本的、不可再简化的原理或法则，它构成了科普展览领域或系统的基石。主要概括为以下几点：

1. 科学性：科普展览的第一要务是确保所展示内容的科学性。这意味着展览中的所有信息、数据、理论和解释都必须基于科学事实和研究。科学性是科普展览的基石，任何为了吸引观众而牺牲科学准确性的做法都是违背第一性原理的。展览的策划者必须严格审查展示内容，确保其符合当前的科学共识，避免误导公众。

2. 普及性：科普展览旨在将科学知识普及给公众，无论他们的年龄、教育背景或兴趣是什么。因此，展览的内容必须易于理解，避免使用过于专业或复杂的术语。通过直观的展示手段（如图表、模型、互动体验等），展览应该能够吸引不同层次的观众，并激发他们对科学的兴趣。

3. 互动性：现代科普展览强调观众的参与和互动。与传统的静态展示相比，互动展览能够更好地吸引观众的注意力，并加深他们对科学原理的理解。通过让观众亲自操作实验、参与模拟活动或解答问题，展览能够提供一个更加沉浸式的学习环境，增强观众的学习体验和记忆。

4. 创新性：科普展览需要不断创新，以适应科技发展的步伐和公众需求的变化。这意味着展览不仅要展示最新的科学成果，还要在展示方式上进行创新。利用现代科技手段（如虚拟现实、增强现实、3D 打印等），展览可以创造出更加生动、逼真的展示效果，提升观众的参观体验。

5. 教育性：科普展览不仅仅是娱乐或消遣的方式，更是一种非正规的教育形式。它通过寓教于乐的方式，向公众传授科学知识、培养其科学思维和提高解决问题的能力。因此，展览的设计应该注重教育目标的实现，确保观众在参观过程中能够获得有价值的学习体验。

通过 SWOT 分析，可以看到科普展览在知识传播、互动性和启发思考等方面具有明显优势，但同时也面临着内容更新成本高、观众群体有限等劣势。在科技发展和政策支持的推动下，科普展览有机会不断创新和拓展影响力，但同时也需要应对信息过载和替代品出现等威胁。因此，科普展览的策划和运营者需要密切关注外部环境的变化，不断调整和优化展览策略，以保持其竞争力和吸引力，如图 11-1 所示。

优势（Strengths）

1. 知识传播的直接性：科普展览能够直观地将科学知识传递给公众，避免了知识在多次传递过程中的失真。
2. 互动性强：通常包含丰富的互动环节，如模拟实验、虚拟现实体验等，能够增强观众的学习兴趣和参与感。
3. 形式多样：科普展览可以采用图表、模型、视频等多种形式，适应不同观众的学习需求和兴趣。
4. 启发思考：通过展示科学原理和应用，科普展览能够激发观众的好奇心，促使他们进行更深入的思考和探索。

劣势（Weaknesses）

1. 内容更新成本高：随着科技的快速发展，科普展览的内容需要不断更新以保持其时效性，但这通常需要较高的成本投入。
2. 观众群体有限：尽管科普展览面向广大公众，但实际上其观众群体往往局限于对科学感兴趣的人群，覆盖面有限。
3. 深度与广度的平衡：需要在有限的空间和时间内展示大量的科学知识，因此难以在深度和广度之间取得完美平衡。

机会（Opportunities）

1. 科技发展的推动：随着科技的进步，新的展示技术和手段不断涌现，为科普展览提供了更多的创新空间。
2. 政策支持：许多国家和地区都重视科学普及工作，通过政策扶持和资金投入来促进科普展览的发展。
3. 合作机会的增加：可以与科研机构、教育机构、企业等合作，共同策划和推出更具影响力和吸引力的展览。

威胁（Threats）

1. 信息过载：信息时代，公众面临着大量的信息冲击，可能会对科普展览的内容产生疲劳和抵触情绪。
2. 替代品的出现：随着互联网和移动设备的普及，公众获取科学知识的途径日益多样化，科普展览面临着被其他形式替代的风险。
3. 资金和资源限制：科普展览的策划和运营需要充足的资金和资源支持，但这些因素往往会受到经济、政治等外部环境的影响。

图 11-1　科普展览的 SWOT 分析

科普展览的分类

科普展览作为一种大众化科普形式，有科普临时展览、常设展览等类型之分。根据展览的功能作用，可以分为以下类型：

1. 信息传递类科普展览：这种展览的主要目的是传达特定的科学知识或信息。它通过文字、图表、模型等多种形式呈现信息，着重强调科学原理、实验结果和研究发现。这种展览通常以系统化的方式展示科学知识，可以满足观众对特定领域的了解需求。例如，生命科学展览可以介绍细胞结构、生物进化等内容。

2. 互动体验类科普展览：这种展览注重观众的参与和体验，通过互动展示和实践活动来激发观众的兴趣和好奇心。观众可以亲自操作展品、进行实验或模拟活动，获得直接的体验感受，提高对科学原理的理解。这种展览形式可以增强观众的参与感和记忆效果，激发他们的学习热情。例如，天文学展览可以通过天文模拟软件让观众体验星空观测，了解行星运动规律等。

3. 解惑讲解类科普展览：这种展览旨在解答观众对科学知识中的困惑和疑问。它通过提供科学常识、解释科学背后的原理和现象，帮助观众消除疑虑和迷惑。这类展览通常具有强调科学意识的特点，鼓励观众主动思考和发问。例如，物理学展览可以解答观众关于光学、力学等方面的疑问。

4. 社会互动类科普展览：这种展览致力于引发观众对科学与社会问题的关注和思考。它通过提供现实场景、模拟互动等方式，引发观众对科学与技术发展与社会问题的关联性思考。这种展览关注科学与社会的交叉点，鼓励观众思考科学发展对社会的影响和责任。例如，环境科学展览可以呈现大气污染、气候变化等问题，引发观众对环境保护的思考和行动。

科普展览的手法

科普展览是一种以宣传普及科技知识为目的的展览活动，通过各种手法和手段，使观众更好地理解和掌握科学知识。在科普展览中，表现手法至关重要，它直接影响着观众的参观体验和科普知识的传播效果。

以下是一些常见的科普展览表现手法：

1. **实物展示**：通过展示各种科学实验仪器、模型、标本等实物，使观众直观地了解科学原理和科技成果。实物展示可以直接触摸和观察，增加了观众的参与感和体验感。

2. **互动体验**：设置互动区域，让观众亲自动手操作，体验科学实验和制作过程。互动体验可以激发观众的好奇心，提高科普展览的吸引力。

3. **图文并茂**：利用图表、图片、文字等视觉元素，生动形象地展示科学知识和科学原理。图文并茂的表现手法可以帮助观众更好地理解和记忆科普内容。

4. **视频动画**：播放科普视频和动画，以生动有趣的方式呈现科学知识和科学现象。视频动画可以直观地展示复杂的科学过程和现象，提高观众的观看兴趣。

5. **科普讲解**：邀请专业科普讲解员进行现场讲解，为观众解答疑问，引导观众深入了解科学知识。科普讲解可以针对观众的兴趣和需求进行个性化讲解，提高科普展览的传播效果。

6. **科普讲座**：举办科普讲座，邀请专家学者分享科学研究成果和科学故事。科普讲座可以拓宽观众的科学视野，提高科普展览的学术价值。

7. **创意展示**：运用创意十足的设计和布置，打造独特的科普展览氛围。创意展示可以提升观众的参观体验，使科普展览更具吸引力。

8. **虚拟现实（VR）**：利用虚拟现实技术，让观众沉浸式地体验科学场景和实验过程。虚拟现实可以带来身临其境的观影体验，提高科普展览的趣味性。

9. **社交媒体**：通过社交媒体平台，提前宣传和报道科普展览相关信息，吸引更多观众关注和参与。社交媒体可以扩大科普展览的影响力，提高科普知识的传播范围。

10. 线上线下结合：将线上科普平台与线下科普展览相结合，实现线上线下互动互补。线上线下结合可以拓宽科普展览的受众群体，提高科普展览的知名度。

综上所述，科普展览的表现手法丰富多样，通过巧妙地运用各种手法和手段，可以使科普展览更具吸引力、趣味性和参与性，从而提高科普知识的传播效果。在实际策划和举办科普展览时，可以根据主题和目标受众选择合适的表现手法，以达到最佳的科普效果。

科普展览的制作

科普展览制作的过程，主要包括主题确定、研究和策划、展览设计、展品制作、展览搭建以及展览评估和改进等，这个过程需要多个专业团队和学科的合作。其通常的步骤如下：

1. 主题确定：首先需要确定科普展览的主题。主题可以是某个科学领域，如天文学、地球科学、生命科学等，也可以是某个具体的科学概念或现象，如气候变化、基因工程等。主题的选择应该考虑到观众的兴趣和需求，同时与展览的目的相符。

2. 脚本创作：在确定了主题之后，展览制作团队需要进行相关的研究工作。他们需要深入了解和学习关于主题的科学知识和最新研究成果，收集相关的展品和展示资料。同时，展览制作团队还需要制定展览的策划方案，确定展览的内容、结构和形式。

3. 展览设计：展览设计是展览制作的关键步骤之一。展览设计师根据展览的主题和目的，将科学知识转化为具体的展示内容和形式。他们需要考虑到观众的需求和体验，设计展览的布局、展示方式和交互形式，以吸引观众的注意力并提供有趣和易懂的科学信息。

4. 展品制作： 展览制作过程中，展品的制作是不可或缺的一部分。根据展览的主题和设计，制作团队需要选择合适的展品，如实物模型、实验装置、多媒体展示等。展品的制作需要结合科学原理和技术手段，确保其能够准确和生动地展示科学知识。

5. 展览搭建： 展览搭建是将展品和展示内容放置在展览空间中的过程。展览制作团队需要根据展览设计方案，安排好展品的位置和布局，并进行搭建和装饰工作。展览搭建需要注意展品之间的关联性和流程性，以帮助观众理解和沉浸在科学展览中。

6. 展览评估和改进： 展览制作完成后，需要对展览进行评估和改进。展览制作团队可以通过观察观众反应、收集观众反馈和评价等方式，了解观众对展览的理解和满意度。根据评估结果，制作团队可以进行必要的改进和调整，以提高展览的质量和效果。

科普展览的场所

科普展览的展出场所，可以在博物馆、科技馆、学校、社区和公共场所等各种人员交通方便、场地宽敞、人员流动较多的场所展示，让更多的人接触和了解科学。常见的展出场所包括（但不限于）：

1. 科学博物馆： 科学博物馆是科普展览的主要场所之一。这些博物馆通常拥有丰富的科学展品和展览空间，可以展示各种科学原理、现象和技术应用。博物馆通常以互动展示和解说为主要形式，让观众可以自主探索和学习科学知识。

2. 科技馆： 科技馆致力于推广科学技术和科技创新。它们通常包含先进的科技展示设备和展品，可以展示最新的科技成果和创新应用。科技馆常常通过互动展示、科技演示、科技创客活动等形式，让观众近距离接触、体验和学习科技领域的知识和发展。

3. 学校：学校也是科普展览的重要场所。许多学校会组织科普展览活动，为学生和教职员工提供科学教育的机会。这些展览可以通过展示学校科研成果、开展科技竞赛和科学实验等方式，促进学生对科学的兴趣和热爱。

4. 社区和公共场所：科普展览也经常在社区和公共场所中举办，如公园、购物中心、图书馆等。这些展览通常以简明易懂的方式呈现科学知识，吸引更多的市民和游客参与。社区和公共场所的科普展览，可以提供更加轻松和亲近的科普体验，拉近科学与公众的距离。

展览脚本的构思

科普展览脚本策划构思是科普展览成功的基石，它有助于确保展览的内容准确、流畅和引人入胜。科普展览脚本策划构思在于确保信息准确传递、提供逻辑结构、创造吸引观众的体验并适应不同观众的需求。一个好的脚本策划构思可以使科普展览更加成功和有影响力。

创作展览脚本的原则

在科普展览脚本创作过程中，须遵循以下基本原则：

1. 简明扼要：展览脚本应该以简洁明了的语言传达核心科学概念。避免使用复杂的专业术语和晦涩难懂的表达方式，使观众可以方便地理解和吸收内容。

2. 游戏化设计：为了增加观众的参与度和互动性，应在脚本中有意地加入一些游戏化的元素。例如，设计一些小游戏或挑战，让观众动手实践，从而更深入地理解科学原理。

3. 故事性架构：以故事性的方式呈现科学知识可以更好地引起观众的兴趣和共鸣。通过讲述科学家的故事、探索历史事件或者构建一个情节，展现科学的发展过程和应用场景，使观众更容易理解和记忆。

4. 多媒体呈现：利用多媒体技术来展示科学现象和实验结果，可以生动形象地展示抽象的科学概念。通过图像、视频、音频等多种形式的呈现，让观众有身临其境的感觉，提升展览的吸引力和趣味性。

5. 互动性体验：科普展览脚本应该鼓励观众参与互动，例如设置问答环节或讨论小组，提供互动装置或实验台等。观众通过亲身参与和交流，可以更深入地理解科学原理，增强展览的教育效果。

6. 考虑观众需求：在脚本创作过程中，要考虑观众的年龄、背景和兴趣。针对不同观众群体，可以调整语言风格、内容深度和互动形式，使展览更贴合观众的需求和兴趣，提升交流效果。

7. 实时更新：科学知识在不断发展，因此展览脚本需要定期更新，以保持展览内容的新鲜和准确性。定期检查和更新展览脚本，可以使展览持续吸引观众，并与最新的科学发展保持同步。

展览脚本文本的结构

科普展览脚本通常由以下部分组成：

1. 引言部分：这部分内容通常用于引起观众的兴趣，概述展览的主题，并向观众介绍展览的目的和重要性。引言部分应该简洁明了，吸引观众的注意力。

2. 展览内容部分：这部分是展览的核心，用于向观众传达展览的具体内容。可以按照主题或者时间顺序来组织展览内容。一般来说，每个主题或者内容都应该有一个标题或者主题句，用于概括该部分的内容。展览内容可以包括文字、图片、视频、模型等多种形式，以便观众更好地理解和学习展览的主题。

3. 交互环节部分：这部分可以设置一些与观众互动的环节，以增加其参与度和体验感。例如，可以设置问题回答环节、互动游戏环节等。这些环节可以帮助观众更深入地理解展览的内容，同时也增加了展览的趣味性和吸引力。

4. 总结部分：这部分是对整个展览进行总结和回顾。可以再次强调展览的主题和目的，并向观众提供更多相关资源或者推荐阅读。总结部分应该简洁明了，让观众对展览内容留下深刻的印象。

5. 结尾部分：这部分可以包括感谢观众的参观，提醒观众注意展览的结束时间和离开的方式等信息。

展览脚本的遵循使用

科普展览涉及多个专业人员的参与和协作，包括主题策划、科学顾问、编剧和展示设计师、讲解员等，需要他们各自的工作相互配合，以确保展览的内容准确、吸引人，并能够有效地传达科学知识给观众。科普展览脚本是一种详细规划展览内容和流程的文档，也是所有参与科普展览人员的基本遵循。

1. 主题策划者：主题策划是科普展览创作的第一步，需要确定展览的主题、目标以及核心概念。主题策划者负责制定展览的整体框架和故事情节，并确定适合展示的科学内容。例如：一个主题是太阳系的展览，主题策划者将决定展览的整体结构，包括展示太阳系的不同行星、恒星和行星运动等内容。

2. 科学顾问：科学顾问是展览中不可或缺的角色，他们具有相关领域的专业知识，负责对展览的科学内容进行审查和确认。科学顾问可以提供正确的科学事实和概念，确保展览的准确性和可信度。例如：在一个生命科学展览中，科学顾问可以是一位生物学家，负责提供有关细胞结构、遗传学和进化等方面的正确科学知识。

3. 文案编写者：脚本的编写是展览创作的核心环节，需要将主题策划和科学知识转化为具体的展示形式。编写者负责创作展览的脚本，包括展品、展板、对话、故事情节，以及互动环节等的内容设计。例如：在一个环保主题的展览中，文案编写者可以创作一个展示环境变化、生态平衡等问题的内容。

4. 展示设计师：展示设计师在科普展览中负责创造各种视觉效果，包括展示板、模型、互动装置等。设计师需要将脚本中的内容转化为具体的展示形式，以吸引观众的注意力和兴趣。例如：在一个天文学展览中，设计师可以利用投影技术和模型展示太阳系的行星运动，通过视觉效果让观众更好地理解宇宙的奥秘。

5. 讲解员：对于讲解员而言，科普展览脚本是培训和指导的重要参考资料。脚本中详细列出了每个展品的背景知识、解说内容和亮点提示，使讲解员能够深入了解展品和科学知识，并能准确、生动地向参观者进行科普解说。

创作模式和示例

大模型辅助创作科普展览脚本，一般包括讲授主题与目标受众的确定、大模型的选用、提示词的准备、大模型生成文本，以及作者后续的编辑审核与修改审定等过程。在此，笔者列举以下模式和示例予以说明。

提示词和提问模板

在使用大模型辅助创作科普展览脚本时，作者输入的提示词、提问等起着至关重要的作用。它事关大模型是否能准确定位科普展览脚本的主题和内容方向、指导大模型生成更具质量和准确性的科普展览脚本内容。作者向大模型输入辅助创作科普展览脚本的提示词的基础模板为：科普主题 + 目标受众 + 科普内容 + 展览表现手法 + 传播场景 + 请求等，由此根据科普展览脚本内容要求不同，衍生出不同提示词模板。其常见提示词和提问模板如下：

1. 科普主题 + 目标受众 + 科普内容 + 展览表现手法：该模板适用于需要明确指定科普主题、目标受众、科普内容和展览表现手法的情况。例如：科普展览主题为太阳系探索，受众为儿童，展览内容为太阳系的行星及其特点，展览表现手法为多媒体展示和互动体验。

2. 科普主题 + 目标受众 + 科普内容 + 传播场景：该模板适用于需要明确指定科普主题、目标受众、科普内容和传播场景的情况。例如：科普展览主题为气候变化，受众为青少年，展览内容为全球变暖的原因与影响，传播场景为社交媒体和线上直播讲座。

3. 科普主题 + 目标受众 + 科普内容 + 展览表现手法 + 传播场景：该模板适用于需要明确指定科普主题、目标受众、科普内容、展览表现手法和传播场景的情况。例如：科普展览主题为基因编辑技术，受众为大学生，展览内容为 CRISPR-Cas9 的原理与应用，展览表现手法为实物展示，传播场景为学术研讨会会场。

4. 科普主题 + 目标受众 + 科普内容 + 展览表现手法 + 传播渠道：该模板适用于需要明确指定科普主题、目标受众、科普内容、展览表现手法和传播渠道的情况。例如：科普展览主题为人工智能，受众为老年人，展览内容为机器学习的基本概念与应用，展览表现手法为图文展示，传播场景为社区报纸阅读窗。

5. 科普主题 + 目标受众 + 科普内容 + 展览表现手法 + 传播渠道 + 风格请求：该模板适用于需要明确指定科普主题、目标受众、科普内容、展览表现手法、传播渠道和特定请求的情况。例如：科普展览主题为海洋保护，受众为中学生，展览内容为海洋生态系统的重要性与威胁，展览表现手法采取模型展示，传播场景为学校网站发布，需要提供相关教育资源下载链接。

6. 科普主题 + 目标受众 + 科普内容 + 展览表现手法 + 传播渠道 + 互动元素：该模板适用于需要明确指定科普主题、目标受众、科普内容、展览表现手法、传播渠道和互动元素的情况。例如：科普展览主题为人体健康，受众为社会大众，展览内容为常见疾病的预防与治疗，展览表现手法采取展板展示，传播场景为社交媒体分享，需要提供在线问答互动环节。

7. 科普主题 + 目标受众 + 科普内容 + 展览表现手法 + 传播渠道 + 互动元素 + 请求：该模板适用于需要明确指定科普主题、目标受众、科普内容、展览表现手法、传播渠道、互动元素和特定请求的情况。例如：科普展览主题为可持续发展，受众为企业员工，展览内容为绿色能源的应用与推广，展览表现手法采取视频展示，传播场景为企业内部培训会议，需要提供实际案例分析和讨论环节，并要求员工提出可持续发展建议。

8. 科普主题 + 目标受众 + 科普内容 + 展览表现手法 + 传播渠道 + 互动元素 + 反馈机制：该模板适用于需要明确指定科普主题、目标受众、科普内容、展览表现手法、传播渠道、互动元素和反馈机制的情况。例如：科普展览主题为网络安全意识教育，受众为大学生，展览内容为网络诈骗的防范与应对策略，展览表现手法采取演讲演示，传播场景为校园宣传海报张贴，需要提供在线测试与反馈系统。

9. 科普主题 + 目标受众 + 科普内容 + 展览表现手法 + 传播渠道 + 互动元素 + 反馈机制 + 奖励机制：该模板适用于需要明确指定科普主题、目标受众、科普内容、展览表现手法、传播渠道、互动元素、反馈机制和奖励机制的情况。例如：科普展览主题为垃圾分类与回收利用知识普及，受众为社区居民，展览内容为垃圾分类的方法与意义，展览表现手法采取实地参观指导活动，传播场景为社区广播宣传节目播放，需要提供垃圾分类知识竞赛，获胜者获得奖品。

10. 科普主题 + 目标受众 + 科普内容 + 展览表现手法 + 传播渠道 + 互动元素 + 反馈机制 + 奖励机制 + 长期计划：该模板适用于需要明确指定科普主题、目标受众、科普内容、展览表现手法、传播渠道、互动元素、反馈机制、奖励机制和长期计划的情况。例如：科普展览主题为生态保护意识培养计划（长期），受众为学生群体，展览内容为生物多样性保护的重要性和方法，展览表现手法采取实地考察 ，传播场景为学校课程融入 ，需要提供生态保护知识问答游戏，设立生态保护奖学金，持续开展生态保护宣传活动等。

科普展览风格请求

在利用大模型辅助创作科普展览脚本时，作者不仅需要提供具体的上下文提示词来引导大模型生成相关内容，还需要指明所期望的输出科普展览脚本的口气、风格、字数等。其中科普展览脚本风格，能够使得科学知识更易懂、更有趣，从而提高观众的学习效果和参与度。一个吸引人、易于理解且令人愉悦的风格将增加科普展览的吸引力，并促使观众更深入地参与和学习科学知识。作者所期望的输出科普展览脚本风格可以在请求后表达出来，即“……+ 请求 + 文本风格”。常见描述科普展览脚本风格表述语的关键词（但不限于）如下：

1. 生动有趣：通过生动的叙述和有趣的元素，吸引观众的注意力并增强记忆。例如：在介绍恐龙时，可以加入恐龙的“日常生活”场景，如“想象一下，数百年前，一只巨大的恐龙正在悠闲地吃着树叶，突然，一只小巧的恐龙飞速跑过，打破了这份宁静。”

2. 吸引观众：利用引人入胜的开头、悬念和互动性内容，吸引观众深入参与。例如：科普展览开头可以设置一个谜题或挑战，如“你知道我们生活中最常见的元素是什么吗？让我们一起在展览中寻找答案。”

3. 易于理解：使用简单明了的语言和可视化辅助，确保各年龄层的观众都能轻松理解。例如：在解释复杂的科学原理时，可以配合图表、动画或实物模型，如“通过这个模型，你可以看到当水流经过狭窄的管道时，它的速度是如何增加的。”

4. 共鸣共情：连接科学知识与观众的日常生活经验，激发观众的情感共鸣。例如：在介绍气候变化时，可以提到“你是否注意到近年来夏天的温度越来越高？这其实与全球气候变化密切相关。”

5. 视觉震撼：利用令人印象深刻的视觉效果和展示手段，增强科普信息的传播力度。例如：通过大型投影、VR 技术或 3D 打印模型来展示宏伟的自然景象或微观世界。

6. 逻辑清晰：确保展览内容条理清晰，帮助观众建立完整的科学知识体系。例如：在每个展区设置明确的标题和导览，引导观众按照一定的逻辑顺序参观。

7. 互动体验：请求大模型创作具有互动性的科普展览脚本，使观众能够积极参与并亲身体验科学知识。例如：设计一些实验和活动，让观众亲自动手进行观察和探索。

8. 探索发现：鼓励观众主动探索，通过互动展览和隐藏元素激发观众的好奇心。例如：设置一个互动展区，让观众通过操作实验设备或解决谜题来发现科学原理。

9. 文化融合：结合当地文化和传统，使科普展览更具特色和亲和力。例如：在介绍传统医学时，可以融入当地的草药文化和治疗方法。

10. 启发思考：通过提出开放性问题或展示科学争议，激发观众的思考和批判性思维。例如：在展览结尾处设置讨论区，引导观众思考“科技发展会如何影响我们的未来生活？”

创作展览脚本示例

示例 1：《氢能与储能》科普展脚本创作

- 选用的大模型：文心大模型 4.0（https://yiyan.baidu.com/）。

- 提示和请求：我想创作一部主题为氢能科普展的展览脚本，受众是领导干部和公务员、科技人员、相关行业从业者，以及感兴趣的其他公众。该展览内容主要包括利用氢能源进行能源生产、存储和利用的技术和设施，以及氢能与储能作为未来产业中备受关注的领域，随着氢能技术的进一步发展和成熟，有望为能源转型提供可持续和环保的解决方案等。展览结构分为：前言、氢能源的来源、氢能在能源转换中的应用、氢能的储存技术、氢能的优势与挑战、氢能的应用前景、尾声。该展览将在科技馆展出，场地面积 1500 平方米左右。展线综合考虑故事线和时间线，展示表现手法以多媒体为主，每个部分设置不少于一个互动环节，请你帮我生成该科普展览的详细脚本。该脚本风格：逻辑清晰、生动有趣、视觉震撼、启发思考。字数 3000 字左右。

视窗 18

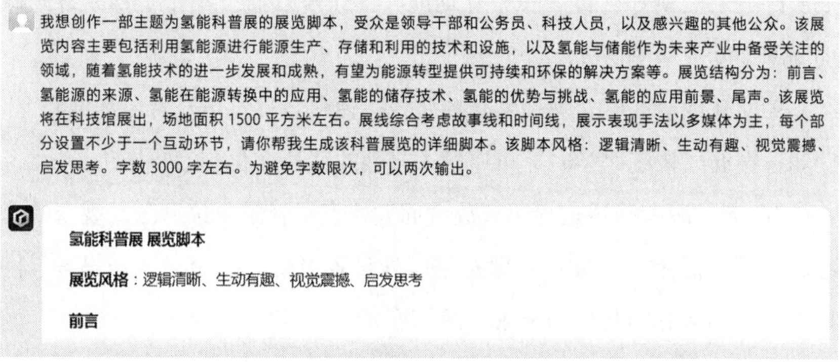

我想创作一部主题为氢能科普展的展览脚本，受众是领导干部和公务员、科技人员，以及感兴趣的其他公众。该展览内容主要包括利用氢能源进行能源生产、存储和利用的技术和设施，以及氢能与储能作为未来产业中备受关注的领域，随着氢能技术的进一步发展和成熟，有望为能源转型提供可持续和环保的解决方案等。展览结构分为：前言、氢能源的来源、氢能在能源转换中的应用、氢能的储存技术、氢能的优势与挑战、氢能的应用前景、尾声。该展览将在科技馆展出，场地面积 1500 平方米左右。展线综合考虑故事线和时间线，展示表现手法以多媒体为主，每个部分设置不少于一个互动环节，请你帮我生成该科普展览的详细脚本。该脚本风格：逻辑清晰、生动有趣、视觉震撼、启发思考。字数 3000 字左右。为避免字数限次，可以两次输出。

氢能科普展 展览脚本

展览风格：逻辑清晰、生动有趣、视觉震撼、启发思考

前言

氢能与储能科普展（脚本）

展览风格：逻辑清晰、生动有趣、视觉震撼、启发思考

前言

当我们站在能源转型的十字路口，寻找着既可持续又环保的解决方案时，氢能作为一种清洁、高效、可再生的能源形式，逐渐进入我们的视野。本次氢能科普展旨在向广大公众介绍氢能源的基本知识、技术进展以及未来应用前景，希望通过这次展览，激发您对氢能的兴趣和关注，共同为推动能源转型

贡献力量。

一、氢能源的来源

氢是宇宙中含量最为丰富的元素，但在地球上，由于氢气密度小且易逃逸至太空，自然界中游离态的氢并不多见。因此，我们需要通过一定的方法才能获取氢能源。目前，氢能源的主要来源有以下几种：

电解水制氢：通过电解水的方式，将水分解为氢气和氧气。这种方法制取的氢气纯度较高，但能耗较大。随着可再生能源的发展，利用太阳能、风能等可再生能源进行电解水制氢将成为未来的发展趋势。

互动环节：观众可以参与电解水制氢的演示实验，观察电解过程中气泡的产生，并亲手体验制取氢气的过程。

天然气重整制氢：将天然气与水蒸气在高温高压下进行重整反应，生成氢气和一氧化碳。这种方法是目前工业上制取氢气的主要方式之一。

互动环节：通过虚拟现实技术，观众可以身临其境地感受天然气重整制氢的生产现场，了解整个生产过程的原理和流程。

生物质气化制氢：将生物质（如木材、农作物废弃物等）在高温下进行气化反应，生成含有氢气的气体混合物。这种方法不仅可以制取氢气，还可以实现生物质的有效利用。

互动环节：观众可以参与生物质气化制氢的模拟实验，了解不同生物质原料对气化效果的影响，并探讨生物质气化制氢的可行性和优势。

二、氢能在能源转换中的应用

氢能作为一种高效、清洁的能源形式，在能源转换中具有广泛的应用前景。目前，氢能在以下几个领域已经得到了初步应用：

燃料电池：燃料电池是一种将氢气和氧气的化学能直接转换为电能的发电装置。它具有能量转换效率高、环保无污染等优点，被广泛应用于汽车、船舶、无人机等交通工具以及分布式发电领域。

互动环节：观众可以观看燃料电池汽车的运行演示，了解燃料电池的工作原理和性能特点，并探讨燃料电池在未来的发展前景。

氢能发电：利用氢气在氧气中燃烧产生热能，进而推动汽轮机或燃气轮机发电。这种发电方式具有排放清洁、调峰能力强等优点，是未来电力系统的重要组成部分。

互动环节：观众可以参与氢能发电的模拟操作游戏，了解氢能发电系统的运行原理和调度方式，并感受氢能发电的环保优势。

三、氢能的储存技术

氢能的储存是实现氢能广泛应用的关键环节。目前，氢能的储存技术主要有以下几种：

液态储氢：将氢气冷却至液态（−253℃），然后储存在绝热容器中。液态储氢具有储存密度高、适合大规模储存等优点，但需要消耗大量的冷却能量，并且存在蒸发损失的问题。

互动环节：观众可以观看液态储氢的演示实验，了解液态储氢的原理和储存过程，并探讨液态储氢的优缺点及改进方向。

固态储氢：利用金属氢化物、有机液体等储氢材料，在特定条件下与氢气发生化学反应，将氢气以固态形式储存在材料中。固态储氢具有安全性高、储存密度大等优点，但储氢材料的性能和成本仍需进一步改进。

互动环节：观众可以参与固态储氢的互动展示，了解不同储氢材料的性能和储氢原理，并探讨固态储氢的应用前景和挑战。

四、氢能的优势与挑战

氢能作为一种新兴的能源形式，具有许多优势，如高效、环保、可再生等。首先，氢能的能量密度高，是汽油的三倍之多，这意味着相同质量的氢能源可以提供更多的能量。其次，氢能燃烧后的产物只有水，不会产生任何温室气体和其他有害物质，对环境友好。此外，氢能来源广泛，可以通过电解水、天然气重整、生物质气化等多种方式制取。

然而，氢能也面临着一些挑战。首先，生产成本高是制约氢能大规模应用的主要因素之一。目前，制取氢气的成本仍然较高，需要进一步降低成本才能实现广泛应用。其次，储存和运输难度大也是氢能面临的挑战之一。由于氢气密度小且易泄漏，储存和运输过程中需要采取特殊措施来确保安全。

互动环节：在这个展区，我们将设置一场关于氢能未来发展的辩论赛。观众可以分成支持和反对两方，就氢能的优势与挑战进行辩论。通过观点碰撞和思考讨论，加深对氢能的认识和理解。

五、氢能的应用前景

随着氢能技术的不断发展和成熟，氢能的应用前景越来越广阔。首先，在交通领域，氢能汽车已经逐渐进入市场，并得到了消费者的认可。相比传统燃油车，氢能汽车具有零排放、续航里程长等优点。其次，在工业领域，氢能可以用于钢铁、化工、电力等行业的能源替代和减排降碳。此外，在建筑领域，利用氢能进行供暖和制冷也是一种可行的方案。

互动环节：在这个展区，我们将展示一款氢能汽车的模型，并设置模拟驾驶体验区。观众可以亲自体验氢能汽车的驾驶感受，并了解氢能汽车的工作原理和性能特点。同时，我们还将展示氢能在工业和建筑领域的应用案例，让观众感受氢能未来的无限可能。

六、尾声

在本次氢能科普展的尾声部分，我们将回顾整个展览的内容，并总结氢能的优势、挑战以及应用前景。同时，我们也将呼吁广大观众关注和支持氢能技术的发展，共同为推动能源转型贡献力量。

互动环节：在这个展区，我们将设置一个签名墙。观众可以在签名墙上留下自己对氢能未来的期望和祝福，表达对氢能技术发展的关注和支持。同时，我们还将提供一些小礼品作为纪念，让观众带走一份关于氢能的回忆和期待。

（根据文心大模型 4.0 生成内容适当修改）

• 编辑和审核审定：后期，作者需要对大模型生成的科普展览脚本文本进行内容扩充、编辑审核、修改审定，具体制作过程中可以根据实际需要进行完善和调整。

示例 2:《空天开发流动科普展》脚本创作

- 选用大模型：讯飞星火（https://xinghuo.xfyun.cn/desk）。
- 提示和请求：我想创作一部主题为空天开发的科普展览脚本，受众主要为大学、中学的学生，以及感兴趣的公众等。展览主要内容包括：前言；航天器的设计和制造过程；火箭的发射原理、航天器的结构和功能；太空探测器在行星科学、空间观测和天体物理学方面的应用；航天技术在通信、导航和气象等领域的重要性和创新等；结束语等六部分。该展览表现手法采取图文展板展示，每部分实物展品不少于 1 件。展览场所主要在各大学、中学等地流动展出。请你帮我生成该科普展览详细脚本。该脚本风格：激发兴趣、互动体验、启发思考。脚本字数 3000 字左右。

视窗 19

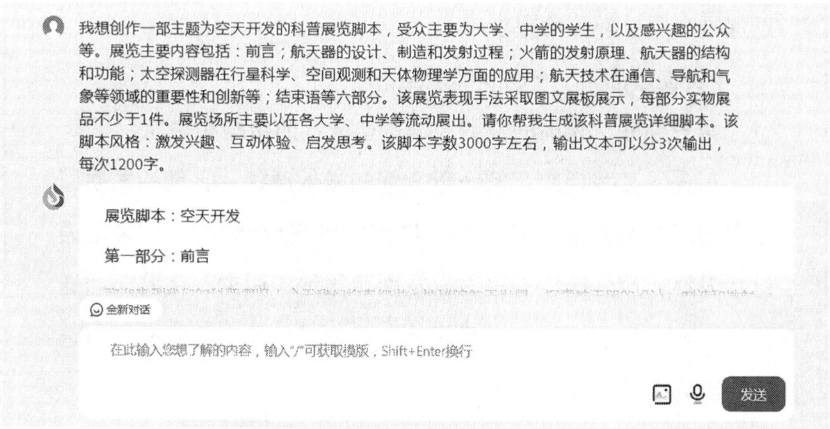

我想创作一部主题为空天开发的科普展览脚本，受众主要为大学、中学的学生，以及感兴趣的公众等。展览主要内容包括：前言；航天器的设计、制造和发射过程；火箭的发射原理、航天器的结构和功能；太空探测器在行星科学、空间观测和天体物理学方面的应用；航天技术在通信、导航和气象等领域的重要性和创新等；结束语等六部分。该展览表现手法采取图文展板展示，每部分实物展品不少于1件。展览场所主要以在各大学、中学等流动展出。请你帮我生成该科普展览详细脚本。该脚本风格：激发兴趣、互动体验、启发思考。该脚本字数3000字左右，输出文本可以分3次输出，每次1200字。

展览脚本：空天开发

第一部分：前言

全新对话

在此输入您想了解的内容，输入"/"可获取模版，Shift+Enter换行

发送

空天开发流动科普展（脚本）

第一部分：前言

欢迎来到我们的科普展览！今天我们将带您进入神秘的航天世界，探索航天器的设计、制造和发射过程。航天技术是人类智慧的结晶，它不仅让我们能够进入太空，还为我们的生活带来了许多便利和创新。让我们一起来了解这个令人着迷的领域吧！

第二部分：航天器的设计和制造过程

首先，让我们来了解一下航天器的设计过程。航天器的设计需要考虑多个因素，如任务需求、技术限制和成本控制等。设计师们需要根据任务的不同选择合适的结构和组件，并确保航天器能够在极端的太空环境中正常工作。

接下来是航天器的制造过程。航天器的制造需要高度精确的工艺和技术。制造过程中涉及各种材料的选择和加工，如金属、塑料和复合材料等。同时，还需要进行严格的质量控制，确保每个部件都符合要求。

（实物展品 1：一枚火箭模型）

第三部分：火箭的发射原理、航天器的结构和功能

首先，让我们来了解一下火箭的发射原理。火箭的发射原理是基于牛顿第三定律，即“作用力等于反作用力”。火箭通过喷射燃料产生巨大的推力，从而克服地球引力，将航天器送入太空。火箭的燃料可以是固体、液体或气体，不同的燃料选择会影响火箭的性能和效率。

接下来是航天器的结构和功能。航天器的结构通常包括外壳、推进系统、导航系统、通信系统和科学仪器等。外壳保护内部设备免受外部环境的影响，推进系统提供动力使航天器在太空中移动，导航系统帮助航天器确定位置和方向，通信系统实现与地面的数据传输，科学仪器用于执行各种科学任务。

（实物展品 2：一个航天器模型）

第四部分：太空探测器的应用

太空探测器是用于在行星科学、空间观测和天体物理学等领域进行研究的航天器。它们可以携带各种仪器和设备，收集和传输数据回地球。让我们一起来了解太空探测器的一些应用吧！

首先，太空探测器可以帮助我们研究行星和卫星。通过探测器对行星和卫星的观测和探测，我们可以了解它们的地质构造、大气成分、表面特征等。这些信息对于研究地球的起源和演化以及寻找其他可能存在生命的星球非常重要。

其次，太空探测器还可以用于空间观测。它们可以观测太阳和其他恒星的活动，帮助我们了解宇宙的起源和演化。此外，太空探测器还可以观测地球的大气层、海洋和陆地等，为气象预报、环境监测和资源管理提供重要数据。

最后，太空探测器还可以应用于天体物理学研究。它们可以观测宇宙中的黑洞、星系和星云等天体现象，帮助我们揭示宇宙的奥秘和规律。

（实物展品 3：一张太空探测器的照片）

第五部分：航天技术的重要性和创新

航天技术在通信、导航和气象等领域发挥着重要作用，并且不断创新发展。让我们一起来了解一下吧！

首先，航天技术在通信领域的应用非常广泛。卫星通信系统利用位于地球轨道上的卫星进行信号传输，可以实现全球范围内的通信。这种通信方式具有广覆盖、高可靠性和大容量等优点，广泛应用于电话、互联网和电视广播等领域。

其次，航天技术在导航领域的应用也非常关键。全球定位系统（GPS）是一种基于卫星导航的技术，可以提供准确的位置和时间信息。它被广泛应用于航空、航海、交通和个人导航等领域，为人们的出行提供了便利和安全。

最后，航天技术在气象领域的应用也非常重要。气象卫星可以实时监测大气的变化和天气系统的形成，为天气预报和灾害预警提供准确的数据支持。这对于保护人民生命财产安全、防范自然灾害具有重要意义。

（实物展品 4：一台卫星通信设备的模型）

第六部分：结束语

通过参观本次展览，我们对航天器的设计、制造和发射过程有了更深入的了解，同时也了解了太空探测器在行星科学、空间观测和天体物理学方面的应用。我们还了解到航天技术在通信、导航和气象等领域的重要性和创新。希望大家能够通过这次展览激发对航天科技的兴趣，并思考如何将这些知识应用到我们的生活中。谢谢大家！

（实物展品 5：一本关于航天技术的图书）

（内容由讯飞星火 AI 生成，略有改动）

• 编辑和审核审定：后期，作者需要对大模型生成的科普展览脚本文本进行内容扩充、编辑审核、修改审定，具体制作过程中可以根据实际需要进行完善和调整。

第十二章

大模型辅助科普活动方案编制

科普活动是指通过各种有效的普及、教育和传播形式，向公众普及科学知识和科学方法，提升科学素养和增强科学意识的活动。科普活动方案是开展科普活动的基本遵循，利用大模型辅助编制科普活动方案，有利于提供准确全面的科学知识，创新科普方式与内容，提供个性化体验，提升科普活动的效果和影响力。

科普活动的特点

科普活动是指通过各种媒介和方法，以浅显易懂的方式向公众传播自然科学知识，推广科学技术的应用，倡导科学方法，传播科学思想，弘扬科学精神的活动。科普活动本质上是一种社会教育，旨在提高公众的科学素质，促进科学知识的普及和科技发展成果的共享。

科普活动的原理

科普活动的第一性原理是基于科学的客观性和知识的共享，以科学为基础，让更多的人了解科学、参与科学，并从中受益。即：

1. 科学知识的客观性。科学是通过对自然界和社会现象的观察、实证和推理得出的知识体系，它以客观的事实和证据为基础。科学不受个人主观意见和偏见的影响，而是通过科学方法进行验证和检验。科普活动要以科学的原理和理论为基础，向公众传递真实、可靠的科学知识，从而推动科学的普及和认知。

2. 科学知识的共享性。科学知识是人类共同积累的财富，应该为所有人所共享。科普活动的目的是将专业的科学知识传递给公众，使更多的人了解科学、接触科学，并从中受益。科普活动通过各种形式的交流和传播，如讲座、展览、科普书籍、科普节目等，将专业的科学知识转化为通俗易懂的形式，使更多的人能够理解和应用科学知识。

3. 科普活动的可参与性。主要包括：

- 全民参与：科普活动应该面向广大群众，让每个人都有机会参与和受益。无论年龄、教育背景和职业如何，每个人都应该有权利了解科学知识，参与到科学普及活动中来。

- 清晰易懂：科普活动应该以简明易懂的方式传递知识。科学概念和原理应该以通俗的语言和形象的比喻来解释，避免使用过多的专业术语和难以理解的概念，以便公众能够更好地理解和接受。

- 互动中参与：科普活动应该鼓励公众的参与和互动。通过问答环节、实验演示、讨论等互动环节，可以增加公众的兴趣和参与度，加深对科学知识的理解和记忆。

- 持续性和更新性：科普活动应该具有持续性，并随着科学的发展而更新。科学知识在不断更新和演进，科普活动需要及时跟进最新的科学发现和研究成果，以保持其有效性和吸引力。

通过 SWOT 分析可以看到，群众性科普活动在发展中面临着优势和机遇，但同时也存在劣势和威胁（见图 12-1）。为推动群众性科普活动的可持续发展，建议采取以下策略：加强活动质量监管，提高科普人才素质，拓展资金来源渠道，促进地域均衡发展，加大政策宣传力度，创新科普手段与内容，加强国际合作与交流，以及应对伪科学、谣言传播等挑战。

优势（Strengths）

1. 广泛参与性：群众性科普活动能够吸引不同年龄、性别、职业背景的公众参与，形成广泛的社会影响力。
2. 形式多样性：活动形式包括讲座、展览、实验、互动体验等，能够满足不同公众的需求和兴趣。
3. 内容通俗性：科普内容以通俗易懂的方式呈现，有助于公众理解和接受科学知识。
4. 资源整合性：能够整合政府、企业、科研机构等多方资源，共同推动科普事业的发展。

劣势（Weaknesses）

1. 活动质量参差不齐：由于缺乏统一的标准和监管，部分科普活动质量不高，甚至存在误导公众的风险。
2. 科普人才短缺：专业科普人才的缺乏影响了活动的策划、组织和实施效果。
3. 资金筹集困难：科普活动的经费来源相对有限，资金筹集成为制约活动发展的重要因素。
4. 地域发展不平衡：不同地区的科普活动发展水平存在差异，部分地区科普资源匮乏。

机会（Opportunities）

1. 政策支持：国家出台了一系列支持科普事业发展的政策，为群众性科普活动提供了良好的发展环境。
2. 科技进步：科学技术的快速发展为科普活动提供了丰富的素材和创新的手段。
3. 社会需求增长：随着公众科学素质的提升，对科普活动的需求也在不断增加。
4. 国际合作与交流：国际科普合作与交流为群众性科普活动提供了更广阔的发展空间。

威胁（Threats）

1. 伪科学、谣言的传播：伪科学和谣言的传播对科普活动造成了一定的冲击，影响了公众对科学知识的正确认知。
2. 市场竞争：商业性科普活动的兴起对群众性科普活动构成了一定的市场竞争压力。
3. 活动同质化：部分科普活动存在内容同质化的问题，影响了公众的参与兴趣和活动效果。
4. 突发事件影响：自然灾害、疫情等突发事件可能对科普活动的正常开展造成一定影响。

图 12-1　科普活动的 SWOT 分析

科普活动的分类

不同类型的科普活动有着不同的特点和目标受众，通过多种形式的科普活动，可以提高公众对科学的认知和兴趣，促进科学素养的提升，推动科学文化普及和科学进步。根据目标受众、内容形式以及传播途径的不同，科普活动分为以下类型：

1. 学校科普活动：学校科普活动主要面向学生群体，通过课程设置、科学实验和讲座等形式，向学生介绍和普及科学知识。此类活动通常由学校教师、科学家或专业科普团队组织，具有系统性和针对性，旨在培养学生的科学兴趣和创造力。

2. 城乡社区科普活动：城乡社区科普活动是在农村、城镇社区居民中普及科学知识的一种形式。这些活动通常包括科技下乡、科普进社区、讲座、展览、咨询等，旨在提高居民的科学素养和解答他们在日常生活中遇到的科学问题。这些科普活动通常由农村或城镇社区组织、科普机构、非营利组织来组织，并具有与农村和城镇社区居民直接交流的特点。

3. 博物馆和科技馆展览：博物馆和科技馆的展览是一种非常受欢迎的科普活动形式。这些展览通常以生动的方式展示科学原理、技术应用和自然现象等内容。通过实物展示、交互式展示、虚拟现实等手段，可以使参观者更全面地了解科学领域的知识和创新成果。

4. 科学文化节：科学文化节是一种集科学、文化、娱乐为一体的综合性活动，常见的包括科学节、科技周、科普日，以及世界粮食日、环境日、减灾日等各领域和行业的主题节日。在科学文化节上，人们可以通过科学实验、科技展示、讲座、演出、比赛等形式，亲身参与科学活动，增加对科学的认识和兴趣。科学文化节往往以主题为基础，通过多种活动形式，打造融合了科学与娱乐的独特体验。

科普活动的标准

衡量科普活动的成效，需要综合考虑参与人数、目标群体触达率、知识传递效果、参与者的反馈和评价、行动和应用以及社会影响等多个方面。其常见标准主要包括：

1. 参与人数：科普活动的成功与否可以通过参与人数来衡量。更多的参与人数意味着更多的人受益于科普活动，活动的影响力更大。

2. 目标群体触达率：科普活动的目标是向特定群体传递科学知识。

衡量标准之一是确定活动是否成功地触达了目标群体，尤其是那些对科学知识尚不熟悉或者不易接触到的人。

3. 知识传递效果：科普活动的目标之一是向参与者传递科学知识。因此，评估活动的成效可以看参与者在活动后所获得的新知识量和理解程度是否有所提高。

4. 受众的反馈和评价：收集参与者的反馈和评价是衡量科普活动成效的重要指标。通过问卷调查、讨论会或在线调查等方式，了解参与者对活动内容、组织方式和讲解者的评价，以评估活动的效果。

5. 受众的行动和应用：科普活动的最终目标是激发参与者对科学的兴趣，促使他们采取行动并应用所学知识。通过观察参与者在活动后是否采取了进一步的学习、实践或传播科学知识的行动，来评估活动的成效。

6. 对社会的影响：科普活动的成效也可以通过评估对参与者以外的其他人群和社会的影响来衡量。例如，是否引起了媒体的关注，是否促成了科学相关政策的制定或改进。

科普活动方案的构思

科普活动方案的构思，可以帮助活动组织者明确目标，确定受众，合理利用资源，并预见问题，为活动的顺利开展提供保障。

科普活动方案编制原则

编制科普活动方案，主要遵循以下原则：

1. 目标明确：科普活动是一种有目的、有计划地向公众普及科学技术知识、倡导科学方法、传播科学思想、弘扬科学精神的宣传教育活动。因此，在编制科普活动方案时，首先需要明确活动的目的和主题，确保活动能够达到预期的宣传教育效果。

2. 价值引领：科普活动的核心是科学知识的普及，因此，在编制科普活动方案时，需要注重内容的科学性和准确性。科普内容的选取应遵循科学事实和科学原理，不得有虚假、夸大或歪曲事实的情况。同时，科普内容的表现形式也需要注意准确性，避免出现误导或引发误解的情况。

3. 需求导向：科普活动应该根据受众的特点和需求进行设计，考虑他们的年龄、教育背景、兴趣爱好等因素。不同的受众群体可能需要不同的传播方式和内容形式，因此活动方案应该具有针对性。

4. 创新驱动：科普活动的形式和手段应该不断创新和改进，以吸引更多人参与。例如，可以运用科技展览、科学实验、科技讲座、科普剧等形式进行科普宣传教育。此外，还可以借助新媒体平台如微信、微博等开展线上科普活动，扩大科普活动的覆盖面和影响力。

5. 效果为要：科普活动的效果是衡量活动成功与否的重要标准，因此，在编制科普活动方案时，需要注重活动效果的评价和反馈。可以通过调查问卷、访谈等方式收集受众对活动的反馈意见，及时发现问题并进行改进。同时，也需要对活动效果进行定量分析和总结，为今后的科普活动提供经验和借鉴。

科普活动方案文本的结构

科普活动方案的要素结构，主要包括：

1. 目标和目的：确定科普活动的主题、目标和目的是制定方案的重要第一步。目标可以是提高公众对特定科学领域的认知，培养人们对科学的兴趣，或者促进科学思维和批判性思维能力。目的可以是教育、娱乐、促进科学交流等。

2. 受众群体：了解目标受众的特征非常重要，因为这有助于确定适当的活动形式和内容。目标受众可以是特定年龄组或群体，如儿童、青少年、职场人士或老年人。

3. 活动内容：根据活动目标和受众特征，确定活动的内容，可以包括讲座、演示、实验室活动、科学展览、互动游戏等。内容应该有足够的吸引力和实用性，以激发受众的兴趣和好奇心。

4. 时间和地点：选择合适的时间和地点举办科普活动非常重要。要考虑到目标受众的可用时间，如周末、放假或晚上。地点可以是学校、博物馆、科学中心、公园等，要确保场地设施齐全，并能满足活动的需求。

5. 活动形式：根据活动内容和受众特征，确定适宜的活动形式和方式。可以采用讲座、工作坊、互动式展览、实地考察等形式。活动参与方式可以是个人参与、团体合作、小组讨论等。

6. 宣传推广：为了确保科普活动的参与度和效果，宣传推广是必不可少的一步。可以利用社交媒体、宣传海报、传单、电视、广播等渠道进行宣传。确保宣传信息准确、吸引人，并在活动前有足够的时间进行宣传。

7. 资源需求：确定科普活动所需的各项资源，包括讲师、设备、场地、材料等。确保资源的充足性和可靠性，以支持活动的顺利进行。

8. 经费预算：预算及资源需求部分需要详细列出活动所需的各项费用和资源，如场地租赁、设备购置或租赁、物料制作等，并对其进行合理的预算分配。

9. 风险和预案：风险评估与应对策略部分需要对活动中可能出现的

风险进行预测和评估，并提前制定应对策略。这些风险可能包括天气变化、人员安全问题、设备故障等。对于每个可能出现的风险，都需要制定相应的应对措施和备用方案，以确保活动的顺利进行

10. 反馈和评估：活动结束后，收集参与者的反馈和评估数据是评估活动效果的重要部分。通过问卷调查、小组讨论、观察等方式，了解受众对活动的反应和满意度。根据反馈结果进行总结和归纳，以便后续改进活动方案。

科普活动方案的执行

科普活动方案的执行是实现科普活动目标的关键环节。以下是对科普活动方案执行阶段的详细论述：

1. 人员分工与培训。在活动筹备阶段，根据活动方案中的角色和任务，明确各个部门和人员的分工。确保每个环节都有专人负责，能够高效地推进活动的筹备工作。同时，为了确保活动的专业性和科学性，需要对参与活动的工作人员进行培训，使他们熟悉活动流程、掌握必要的科学知识和技能。

2. 资源筹备与整合。根据活动方案中的资源需求，积极筹备所需的场地、设备、物资等资源。与相关单位或供应商建立联系，确保资源的可用性和及时性。同时，要注意资源的整合和合理利用，避免浪费和不必要的开支。

3. 宣传推广的实施。根据活动方案中的宣传推广计划，制定具体的宣传策略和实施方案。利用各种媒体和渠道，如社交媒体、新闻媒体、海报等，广泛传播活动的信息。加强与媒体的合作，增加活动的曝光度和影响力。同时，要注重宣传内容的准确性和吸引力，提高公众的参与

意愿。

4. 活动现场的组织与管理。在活动当天，确保所有的准备工作就绪，场地布置、设备调试等无误。对现场进行有序的管理，确保活动的顺利进行。与相关部门密切配合，处理可能出现的问题和突发状况。同时，要关注参与者的反馈和需求，及时调整和改进活动内容。

5. 数据记录与效果评估。在活动过程中，注意数据的记录和收集，包括参与人数、反馈意见等。这些数据将有助于后续的活动效果评估和总结。在活动结束后，根据预设的评估标准和方法，对活动的效果进行客观的评价。分析活动的成功之处和不足之处，总结经验和教训。

6. 后续跟进与改进。根据效果评估的结果和反馈意见，进行活动的总结和反思。识别出成功和不足的地方，提出改进的建议和措施。同时，要关注参与者的需求和期望，持续优化和完善科普活动方案。加强与其他部门的沟通和协作，为未来的科普活动积累经验和资源。

在执行科普活动方案时，还需要注意：

- 灵活性：尽管制定了详细的计划，但在实际执行过程中可能会遇到不可预见的情况。因此，需要保持一定的灵活性，根据实际情况调整计划。

- 团队协作：科普活动的成功往往需要多个部门或团队的协作。因此，确保团队成员了解并遵循活动方案，保持紧密的沟通和协作至关重要。

- 风险管理：预测可能出现的风险并制定应对策略。在活动过程中密切关注可能的风险因素，及时采取措施防止潜在问题的发生或减轻潜在问题的影响。

编制模式和示例

大模型辅助编制科普活动方案，一般包括活动主题与目标受众的确定、活动背景描述、大模型的选用、生成和修订提纲、生成文本，以及作者后续的编辑审核与修改审定等过程。在此，笔者列举以下模式和示例予以说明。

提示词和提问模板

在使用大模型辅助编制科普活动方案时，编制者输入的提示词、提问等起着至关重要的作用。这些输入可以指导大模型生成与特定科普主题相关的信息、设定大模型产生回答的形式和风格，以确保生成的内容与科普活动目标一致，并满足编制者的需求。编制者向大模型输入辅助编制科普活动方案的提示词的基础模板为：科普主题＋目标受众＋科普内容＋活动场景（时间、地点或场地）＋活动形式＋活动资源＋请求等，由此根据科普活动方案内容要求不同，衍生出不同提示词模板。其常见提示词和提问模板（但不限于）如下：

1. 科普主题 + 目标受众 + 请求。这种模板适用于当编制者已经明确了科普主题和目标受众，需要大模型提供一些基本的活动建议或内容时。例如：科普主题为“太空探索”，目标受众为“中学生”，请求为“请生成一些适合中学生的太空探索科普活动建议”。

2. 科普主题 + 活动形式 + 请求。当编制者已经确定了科普主题和活动形式（如讲座、展览、互动体验等），需要大模型提供与形式相匹配的具体内容时，可以使用此模板。例如：科普主题为“环境保护”，活动形式为“互动体验”，请求为“请设计一些环境保护主题的互动体验活动环节”。

3. 目标受众 + 活动场景 + 请求。这种模板适用于当编制者更关注目标受众和活动场景（如学校、社区、户外等），需要大模型根据这些条件提供科普活动方案时。例如：目标受众为“家庭亲子”，活动场景为“户外公园”，请求为“请为家庭亲子在户外公园设计一些科普亲子活动”。

4. 科普内容 + 活动资源 + 请求。当编制者拥有特定的科普内容资源（如科学器材、实验用品、专家讲座等），并希望大模型根据这些资源设计活动时，可以使用此模板。例如，科普内容为“物理光学”，活动资源为“光学实验器材”，请求为“请利用光学实验器材设计一些物理光学科普实验活动”。

5. 活动形式 + 活动场景 + 请求。编制者已确定活动形式和活动场景，希望大模型结合这两点提供创意方案时适用。例如：活动形式为“工作坊”，活动场景为“科学馆”，请求为“请在科学馆场景下设计工作坊形式的科普活动方案”。

6. 科普主题 + 活动资源 + 活动形式 + 请求。这种模板适用于编制者对科普主题、活动资源和活动形式都有一定要求，需要大模型综合这些因素提供方案时。例如：科普主题为“生物多样性”，活动资源为“动植物标本”，活动形式为“展览”，请求为“请利用动植物标本设计生物多样性主题的展览方案”。

7. 目标受众 + 科普内容 + 活动形式 + 请求。编制者关注目标受众、科普内容和活动形式，希望大模型针对这些要点生成方案。例如：目标受众为“小学生”，科普内容为“地球科学”，活动形式为“趣味竞赛”，请求为“请为小学生设计地球科学主题的趣味竞赛活动”。

8. 科普主题 + 活动场景 + 活动资源 + 请求。当编制者确定了科普主题、活动场景和活动资源，需要大模型在这些条件下提供活动方案时适用。例如：科普主题为“化学元素”，活动场景为“学校化学实验室”，活动资源为“化学试剂和实验器材”，请求为“请在学校化学实验室利用化学试剂和实验器材设计化学元素科普活动”。

9. 目标受众 + 活动形式 + 活动资源 + 请求。编制者关注目标受众、活动形式和活动资源，希望大模型结合这三点提供方案。例如：目标受众为“青少年”，活动形式为“夏令营”，活动资源为“自然保护区”，请求为“请为青少年在自然保护区设计夏令营形式的科普活动”。

10. 科普主题 + 目标受众 + 活动场景 + 活动形式 + 活动资源 + 请求。这是最全面的模板，编制者提供了所有关键信息，希望大模型能够综合考虑各个方面并提供详尽的科普活动方案。例如：科普主题为“健康饮食”，目标受众为“社区居民”，活动场景为“社区中心”，活动形式为“讲座 + 烹饪示范”，活动资源为“营养师和烹饪用具”，请求为“请为社区居民在社区中心设计一场结合讲座和烹饪示范的健康饮食科普活动方案”。

编制活动方案风格的请求

在利用大模型辅助编制科普活动方案时，编制者不仅需要提供具体的上下文提示词来引导大模型生成相关内容，还需要指明所期望的输出科普活动方案的口吻、风格、字数等。其中，科普活动方案的文本风格是非常重要的，它不仅指导和规定着科普活动组织者的工作行动，还直接影响着科普活动的效果。编制者所期望的输出科普活动方案风格可以在请求后表达出来，因此，编制者需要向大模型输入提示词的同时，请求大模型输出文本的风格，即“……+ 请求 + 文本风格”。常见描述科普活动方案风格表述语的关键词（但不限于）如下：

1. 设计新颖。强调活动方案应具有创新性和独特性，避免传统和陈词滥调的设计。例如：请在活动设计中体现新颖性，如采用新颖的互动方式或引入前沿科技元素。

2. 具体完善。要求方案应包含详细的步骤、计划和考虑周全的各个环节。例如：请将活动方案具体到每一步的执行细节，包括时间安排、人员分工等。

3. 实际可行。强调方案应基于现实条件，具有可操作性和可实施性。例如：请考虑活动所需的资源、预算和时间限制，确保方案切实可行。

4. 周全细致。要求方案应全面考虑各种情况和因素，注重细节。例如：请在方案中考虑到所有可能的风险和应对措施，确保活动顺利进行。

5. 生动有趣。强调方案应能吸引目标受众的兴趣，具有趣味性和生动性。例如：请通过引入趣味科学实验、互动游戏等方式，使活动更加生动有趣。

6. 科学严谨。要求方案在科学内容上应准确、严谨，避免误导受众。例如：请确保所传递的科学知识准确无误，活动设计符合科学原则。

7. 清晰明了。强调方案应易于理解，信息传达清晰。例如：请使用简洁明了的语言描述活动流程和目的，确保所有参与者都能快速理解。

8. 互动性强。要求方案应包含丰富的互动环节，鼓励受众参与。例如：请设计一些小组讨论、问答互动等环节，提高受众的参与度。

9. 寓教于乐。强调方案应在娱乐中传递知识，使学习过程更加愉快。例如：请通过有趣的实验、游戏或故事来传授科学知识，实现寓教于乐的效果。

10. 适应性强。要求方案应能灵活适应不同的环境和受众需求。例如：请设计一个可根据实际情况进行调整的活动方案，以适应不同场地和目标受众规模的变化。

编制科普活动方案示例

示例 1:《社区居民健康饮食科普活动方案》编制

• 选用大模型：文心大模型 4.0（https://yiyan.baidu.com/）。

• 提示和提问：我想编制一个关于社区居民健康饮食的科普活动方案，科普主题为健康饮食，目标受众为本社区居民，活动场所在本社区中心，活动形式为“讲座 + 烹饪示范”，活动资源为“营养师和烹饪用具”，请帮我生成该科普活动方案。该方案风格：寓教于乐、互动性强、实际可行。字数 2000 字左右。

视窗 20

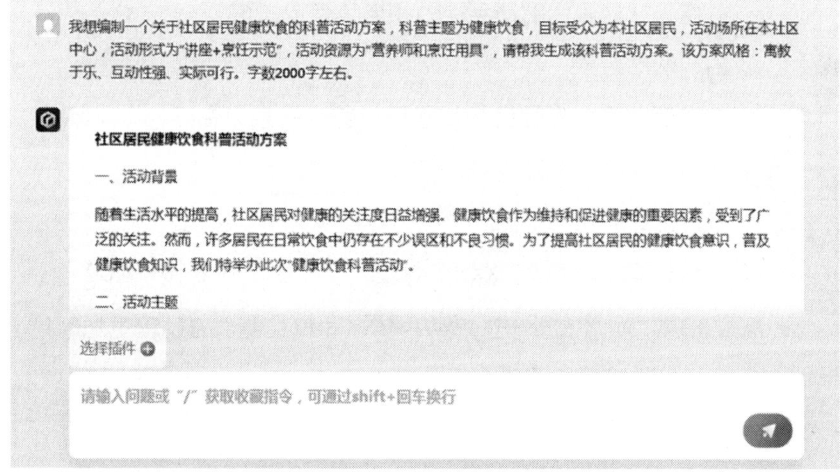

社区居民健康饮食科普活动方案

一、活动背景

随着生活水平的提高，社区居民对健康的关注度日益增强。健康饮食作为维持和促进健康的重要因素，受到了广泛的关注。然而，许多居民在日常饮食中仍存在不少误区和不良习惯。为了提高社区居民的健康饮食意识，普及健康饮食知识，我们特举办此次“健康饮食科普活动”。

二、活动主题

本次活动的主题为“健康饮食，美好生活”。我们将通过讲座和烹饪示范的形式，向社区居民传授健康饮食的理念、知识和技巧，帮助他们建立科学、合理的饮食习惯。

三、活动目标

1. 提高社区居民对健康饮食的认识和重视程度。

2. 普及健康饮食的基本知识和技巧。

3. 纠正社区居民在饮食方面的误区和不良习惯。

4. 增强社区居民的动手能力和自我保健意识。

四、活动对象

本次活动面向本社区全体居民，特别是家庭主妇、青少年和老年人等重点关注群体。

五、活动时间与地点

活动时间：XXXX 年 XX 月 XX 日（周 X）下午 2:00—4:00

活动地点：本社区中心多功能厅

六、活动内容与形式

1. 讲座环节

邀请专业营养师进行健康饮食讲座，内容包括但不限于：

—健康饮食的重要性及对人体健康的影响；

—中国居民膳食指南的核心推荐；

—常见食物的营养价值与食用建议；

—健康烹饪技巧与方法的分享；

—针对不同人群（如儿童、青少年、成年人、老年人）的饮食指导。

讲座风格要求寓教于乐，营养师将通过生动有趣的案例、故事和互动问答等方式，吸引居民的注意力，提高他们的参与度。

2. 烹饪示范环节

在讲座结束后，进行烹饪示范环节。由专业厨师现场演示健康菜肴的制作过程，同时邀请居民参与互动，让他们亲手体验健康烹饪的乐趣。示范菜肴的选择应注重营养搭配、口感多样化和烹饪方法的简单易学。

烹饪示范环节将强调互动性，鼓励居民提问、尝试和分享心得。通过亲身参与，居民们不仅能学到健康烹饪的技巧，还能感受到健康饮食带来的美味与满足。

七、活动资源安排

1. 人员安排

—主持人：负责活动现场的串场和氛围营造；

—营养师：负责讲座内容的准备和讲授；

—厨师：负责烹饪示范的准备和操作；

—志愿者：协助现场布置、签到引导、秩序维护等工作。

2. 物资准备

—投影设备：用于播放讲座 PPT 和相关视频资料；

—音响设备：确保现场声音清晰、音量适中；

—烹饪用具和食材：准备示范所需的厨具、调料和食材等；

—宣传资料：准备健康饮食宣传册、小手册等，供居民免费领取；

—签到表：用于记录参与活动的居民信息。

八、活动宣传与推广

1. 通过社区公告栏、微信群、公众号等渠道发布活动通知，吸引居民关注；

2. 制作活动海报，张贴在社区显眼位置，增加宣传覆盖面；

3. 邀请社区内有影响力的居民或意见领袖参与活动，发挥他们的带动作用；

4. 活动结束后，通过社区媒体对活动进行报道和总结，扩大活动影响力。

九、活动效果评估

1. 通过现场观察和居民反馈，评估活动的参与度和满意度；

2. 统计活动结束后宣传资料的领取情况，了解居民对健康饮食的关注程度；

3. 在活动后一周内，通过问卷调查或访谈的形式，收集居民对活动的意见和建议，为下一次活动提供参考和改进依据。

十、活动预算

根据活动规模和资源需求，制定详细的活动预算表。预算应包括人员费用、物资费用、场地费用等各项支出。在实际执行过程中，应严格按照预算进行支出控制，确保活动的顺利进行。

十一、活动总结与展望

通过本次健康饮食科普活动，我们期望能够提高社区居民

> 的健康饮食意识和技能水平，为他们的健康生活奠定基础。同时，我们也希望能够总结经验教训，不断完善活动内容和形式，为未来的科普活动提供更加优质的服务和资源。
>
> （该内容由文心大模型 4.0 生成）

- 编辑和审核审定：后期，作者需要对大模型生成的方案文本进行编辑审核和修改审定，并付诸实践。

示例 2：《开展大模型辅助科普创作系统培训方案》编制

- 选用大模型：文心大模型 4.0（https://yiyan.baidu.com/）。
- 提示和提问：我想编写一个关于开展大模型辅助科普创作系统培训方案，培训主题为如何利用大模型辅助科普创作，将人工智能基本原理（知 AI）、科普理论方法（知科普）、科普创作技巧（会创作）、与大模型对话技巧（会对话）等四者深度融合和精准对齐，聚焦于大模型在科普创作中的广泛而深度的应用。培训对象具体为：科技人员、科技教师、科技传播者、科普员、科普工作者等从业者，大学生和研究生、科普志愿者等预期从业者，以及科普研究、科普管理、人工智能应用开发人员、大模型应用推广人员等。培训形式采取网络视频直播 + 线下现场培训结合的形式。培训教材为《我的科普助理：大模型辅助科普创作指引》，培训课程包括：人工智能基本原理及其对人类的深远影响；科普的理论和方法；科普创作的原理及方法；利用大模型辅助创作科普的文章、讲稿、讲解词、直播台词、故事、视频脚本、展览脚本、技术产品说明书、活动方案、科技新闻等各种作品的有效方法和技巧。培训时间为 3 天、12 个单元、每个单位 90 分钟。请帮我生成该培训方案。该方案风格：科学系统、针对性强、可操作性强、实际可行。字数 3000 字左右。

视窗 21

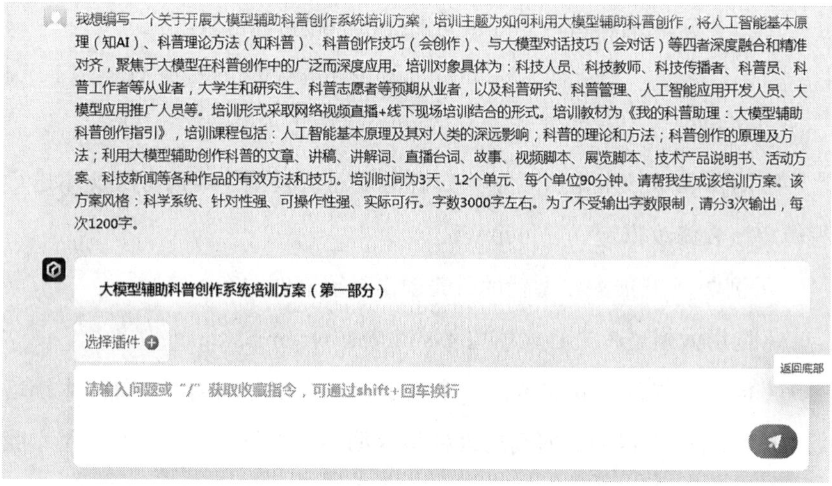

我想编写一个关于开展大模型辅助科普创作系统培训方案，培训主题为如何利用大模型辅助科普创作，将人工智能基本原理（知AI）、科普理论方法（知科普）、科普创作技巧（会创作）、与大模型对话技巧（会对话）等四者深度融合和精准对齐，聚焦于大模型在科普创作中的广泛而深度应用。培训对象具体为：科技人员、科技教师、科技传播者、科普员、科普工作者等从业者，大学生和研究生、科普志愿者等预期从业者，以及科普研究、科普管理、人工智能应用开发人员、大模型应用推广人员等。培训形式采取网络视频直播+线下现场培训结合的形式。培训教材为《我的科普助理：大模型辅助科普创作指引》，培训课程包括：人工智能基本原理及其对人类的深远影响；科普的理论和方法；科普创作的原理及方法；利用大模型辅助创作科普的文章、讲稿、讲解词、直播台词、故事、视频脚本、展览脚本、技术产品说明书、活动方案、科技新闻等各种作品的有效方法和技巧。培训时间为3天、12个单元、每个单位90分钟。请帮我生成该培训方案。该方案风格：科学系统、针对性强、可操作性强、实际可行。字数3000字左右。为了不受输出字数限制，请分3次输出，每次1200字。

大模型辅助科普创作系统培训方案（第一部分）

选择插件

返回底部

请输入问题或"/"获取收藏指令，可通过shift+回车换行

开展大模型辅助科普创作系统培训方案

一、培训背景与目标

随着人工智能技术的快速发展，大模型作为AI领域的重要成果，在语言理解、内容生成等方面展现出强大的能力。将大模型应用于科普创作，不仅能够提升科普内容的质量和效率，还能为科普工作注入新的活力。本培训方案旨在通过系统、科学的培训，使学员掌握人工智能基本原理、科普理论方法、科普创作技巧及与大模型对话的技巧，实现四者的深度融合和精准对齐，推动大模型在科普创作中的广泛而深度的应用。

二、培训对象

本培训面向多类人群，包括但不限于科技人员、科技教师、科技传播者、科普员、科普工作者等从业者，大学生和研究生、科普志愿者等预期从业者，以及科普研究、科普管理、

人工智能应用开发人员、大模型应用推广人员等。

三、培训内容与形式

培训教材选用《我的科普助理：大模型辅助科普创作指引》，课程内容涵盖人工智能基本原理、科普的理论和方法、科普创作的原理及方法以及利用大模型辅助创作科普作品的有效方法和技巧。培训形式采取网络视频直播与线下现场培训相结合的方式，确保学员能够灵活参与培训，并获得实时的互动与交流体验。

具体培训课程安排如下：

第一天：

1. 人工智能基本原理及其对人类的深远影响（90 分钟）

—介绍人工智能的发展历程、基本概念和核心技术，包括机器学习、深度学习等；

—探讨人工智能在社会、经济、科技等领域的应用及对未来发展的影响；

—分析人工智能与人类智能的关系，以及 AI 伦理和安全问题。

2. 科普的理论和方法（90 分钟）

—阐述科普的定义、目的和意义，以及科普工作的基本原则和方法；

—分析科普受众的特点和需求，以及科普内容的类型和风格；

—探讨科普传播的有效途径和创新方法。

3. 科普创作的原理及方法（90 分钟）

—介绍科普创作的基本流程和关键环节，包括选题、构思、写作、修改等；

—分析科普作品的语言特点和表达技巧，以及如何提高作品的可读性和吸引力；

—探讨科普创作中的常见问题及解决方法。

第二天：

3. 利用大模型辅助创作科普文章与讲稿（90 分钟）

—介绍大模型在科普文章和讲稿创作中的应用场景和优势；

—演示如何使用大模型生成高质量的科普文章和讲稿；

—学员实操练习，并进行作品分享与点评。

4. 利用大模型创作科普讲解词与直播台词（90 分钟）

—分析科普讲解词和直播台词的特点和要求；

—演示如何利用大模型生成生动有趣的科普讲解词和直播台词；

—学员进行模拟讲解和直播练习，提升实际应用能力。

5. 利用大模型创作科普故事与视频脚本（90 分钟）

—探讨科普故事和视频脚本在科普传播中的作用；

—演示如何利用大模型创作富有吸引力的科普故事和视频脚本；

—学员分组合作，完成科普故事和视频脚本的创作与展示。

第三天：

6. 利用大模型创作科普展览脚本与技术产品说明书（90 分钟）

—介绍科普展览脚本和技术产品说明书的编写要求和技巧；

—演示如何利用大模型生成专业且通俗易懂的展览脚本和产品说明书；

—学员进行实际案例分析，并尝试自己编写和优化相关文档。

7. 利用大模型策划科普活动方案与科技新闻（90 分钟）

—探讨科普活动方案和科技新闻在科普推广中的重要性；

—演示如何利用大模型策划具有创新性和影响力的科普活动方案和科技新闻；

—学员分享自己的策划思路，并进行集体讨论和改进。

8. 大模型对话技巧及其在科普创作中的应用（90 分钟）

—介绍大模型对话技术的基本原理和实用技巧；

—演示如何通过与大模型的有效对话提升科普创作效率和质量；

—学员进行对话练习，并学习如何结合大模型反馈优化自己的科普作品。

9. 培训总结与展望（90 分钟）

—回顾本次培训的主要内容和重点成果；

—学员分享自己的学习心得和感悟；

—探讨大模型辅助科普创作的未来发展趋势和可能挑战；

—颁发结业证书并展示优秀学员作品。

四、培训时间与地点

培训时间共计 3 天，分为 12 个单元，每个单元 90 分钟。具体培训时间将根据学员的报名情况和实际需求进行安排。培训地点将根据线下现场培训的具体要求进行选择和布置，确保学员能够在舒适、专业的环境中参与培训。

五、培训效果评估

为确保培训效果，本方案将设置多种评估方式，包括学员满意度调查、作品质量评估、实际应用效果跟踪等。同时，培训结束后将提供结业证书和优秀作品展示机会，以激励学员将所学知识应用于实际工作中。

六、培训师资与技术支持

本培训将邀请具有丰富经验和专业知识的科普专家、人工智能学者、大模型应用开发者等担任培训师资，确保培训内容的科学性和实用性。同时，培训将提供全程技术支持，确保网络视频直播的流畅性和线下现场培训的顺利进行。

七、培训费用与报名方式

培训费用将根据实际情况进行合理定价，确保学员能够以较低的成本参与培训。具体报名方式将通过官方网站、社交媒体等渠道进行发布，学员可根据提示完成报名流程。

八、培训后续支持与资源共享

为确保学员在培训后能够持续学习和进步，本方案将提供以下后续支持与资源共享措施：

1. 建立学员交流群，方便学员随时交流和分享经验；

2. 提供培训课件和相关资料下载服务，方便学员复习和巩固所学知识；

3. 不定期组织线上或线下交流活动，如座谈会、研讨会等，促进学员之间的深入合作和交流；

4. 推荐优秀学员参与相关科普项目或实践活动，提供实践机会和展示平台。

（该内容由文心大模型 4.0 生成）

- 编辑和审核审定：后期，作者需要对大模型生成的方案文本进行编辑审核和修改审定，并付诸实践。

第十三章

大模型辅助技术产品说明书编制

技术产品是一个广泛而深入的概念，它涉及人类为满足自身需求，通过科技发明或经验总结而形成的各种技术。技术产品说明书是一种用于解释产品功能、操作步骤和维护要求的文档。它的重要性在于提供了产品的详细信息，帮助用户正确理解和操作产品，确保使用的安全性、提高使用效果，并为产品故障排除提供参考。在编写技术产品说明书时，大模型可以提高作者的准确性和效率，提供参考和建议，并支持多语言写作。

技术产品说明书的特性

技术产品是指为了满足人类的各种需求，通过科技发明或经验总结而形成的技术。这些技术产品既包括新发现、新发明、新理论、新工艺、新程序等知识形态的产品，也包括新材料、新器件、新设备等实物形态的产品。技术产品说明书是一种用于详细描述和解释产品、设备或技术操作的文档。它提供了关于产品的特点、性能、安装步骤、操作指南、维护要求和安全注意事项等信息。技术产品说明书在帮助用户正确操作和维护产品方面起着重要作用，有效的技术说明书可以提高用户的满意度，并降低因错误使用产品而导致的问题发生率。

技术产品说明书的原理

技术产品说明书的第一性原理是以用户为中心，提供准确、清晰、有用的信息，帮助用户正确理解和使用技术产品。通过遵循这些原则，可以提升产品的易用性和用户满意度，同时也能够提高产品的安全性和可靠性。其关键要点如下：

1. 提供全面而准确的信息：技术产品说明书应该包含所有与产品相关的重要信息，包括产品的功能、规格、安装步骤、操作指南、维护要求和故障排除方法等。这些信息应该准确无误地反映产品本身的特性和要求，以便用户能够正确使用和维护产品。

2. 简明清晰的表达：说明书的语言应该简明清晰，避免使用过于专业或晦涩的术语。复杂的技术概念应该用简单易懂的语言解释，并配以可视化的图表、示意图或流程图等辅助说明，帮助用户更好地理解产品的使用方式和步骤。

3. 用户导向的设计：说明书应该从用户的角度出发，考虑用户的操作需求和问题。它应该回答用户可能遇到的常见问题，提供解决方案，并通过举例或案例分析等方式帮助用户更好地应对各种情况。同时，还应该突出产品的优势和特点，以便用户能够充分利用产品的功能和性能。

4. 安全警示和风险提示：说明书应该明确标识产品的安全注意事项和潜在风险，并提供相应的防范措施和建议。这些警示和提示可以帮助用户避免潜在的安全问题或操作失误，并确保他们正确使用产品时不会给自己或他人带来危险。

5. 反馈和更新机制：为了不断改进产品和说明书的质量，说明书应该鼓励用户提供反馈和建议。此外，随着产品的发展和更新，说明书也需要随之更新和迭代，确保始终与最新版本的产品保持一致。

技术产品说明书的本质

技术产品的本质是人类智慧的结晶，是人类为满足自身需求，对自然和社会现象进行的有目的的改造和利用。相应地，技术产品说明书，本质上就是一部关于技术产品相关科技知识和应用的科普书。因为技术产品说明书作为技术产品的重要组成部分，向用户传递了产品的相关科技知识、使用方法、性能特点、安全注意事项等关键信息，在传播科技知识、提升公众科学素养方面发挥着重要作用。

1. 技术产品说明书和科普书在内容上具有相似性。科普书旨在向公众普及科学知识、传播科学思想、倡导科学方法，而技术产品说明书则是向用户介绍产品的科技原理、使用方法、维护保养等知识。两者都是以传播科技知识为核心内容，只是传播的载体和形式有所不同。

2. 技术产品说明书具有科普书的教育功能。技术产品说明书不仅要教会用户如何使用产品，还要通过介绍产品的科技原理、性能特点等，提升用户的科技素养。用户在阅读说明书的过程中，不仅能够了解产品的基本操作方法，还能够对产品的科技原理有更深入的理解，从而增强自身的科技素养。

3. 技术产品说明书具有科普书的普及性。科普书面向的是广大公众，旨在提高全民的科学素养。同样，技术产品说明书也是面向广大用户的，无论是专业人士还是普通消费者，都可以通过阅读说明书来了解和使用产品。这种普及性使得技术产品说明书在推动科技进步、提高社会生产力等方面发挥了重要作用。

技术产品说明书的分类

技术产品说明书主要分为以下类型：

1. 内容型技术产品说明书：这种说明书主要侧重于对产品或技术的详细描述，包括其工作原理、操作步骤、维护方法等。其特点是内容详尽，语言准确，适用于需要全面了解产品或技术的人群。

2. 使用型技术产品说明书：这种说明书主要侧重于对产品或技术的使用说明，包括使用步骤、注意事项、安全指导等。其特点是简单明了，语言直接，适用于需要快速了解如何使用产品或技术的人群。

3. 宣传型技术产品说明书：这种说明书主要侧重于对产品或技术的宣传推广，通过强调其优势、特点和使用效果，来吸引潜在用户。其特点是语言生动，内容有吸引力，适用于需要激发购买欲望的人群。

4. 规范型技术产品说明书：这种说明书主要侧重于对产品或技术的规范标准，包括技术指标、性能参数、测试方法等。其特点是专业性强，语言严谨，适用于需要准确了解产品或技术标准的人群。

技术产品说明书的用处

技术产品说明书的主要用处如下：

1. 指导消费：帮助消费者对商品进行理智的选择和正确的使用。这样可以极大地促进市场的有效需求，形成良性循环。

2. 传播知识：随着经济和科技的发展，各种新技术、新产品、新的服务项目层出不穷，说明书在传播信息、普及知识方面的作用也越来越明显。

3. 宣传企业：说明书在介绍产品的同时，也间接地宣传了企业。通过详细介绍企业的背景、资质和信誉，可以增强消费者对企业的信任感，有利于企业品牌的树立和推广。

4. 提供操作指导：为用户提供了关于产品或设备的详细操作步骤和注意事项。通过阅读说明书，用户能够正确地使用产品或设备，避免误操作和其他潜在风险。

5. 解答常见问题：说明书通常包含常见问题解答 (FAQ)，用户可以在使用过程中遇到问题时参考。这些问题的解答可以帮助用户更好地理解产品或设备的使用方法，并迅速解决遇到的困惑。

6. 指示维护保养：说明书除了提供操作指导外，还可以为用户提供产品或设备的维护保养方法和周期。用户可以根据说明书的建议对产品或设备进行维护，延长其使用寿命，并减少故障发生的可能性。

7. 保障安全：说明书中的安全注意事项部分旨在提醒用户注意潜在的危险和正确的使用方法，以保障用户的人身安全。

8. 售后支持：提供售后服务联系方式等信息，使用户在需要时可以寻求售后支持，保障用户的合法权益。

9. 促进产品改进：通过收集用户反馈和建议，促进产品的改进和升级，提高用户满意度。

技术产品说明书的构思

技术说明书构思是编写高质量、易读、易用的产品文档的关键步骤，它对有效传达产品的功能、特性和使用方法至关重要。通过仔细考虑组织结构、关键信息、读者需求、一致性和易用性，可以确保技术说明书能够有效地传达产品的信息，提供准确和有价值的指导给用户。

编制技术产品说明书的原则

技术产品说明书编制，主要遵循以下原则：

1. 准确性：说明书的内容必须准确反映产品的技术规格、性能、操作方法、安全信息和维护保养要求。不得有任何误导或虚假信息，确保用户能够准确理解产品的真实情况和正确使用。

2. 完整性：说明书应包含用户需要的所有重要信息，不得遗漏任何关键内容。这包括产品概述、技术规格、操作指南、安全注意事项、维护保养方法等。

3. 清晰性：说明书应使用简洁明了的语言和易于理解的表述方式，避免使用过于专业或复杂的术语。同时，组织结构应清晰，方便用户快速找到所需信息。

4. 实用性：说明书应注重实用性和用户体验，提供用户实际操作中可能遇到的问题和解决方法。确保用户在使用过程中能够顺利解决遇到的问题。

5. 一致性：说明书的内容应与产品的实际情况一致，不得出现矛盾或冲突。同时，信息的表达方式应保持一致，以增强说明书的可读性和专业性。

6. 可读性：说明书应具有良好的可读性，包括字体、排版、颜色等方面的设计。确保用户在阅读时能够舒适地获取信息，提高用户的阅读体验。

7. 及时性：随着产品升级换代或技术更新，说明书也应及时更新。确保用户获得的信息是最新和准确的，以保障用户的利益。

8. 守法性：说明书的内容应遵守相关法律法规和标准要求，不得违反任何法律或规定。同时，也要尊重用户的隐私和权益，保护用户的个人信息。

技术产品说明书文本的结构

技术说明书作为一种为用户提供关于产品功能、使用方法、维护保养等信息的文档，其结构必须清晰且逻辑合理，以确保用户能够方便地获取所需的信息。技术产品说明书的结构，主要包括：

1. 封面：封面上应印有产品的名称、型号、规格以及制造商的信息。此外，还应包括产品的实物照片、生产厂家、厂址、联系方式等。

2. 标题页：标题页通常包括产品名称、版本号、发布日期等信息。此外，还可以包含公司徽标和版权信息。

3. 目录：目录列出了说明书的主要章节和相应的页码，方便用户快速找到所需内容。

4. 正文：正文是说明书的核心部分，应详细介绍产品的技术规格、性能、使用方法、安全注意事项和维护保养要求等信息。根据产品的特点和复杂程度，正文部分可以细分为多个章节，逐步深入地介绍产品的各个方面。

5. 附录：附录通常包含一些补充材料，如表格、图表、数据等，以辅助说明正文中的内容。

6. 索引：索引列出了说明书中的关键词和短语，以及它们在说明书中的位置，方便用户快速查找特定信息。

7. 致谢页：致谢页通常在说明书结尾处，用于向参与编写和审核说明书的人员表示感谢。

此外，还可以根据具体需要添加其他内容，如产品安装指南、常见问题解答、售后服务联系方式等。总之，技术产品说明书的结构应合理安排，确保用户能够快速找到所需信息，同时也要注重内容的准确性和完整性。

编制技术产品说明书的技巧

技术产品说明书编写的技巧主要包括：

1. 明确目标受众：在编写说明书之前，要明确说明书的目标受众是谁，他们的需求和认知水平如何。根据目标受众的特点，选择适当的语言和表述方式，确保信息能够被正确理解。

2. 文本结构清晰：说明书应有一个清晰的组织结构，包括封面、目录、正文、附录等部分。每个部分应有明确的标题，以便用户快速找到所需内容。同时，正文部分应逐步深入地介绍产品的各个方面，避免信息过于复杂或混乱。

3. 使用简洁语言：说明书应使用简洁明了的语言，避免使用过于专业或复杂的术语。尽量使用简单易懂的词汇和句子，确保用户能够快速理解信息。同时，也要注意避免出现错别字或语法错误。

4. 提供案例图示：为了更好地说明产品的工作原理和使用方法，可以在说明书中提供实际案例和图示。这些案例和图示可以直观地展示产品的特点和操作步骤，有助于用户更好地理解信息。

5. 强调安全事项：在说明书中应强调安全注意事项，提醒用户注意潜在的危险并提供正确的使用方法。可以设置专门的安全章节，详细介绍安全注意事项，以确保用户能够安全地使用产品。

6. 及时更新迭代：随着产品升级换代或技术更新，说明书也应及时更新和维护。确保用户获得的信息是最新和准确的，以保障用户的利益。同时，也可以根据用户的反馈和建议对说明书进行改进和优化。

7. 注重质量细节：说明书是用户了解和使用产品的关键资料，其质量和细节至关重要。在编写过程中应注重细节和质量，仔细审核和校对内容，确保没有错别字或语法错误。同时，也要注重说明书的排版和设计，提高整体阅读体验。

编制实用技术类指南的要领

实用技术类指南，如农业使用技术推广、家庭烹饪技术普及等，一般包括三部分，即介绍该项技术的来源，应用范围，使用效果，可靠程度等，让读者了解这项技术，愿意接受它；论述该项技术的使用方法和操作事项，能让读者“按图索骥”，按照提示准确无误地操作使用；写明该项实用技术在使用过程中需要注意的问题和事项，明确地将该项技术不足的地方，或是应该注意的地方告诉读者。由此，在编制实用技术类指南时，需要注意以下方面：

1. 内容需有针对性和实用性。实用技术类指南一般以传授生产或生活中的常用技术、提供成功经验与窍门、解决实际遇到的各种具体问题为目的，因此，一方面它必须针对人们生产或生活中的各种实际问题，同时也必须主要针对具有相应专业指导需求的读者；另一方面，它必须具有实用性、有着较大的实用价值和推广价值。也就是说，它所写的技术是真实可靠的，而且是可学习、可操作的，在生产或生活中能够用得上，读者在严格按照其方法进行操作后，或是能解决一些实际问题，或是能产生较好的经济价值和经济效益，或是能有实际效果和收获。

2. 作者需有亲身实践的体会。实用技术类指南重在传授技术和提高读者的技术水平。技术是实践，是方法，是根据科学原理和人类实践经验创制出来的生产（工作）程序、操作技能，如果离开了主体的亲身实践，就难以产生真切的认识和理解，更谈不上有切身体会和感悟了。因此，编制实用技术类指南时，作者不仅要具有较为丰富的科技知识，更重要的是要亲身参加各种技术实践的活动，成为这方面的行家、能手。

只有这样才能把握该项技术的奥妙，将真知灼见传授于读者，使读者能看得懂、记得住、用得上。

3. 表达需通俗而具体。实用技术类指南因为内容涉及专业技术问题，读起来容易有枯燥乏味之感，这就要求内容通俗化、生动化。除了在内容上要适应特定读者的阅读和理解能力、在结构上要条理清楚和主次分明，还要求在语言表达上通俗易懂、简明扼要、生动活泼，运用比喻、拟人等手法使深奥的科学道理变得易为人们所接受，使本来平淡的叙述增添乐趣，如把焊接写成工业生产中的“铁裁缝”。同时，还要精心设计插图，做到图文并茂。另外，由于实用技术类指南是针对人们在生产和生活中的实际需要与发生的各种各样的实际问题而创作的，因而它的表达还必须具体。也就是说要把有关的原理、定律讲清楚、讲透彻，按照技术操作的程序，把操作的方法、步骤、要领、关键、窍门和注意事项交代得明明白白，使读者看了以后，经过一番琢磨和实践就能基本掌握。

总之，实用技术类指南的写作应该贴近生活、贴近读者，可针对不人群、不同地域，甚至是不同季节，创作不同内容的实用技术类科普作品。在写作过程中，要将重心放在“怎么办”，做到实用性和通俗性相统一，让读者真正达到学以致用。最后，实用技术类科普作品应该尽量到精致小巧，方便携带，真正让读者能随时随地边看边学。[1]

编制说明书模式和示例

大模型辅助编写技术产品说明书，一般包括说明书主题与目标受众

1　曾甘霖 . 科普创作概论 [M]. 北京 : 中国科学技术出版社 , 2020: 47-50.

的确定、大模型的选用、提示词的准备、大模型生成文本，以及作者后续的编辑审核与修改审定等过程。其关键是提示词（上下文、背景）、提问（明确任务的请求）、要求（对输出的风格、口气、字数等）。在此，笔者列举以下模式和示例予以说明。

提示词和提问模板

在使用大模型辅助编写技术产品说明书时，作者输入的提示词、提问等起着至关重要的作用。这些输入可以告知模型所需的信息，也可以设定所需的文体、语气或受众目标，让大模型能更好地适应目标读者的需求，并生成作者所需要的相应文本。作者向大模型输入辅助编写技术产品说明书的提示词的基础模板为：技术产品主题 + 目标受众 + 说明内容 + 使用场景 + 请求等，由此根据编写技术产品说明书内容要求不同，衍生出不同提示词模板。其常见提示词和提问模板（但不限于）如下：

1. 技术产品主题 + 核心功能 + 目标受众 + 使用场景。此模板强调技术的主题、核心功能，明确目标受众和使用场景。例如：请为智能家居控制系统编写说明书，该系统可远程控制家电，目标受众为家庭用户，使用场景包括居家和外出时。

2. 技术产品名称 + 目标受众 + 解决问题 + 操作步骤。此模板侧重于说明技术或产品解决的具体问题，以及用户需要遵循的操作步骤。例如：请为无人机编写说明书，针对摄影爱好者，解决如何拍摄高空视角照片的问题，并给出详细的飞行和拍摄步骤。

3. 技术产品主题 + 特点 + 适用人群 + 效果展示。此模板注重展示技术的独特特点和适用人群，同时呈现使用效果。例如：请为新款智能手机编写说明书，突出其摄像头性能、长续航时间和用户界面友好等特点，适用于商务人士和学生，展示实际拍摄样张和续航测试数据。

4. 技术产品名称 + 更新内容 + 目标受众 + 升级指南。此模板适用于产品更新或升级时的说明书编写，强调更新内容和升级步骤。例如：请为软件更新版本编写说明书，说明新增功能和修复的问题，针对现有用户，提供详细的升级步骤和注意事项。

5. 技术产品主题 + 工作原理 + 目标受众 + 应用场景。此模板注重解释技术的工作原理，以及在不同应用场景中的使用。例如：请为太阳能充电系统编写说明书，解释光电转换原理，针对户外爱好者和应急情况使用者，列举野营、灾害等应用场景。

6. 技术产品名称 + 安全须知 + 目标受众 + 预防措施。此模板强调安全须知和预防措施，适用于涉及安全风险的技术或产品。例如：请为化学实验器材编写说明书，突出安全操作和事故预防，针对化学实验室工作人员和学生，提供必要的安全指导和应急措施。

7. 技术产品主题 + 优势比较 + 目标受众 + 选择建议。此模板侧重于比较不同技术或产品的优势，为用户提供选择建议。例如：请为不同型号的笔记本电脑编写比较说明书，分析各自性能、价格和适用场景的优势，针对不同需求的用户群体（如学生、商务人士、游戏玩家）给出选择建议。

8. 技术产品名称 + 常见问题 + 目标受众 + 解决方案。此模板针对用户可能遇到的常见问题提供解决方案，帮助用户更好地使用技术或产品。例如：请为智能手环编写常见问题解答说明书，针对手环的无法同步、电池续航短等问题给出解决方案，并适用于所有手环用户。

9. 实用技术名称 + 操作步骤 + 目标受众 + 图文教程。此模板强调以图文结合的方式展示操作步骤，使得说明更加直观易懂。举例：请为北方冬季大棚黄瓜种植技术编写指南，针对种植农户提供详细的大棚搭建、生产资料准备，以及黄瓜品种选择、育苗、移栽、管理、采收、销售等各个步骤环节，并配以清晰的图片说明。

10. 技术产品名称 + 未来展望 + 目标受众 + 发展趋势。此模板适用于介绍前沿技术或产品时，展望其未来发展趋势和潜在影响。例如：请为量子计算机编写未来展望说明书，针对科研人员和技术爱好者介绍量子计算的基本原理、当前应用领域以及未来可能带来的变革性影响。

说明书风格的请求

在利用大模型辅助编写技术产品说明书时，作者不仅需要提供具体的上下文提示词来引导大模型生成相关内容，还需要指明所期望的输出技术产品说明书的口气、风格、字数等。好的技术说明书风格能够提供易于理解和遵循的指导，增强用户对技术或产品的信心和满意度，这对于产品的成功使用和用户体验至关重要。作者所期望的输出技术产品说明书风格可以在请求后表达出来，即“……+ 请求 + 文本风格”。常见描述技术产品说明书风格表述语的关键词（但不限于）如下：

1. 清晰明确。文字表述直白，无歧义，易于用户快速理解。例如：“请将电源适配器插头插入设备的充电端口，直至牢固连接。”

2. 结构合理。说明书内容应条理分明，按照逻辑顺序（如先易后难、先总后分）展开。例如：说明书先介绍产品概述，再分章节详述安装、操作、故障排除等。

3. 尊重用户。从用户的角度出发，考虑用户在阅读和使用时可能遇到的疑问和难点。例如：“如果您在设置过程中遇到任何困难，请查看本章节末尾的常见问题解答。”

4. 专业严谨。使用专业术语，确保信息的准确性和完整性，避免误导用户。例如："本设备采用最新的第五代无线通信技术（5G），提供更快的数据传输速度。"

5. 图文并茂。结合图片、图表等视觉元素辅助文字说明，提高用户的理解效率。例如：在操作步骤旁边附上相应的示意图，帮助用户直观地了解操作过程。

6. 简洁干练。用尽可能少的文字传达必要的信息，避免冗长和重复。例如："按下开机键，等待设备启动。"

7. 友好亲切。采用非正式、对话式的语言风格，拉近与用户的距离，提升阅读体验。例如："别担心，如果您忘记了密码，我们提供了重置密码的选项来帮助您。"

8. 技术性强。深入阐述技术细节，满足专业技术人员或高级用户的需求。例如："该算法采用深度学习框架，通过训练神经网络来实现图像识别。"

9. 更新及时。根据产品更新或技术变化，及时修订说明书内容，确保信息的时效性。例如：在说明书的开头或结尾注明最后更新日期，并提供获取最新版本的方式。

10. 风格统一。保持整个说明书风格的一致性，包括字体、字号、排版等视觉元素和文字表达风格。例如，所有章节的标题都采用相同的字体和字号，操作步骤使用统一的编号和格式。

编写说明书的示例

示例 1：《文心大模型 4.0 辅助科普创作说明书》编制

- 选用大模型：文心大模型 4.0（https://yiyan.baidu.com/）。
- 提示和请求：我想利用文心大模型 4.0 辅助我做科普创作，但我不知道怎么做。请你帮我生成一份文心大模型 4.0 辅助我做科普创作的说明书。该说明书风格：通俗易懂、简洁明确、步骤清楚、实用有效。文稿 2000 字左右。

视窗 22

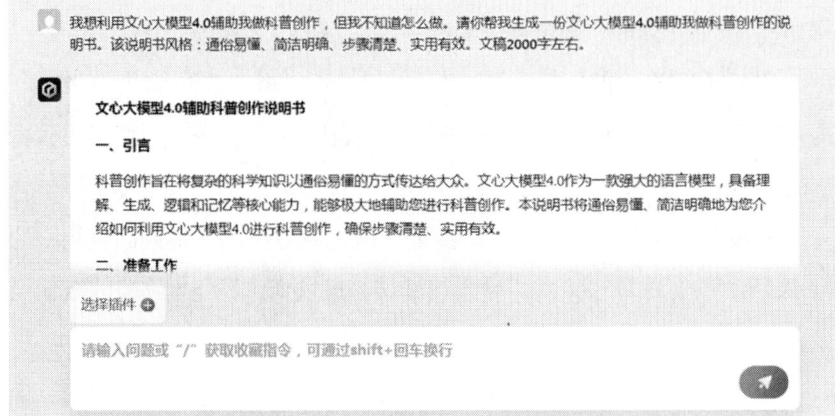

文心大模型 4.0 辅助科普创作说明书

一、引言

科普创作旨在将复杂的科学知识以通俗易懂的方式传达给大众。文心大模型 4.0 作为一款强大的语言模型，具备理解、生成、逻辑和记忆等核心能力，能够极大地辅助您进行科普创作。本说明书将通俗易懂、简洁明确地为您介绍如何利用文心大模型 4.0 进行科普创作，确保步骤清楚、实用有效。

二、准备工作

在开始使用文心大模型 4.0 辅助科普创作之前，请确保您已完成以下准备工作：

1. 了解文心大模型 4.0：详细阅读文心大模型 4.0 的官方文档，了解其功能、特点和使用方法。

2. 明确科普主题：确定您想要创作的科普主题，例如生物学、物理学、化学等领域的某一具体知识点。

3. 收集资料：围绕科普主题，收集相关的科学资料、研究论文和书籍等，以便为文心大模型 4.0 提供丰富的输入信息。

三、使用步骤

登录文心一言官网或下载最新版文心一言 App，体验文心大模型 4.0 的专业版功能。

1. 输入提示词：根据科普主题，输入相关的提示词，例如"请解释光合作用的过程"。提示词应简洁明确，以便文心大模型 4.0 更好地理解您的需求。

2. 获取生成文本：文心大模型 4.0 将根据您的提示词生成相应的科普文本。您可以根据需要调整提示词，以获得更符合要求的文本。

3. 编辑和润色：对生成的科普文本进行编辑和润色，确保其通俗易懂、语言流畅。您可以根据个人风格和目标受众进行调整。

4. 插入图片和图表：为了更好地辅助读者理解科普内容，您可以在文本中插入相关的图片和图表。文心大模型 4.0 也支持生成简单的图表，您可以根据需要进行尝试。

5. 校对和审核：完成编辑后，请对科普文本进行校对和审核，确保内容准确无误、无歧义。

6. 发布和分享：将完成的科普文本发布到相应的平台或分享给目标受众，以便更多人了解和学习科学知识。

四、注意事项

在使用文心大模型 4.0 辅助科普创作时，请注意以下事项：

1. 保持科学严谨性：虽然文心大模型 4.0 能够生成通俗易懂的科普文本，但仍需保持科学严谨性。在编辑和润色过程中，请确保内容符合科学事实和原理。

2. 尊重知识产权：在使用他人研究成果或资料时，请尊重知识产权，注明出处并遵守相关版权规定。

3. 适度依赖模型：文心大模型 4.0 是一款强大的辅助工具，但仍需保持适度依赖。在创作过程中，请充分发挥自己的思考和判断能力，确保科普文本的独特性和价值性。

4. 及时反馈问题：在使用文心大模型 4.0 过程中，如遇到任何问题或建议，请及时向官方反馈，以便我们持续改进和优化模型性能。

五、结语

通过本说明书的介绍，相信您已经了解了如何利用文心大模型 4.0 辅助进行科普创作。在使用过程中，请遵循上述步骤和注意事项，确保创作出的科普文本通俗易懂、简洁明确、实用有效。期待您的科普作品能够为更多人带来科学知识的启示和乐趣！

（该内容由文心大模型 4.0 生成）

- 编辑和审核审定：后期，作者需要对大模型生成的说明书文本进行编辑审核和修改审定，并提供给用户使用。

示例 2：《讯飞星火大模型辅助科普创作说明书》编制

- 选用大模型：讯飞星火（https://xinghuo.xfyun.cn/desk）。

● 提示和请求：我想利用讯飞星火辅助我做科普创作，但我不知道怎么做。请你帮我生成一份讯飞星火辅助我做科普创作的说明书。该说明书风格：通俗易懂、简洁明确、步骤清楚、实用可行。文稿 2000 字左右。

视窗 23

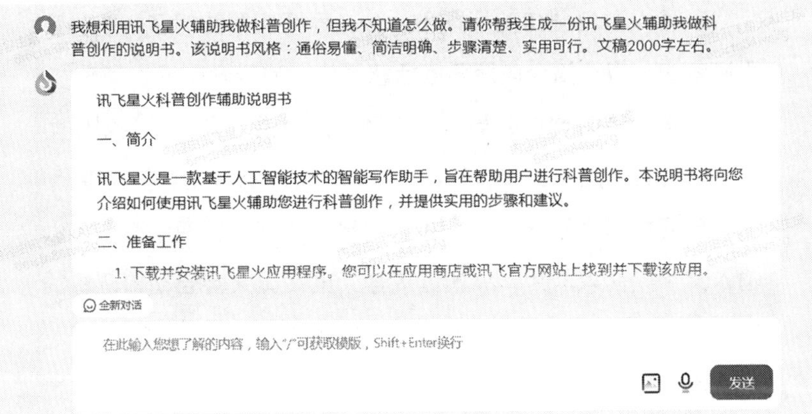

讯飞星火科普创作辅助说明书

一、简介

讯飞星火是一款基于人工智能技术的智能写作助手，旨在帮助用户进行科普创作。本说明书将向您介绍如何使用讯飞星火辅助您进行科普创作，并提供实用的步骤和建议。

二、准备工作

1. 下载并安装讯飞星火应用程序。您可以在应用商店或讯飞官方网站上找到并下载该应用。

2. 注册一个讯飞星火账号。通过注册账号，您可以保存和管理您的创作内容。

3. 确定科普创作的主题和目标受众。明确您要传达的科学知识以及您希望吸引的读者群体。

三、使用讯飞星火进行科普创作

1. 打开讯飞星火应用程序，并登录您的账号。

2. 在主界面上，点击“新建作品”按钮，开始创建您的科普作品。

3. 输入科普创作的标题和简介。标题应简洁明了，能够吸引读者的兴趣；简介应简要概括您要传达的科学知识。

4. 选择科普创作的类型。讯飞星火提供了多种科普创作类型，如文章、问答、故事等。根据您的需求选择合适的类型。

5. 开始撰写科普内容。在讯飞星火的创作界面中，您可以输入文字、插入图片、添加链接等。讯飞星火会自动检测您的输入，并提供相关的科学知识和参考资料。

6. 利用讯飞星火的智能编辑功能进行修改和完善。讯飞星火会根据您的输入和选择，自动生成科普内容的大纲和结构。您可以根据需要进行修改和调整，使内容更加清晰和易懂。

7. 利用讯飞星火的语音朗读功能进行校对和演示。讯飞星火可以将您的科普内容转化为语音，并进行朗读。您可以听取朗读效果，检查语言表达是否准确流畅。

8. 完成科普创作后，点击“保存”按钮，将作品保存到您的账号中。

9. 分享您的科普作品。您可以将作品分享到社交媒体平台、博客网站等，与更多人分享您的科学知识。

四、注意事项

1. 在使用讯飞星火进行科普创作时，尽量保持简洁明了的语言风格，避免使用过于专业化的术语和复杂的句子结构，以便更好地传达科学知识给普通读者。

2. 在使用讯飞星火提供的参考资料时，注意核实信息的准确性和可靠性，确保科普内容的正确性。

3. 在使用讯飞星火的语音朗读功能时，注意保持良好的发音和语速，以便读者更好地理解和吸收科学知识。

4. 定期更新和维护您的科普作品，以保持内容的新鲜度和时效性。

五、总结

讯飞星火是一款功能强大的科普创作辅助工具，可以帮助您进行科普创作并提供相关的科学知识和参考资料。通过本说明书的介绍，您已经了解了如何使用讯飞星火进行科普创作，并掌握了一些实用的步骤和建议。希望您能够充分利用讯飞星火的优势，创作出优质的科普作品，为普及科学知识做出贡献。

（该内容由讯飞星火 AI 生成）

- 编辑和审核审定：后期，作者需要对大模型生成的该说明书文本进行编辑审核和修改审定，并提供给用户使用。

示例 3：《ChatGPT4.0 辅助科普创作说明书》编制

- 选用大模型：ChatGPT4.0 大模型。
- 提示和请求：我想利用 chatGPT4.0 辅助我做科普创作，但我不知道怎么做。请你帮我生成一份 ChatGPT4.0 辅助我做科普创作的说明书。该说明书风格：通俗易懂、简洁明确、步骤清楚、实用有效。文稿 2000 字左右。

视窗 24

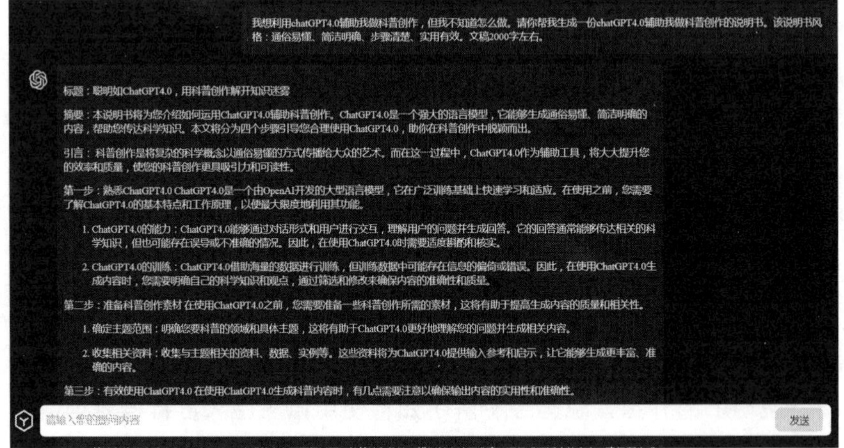

ChatGPT4.0 辅助科普创作说明书

摘要：本说明书将为您介绍如何运用 ChatGPT4.0 辅助科普创作。ChatGPT4.0 是一个强大的语言模型，它能够生成通俗易懂、简洁明确的内容，帮助您传达科学知识。本文将分为四个步骤引导您合理使用 ChatGPT4.0，助你在科普创作中脱颖而出。

引言：

科普创作是将复杂的科学概念以通俗易懂的方式传播给大众的艺术。而在这一过程中，ChatGPT4.0 作为辅助工具，将大大提升您的效率和质量，使您的科普创作更具吸引力和可读性。

第一步：熟悉 ChatGPT4.0

ChatGPT4.0 是一个由 OpenAI 开发的大型语言模型，它在广泛训练的基础上快速学习和适应。在使用之前，您需要了解 ChatGPT4.0 的基本特点和工作原理，以便最大限度地利用其功能。

1.ChatGPT4.0 的能力：ChatGPT4.0 能够通过对话形式和用户进行交互，理解用户的问题并生成回答。它的回答通常能够传达相关的科学知识，但也可能存在误导或不准确的情况。因此，在使用 ChatGPT4.0 时需要适度斟酌和核实生成内容。

2.ChatGPT4.0 的训练：ChatGPT4.0 借助海量的数据进行训练，但训练数据中可能存在信息的偏倚或错误。因此，在使用 ChatGPT4.0 生成内容时，您需要明确自己的科学知识和观点，通过筛选和修改来确保内容的准确性和质量。

第二步：准备科普创作素材

在使用 ChatGPT4.0 之前，您需要准备一些科普创作所需的素材，这将有助于提高生成内容的质量和相关性。

1. 确定主题范围：明确您要科普的领域和具体主题，这将有助于 ChatGPT4.0 更好地理解您的问题并生成相关内容。

2. 收集相关资料：收集与主题相关的资料、数据、实例等。这些资料将为 ChatGPT4.0 提供输入参考和启示，让它能够生成更丰富、准确的内容。

第三步：有效使用 ChatGPT4.0

在使用 ChatGPT4.0 生成科普内容时，有几点需要注意，以确保输出内容的实用性和准确性。

1. 提出明确问题：为了获得对应得体的答案，您需要向 ChatGPT4.0 提出明确的问题。确保问题简明扼要，避免使用模棱两可或含糊不清的词句。

2. 筛选和修改生成内容：ChatGPT4.0 生成的内容需要经过严谨的筛选和修改。辨别并去除不准确、误导或不适合的内容，确保所生成的科普内容符合科学规范和普遍认可。

第四步：优化创作流程

利用 ChatGPT4.0 进行科普创作不仅能提高效率，还能为您的创作带来新思路。以下是几种优化创作流程的方式：

1. 制定创作计划：在开始创作前，制定详细的创作计划，明确每个主题的思路和结构，有计划地向 ChatGPT4.0 提问，节省时间和精力。

2. 结合图表和案例：将 ChatGPT4.0 生成的内容与图表、案例等多种表达方式结合，在科普创作中使用更多元化的表达形式，使内容更生动有趣。

结语：

利用 ChatGPT4.0 辅助科普创作能够为您带来更高效、更优质的成果。然而，尽管 ChatGPT4.0 具备强大的生成能力，但仍需要经过人工筛选和修改，以确保内容的准确性和实用性。希望本说明书能帮助您更好地利用 ChatGPT4.0 进行科普创作，让科学知识更广泛地传播于大众中。祝您创作愉快，取得出色的成果！

（该内容由 ChatGPT4.0 生成，略有改动）

• 编辑和审核审定：后期，作者需要对大模型生成的说明书文本进行编辑审核和修改审定，并提供给用户使用。

第十四章

大模型辅助科技新闻创作

科技对人类生产生活等方方面面都产生着深远的影响，科技新闻作为传播最新的科技发展和创新成果的途径，能够让公众了解新的科技应用、产品和服务，以及可能带来的影响和挑战，从而帮助人们更好地适应和应对变化。大模型辅助创作科技新闻，可以大大提高科技新闻的创作效率，提供更加可靠的信息源，增强内容创作的灵感，确保报道的时效性、准确性、客观性和公正性。

科技新闻的特性

科技新闻是指有关科学、技术和创新领域的最新动态、发现和趋势的新闻报道。它主要关注科技领域的进展、发现、应用和影响，包括新技术的研发、科学研究的突破、创新产品的推出以及科技产业的发展等方面。

科技新闻的原理

科技新闻的第一性原理是指基于科学原理和事实进行客观报道的原则。科技新闻作为一种特殊的新闻报道类型，需要准确传递科学和技术方面的信息，同时注重解释和分析对社会和个人的影响。这需要记者具备科学知识，并具备独立思考、分析和伦理考虑的能力，以便为读者提供准确、全面和有深度的科技新闻报道。其关键包括：

1. 准确性和可靠性：科技新闻的报道应该基于可靠的来源和确凿的证据。这意味着记者必须进行深入的调查和验证，确保所报道的信息是准确的，并且有备受信任的专家或研究机构的支持。

2. 科学原理和背景：科技新闻的基础是科学，因此记者应该具备一定的科学知识，并能理解和解释科学原理。他们应该能够将科学术语和技术术语以通俗易懂的方式传达给读者，帮助他们理解新闻事件的背景和重要性。

3. 独立思考和分析：科技新闻不仅仅是对事件进行报道，还需要记者具备独立思考和分析的能力。他们应该能够对科技发展趋势进行评估，并向读者提供深入的洞察和解释。这样可以帮助读者更好地理解科技变革对个人、社会和经济的影响。

4. 社会影响和伦理考虑：科技新闻需要考虑科技发展对社会的影响，并思考其中的伦理和道德问题。记者应该能够对科技进步的潜在风险和挑战加以关注，并向公众传递相关信息，促进公众对科技发展的全面理解。

5. 跨学科合作和多样化报道：科技发展不仅涉及科学和工程领域，还涉及法律、经济、环境等多个领域。科技新闻应该采取跨学科的合作方式，引入不同领域的专家和意见，以提供全面而准确的报道。

科技新闻的特点

科技新闻是关于科技领域最新动态和进展的报道，具有知识性、快速性、创新性和信息量大等特点。通过科技新闻，人们可以了解到科技领域的最新趋势、创新成果以及对社会的影响。其主要特点如下：

1. 知识性和专业性：科技新闻通常涉及专业领域的知识和信息，需要有科学、技术等方面的专业知识背景才能理解和解读。因此，科技新闻常常面向科学家、工程师、研究人员以及对科技感兴趣的读者。

2. 快速性和敏感性：科技领域的发展速度快，科技新闻需要及时报道最新的科技进展和突破，对时效性要求较高。此外，科技新闻往往涉及敏感的话题，如数据隐私、网络安全等，需要及时关注和报道相关事件和问题。

3. 创新性和未来导向性：科技新闻关注科技创新、新技术的研发和应用，通常会报道那些具有突破性和创新性的科技进展，以及对未来有重大影响的科技趋势。

4. 信息量大和多样性：科技新闻所涉及的领域广泛，包括计算机科学、生物技术、物理学、空间科学等等。科技新闻报道的信息内容丰富，主题也非常多样化，可以涉及到不同行业、不同领域的创新和应用。

科技新闻的分类

科技新闻是指报道与科学、技术和创新相关的最新信息和进展的新闻。根据报道内容的差异以及受众需求的不同，科技新闻可以分为以下类型：

1. 科学发现报道：这类新闻报道主要关注科学领域中的新发现，例如新的研究成果、科学实验结果或者研究者的突破性贡献。这类新闻通常强调科学方法、实验过程和结果，并提供有关该发现潜在影响的详细信息。

2. 技术创新报道：这种类型的新闻报道关注的是最新的技术创新，

如新产品发布、新技术应用、新发明等。这类报道通常侧重于技术的功能、性能和应用领域，以及对社会、经济和个人的影响。

3. 行业动态报道： 这类新闻报道关注特定的行业或领域中的最新动态。例如，关于手机、汽车、人工智能、医疗健康等领域的科技新闻。这类报道主要涵盖行业内的竞争、政策变化、市场趋势、企业动态等信息。

4. 科技评论与分析： 这种类型的新闻报道会提供对科学技术领域中某一问题、现象或者趋势的深入解读和分析。它们通常包含专家观点、对新技术所带来的利弊进行评估，以及对科技发展方向的展望。

5. 科普科技新闻： 这类新闻报道旨在向大众普及科学和技术知识。它们使用简明易懂的语言和图示，来解释复杂的科学概念，使非专业读者能够了解和欣赏科技发展。

科技新闻的构思

科技新闻的创作构思，决定着科技新闻的内容、形式和吸引力，对于读者的理解度起着关键的作用。好的科技新闻创作构思，可以确保准确传达关键信息，引起公众关注，提供深度报道，形成清晰的逻辑结构，满足读者需求，从而增强新闻的质量和影响力。

创作科技新闻的原则

科技新闻创作的原则，主要包括准确性、客观性、清晰度、多样性、时效性和可信度。通过遵守这些原则，科技新闻作者可以传达科技进展的重要信息，并帮助读者理解和评估科技对社会的影响。

1. 准确性：科技新闻的核心原则是准确传播信息。新闻作者应该确保所报道的事实真实可靠，并避免主观判断或夸大事实。作者应该查证信息来源，并尽可能使用权威机构或专家的观点来支持所报道的内容。

2. 客观性：科技新闻应该保持客观立场，避免偏见或个人立场的介入。新闻作者应该平衡报道，提供多方面的观点和证据，让读者可以形成自己的判断。

3. 清晰度：科技新闻应该用易懂的语言表达复杂的科技概念和原理，避免使用过于专业化的术语或术语解释不清楚。作者应该尽可能用通俗易懂的方式向读者解释科技背后的原理和影响。

4. 多样性：科技领域涉及多个子领域和不同类型的创新。科技新闻应该覆盖各个领域的最新进展，包括但不限于信息技术、生物技术、工程技术等。新闻作者应该努力报道不同国家和地区的科技发展，呈现全球范围内的科技创新情况。

5. 时效性：科技新闻通常关注的是快速变化的科技行业，因此时效性非常重要。新闻作者应该及时报道最新的科技进展和突破，以及对社会、经济和环境等方面的影响。

6. 可信度：科技新闻应该建立可信度。新闻作者应该遵循道德准则，避免利用科技新闻进行误导、欺骗或宣传。他们应该遵循新闻行业的规范和标准，确保报道的真实性和可信度。

科技新闻文本的结构

科技新闻的文本结构旨在提供准确、全面、具有吸引力的信息，使读者能够更好地了解和评估科技领域的发展动态。通常包含以下要素：

1. 标题：科技新闻的标题通常是吸引读者注意的第一要素。它应该简洁明了，能够概括新闻的核心内容，吸引读者点击阅读详细内容。

2. 引言：科技新闻的引言部分一般在文章的开头，用来引入新闻事件的背景和重要性。它应该能够激发读者的兴趣，引导他们继续阅读。

3. 主体内容：科技新闻的主体部分包含了详细的报道和信息。它通常分为几个段落，每段都描述了新闻事件的不同方面。这些段落可以按照时间顺序、问题解决的方式、技术创新的过程等不同的逻辑顺序进行组织。

4. 数据和事实支持：科技新闻通常会与大量的数据和事实相关，用来支持报道的真实性和可信度。这些数据可以以数值、图表、图像等形式呈现，并通过解释和分析为读者提供更深入的理解。

5. 引用和专家观点：科技新闻经常引用相关专家或权威人士的观点和意见，以提供更多的背景信息和专业见解。这些引用可以来自科学家、工程师、学者、业界领袖等，有助于读者更好地理解和评估新闻事件的影响。

6. 结论：科技新闻的结论部分，一般总结了报道的核心内容和重要发现。它可以展望未来的发展趋势，指出新闻事件的意义和潜在影响，并鼓励读者对相关科技话题保持关注。

科技新闻的文本结构，根据具体的报道类型和媒体平台的要求有所不同。有些科技新闻可能是纯文本形式的报道，而其他新闻可能包括图片、视频和互动元素等多媒体内容，以增强读者的体验和理解。

创作科技新闻的手法

科技新闻的创作技巧和创意，对于吸引读者和传达信息非常重要。

科技新闻的创作手法涵盖了对科技领域的深入了解、有效的信息整理和筛选、易懂的语言表达、图表和多媒体的应用、独特的报道视角、融合人文元素、吸引人的标题和引导语，以及与读者的互动等的多个方面。这些技巧和创意将有助于创作出有吸引力和高质量的科技新闻报道。

1. 深入了解科技领域：作为科技新闻记者或创作者，了解科技行业的最新趋势、创新技术和重要的领域是至关重要的。这种深入了解将使你能够提供准确、有深度的报道，并更好地传达复杂的科技内容。

2. 有效的信息整理和筛选：科技领域更新迅速，大量的信息可能会压倒你的稿件。应学会从海量信息中筛选和整理出重要的内容，以及将其组织成一个有逻辑和条理的文章。确定故事的核心要点，并围绕其构建整个报道。

3. 使用易懂的语言：科技内容通常是技术性和专业性较强的。然而，为了吸引更广泛的读者和提高易读性，使用简明扼要、通俗易懂的语言至关重要。解释复杂的科技概念和术语，并确保读者能够轻松理解和消化信息。

4. 结合图表和多媒体：有效利用图表、图像和多媒体元素可以增强科技新闻的可读性和吸引力。图表和图像可以很好地展示数据和趋势，而多媒体元素如视频和动画可以更好地解释和展示科技产品或创新。

5. 挖掘独家报道和独特视角：在科技行业，独家报道和独特的视角能够吸引更多的读者和增加报道的价值。努力寻找独特的新闻线索、专访领军人物，或提供独特的观点和分析，可以使你的报道与众不同。

6. 将科技故事与人文元素结合：科技新闻不仅仅是关于技术和产品的报道，还应该关注人类的故事和社会影响。将科技创新与人文元素结合起来，讲述科技对人们生活、工作和社会的影响，这样能够使报道更加生动有趣，并引发读者的共鸣。

7. 精心挑选标题和引导语：好的标题和引导语能够吸引读者的注意力并激发他们的兴趣。有创意和有趣的标题可以增加报道的点击率和分享率。确保标题准确地传达故事的核心要点，并使用一些吸引人的元素，如惊喜、挑战或未来趋势。

8. 保持与读者的互动：在科技新闻的创作过程中，与读者进行互动是非常重要的。应利用社交媒体平台、评论区等渠道，与读者交流和解答问题。这不仅可以帮助作者了解读者需求和兴趣，还可以建立读者与报道之间的联系。

创作模式和示例

大模型辅助创作科技新闻，一般包括新闻主题与目标受众的确定、创作背景描述、大模型的选用、生成文本，以及作者后续的编辑审核、修改审定等过程。在此，笔者列举以下模式和示例予以说明。

提示词和提问模板

在使用大模型辅助创作科技新闻时，作者输入的提示词、提问等起着至关重要的作用。这些输入可以指导大模型关注特定的主题或方向，以便大模型生成更准确和具体的回答，提高生成内容的准确性和可信度，从而使作者可以获得更符合预期的、有价值的科技新闻内容。作者向大模型输入辅助创作科技新闻的提示词的基础模板为：科技新闻主题 + 目标受众 + 新闻内容 + 传播场景（时间、地点或媒体）+ 请求等，由此根据科技新闻内容要求不同，衍生出不同提示词模板。其常见提示词和提问模板（但不限于）如下：

1. 科技新闻主题＋目标受众＋新闻内容关键词＋时间＋请求。此模板适用于对新闻发生时间有特定要求的场景，如即时新闻报道。例如：请生成一篇关于最新智能手机发布（科技新闻主题）的科技新闻稿，面向科技爱好者（目标受众），包含产品特点、价格及市场影响（新闻内容关键词），适合在发布会当天（传播场景）发布，要求语言正式、信息准确（请求）。

2. 科技新闻主题＋目标受众＋新闻内容重点＋地点＋请求。适用于特定地点发生的科技事件或展会的新闻报道。例如：针对即将在硅谷举行的某科技大会（科技新闻主题），为行业分析师（目标受众）撰写一篇关于人工智能新趋势（新闻内容重点）的报道，强调技术创新和市场应用前景（请求），适合在大会现场或相关科技媒体（传播场景）发布。

3. 科技新闻主题＋目标受众＋新闻内容角度＋媒体类型＋请求。此模板适用于面向不同媒体类型的新闻报道，如社交媒体、电视或广播等。例如：为一款新型电动汽车的上市（科技新闻主题）编写一条社交媒体推文（传播场景），目标是吸引潜在购车者（目标受众）关注其环保性能和智能驾驶功能（新闻内容角度），要求语言简洁、有吸引力（请求）。

4. 科技新闻主题＋目标受众＋新闻内容细节＋请求。适用于对新闻内容有详细要求，但对传播场景无特定限制的情况。例如：请撰写一篇关于火星探测任务新进展（科技新闻主题）的新闻报道，面向科学界和普通公众（目标受众），详述探测器的科学仪器、任务目标和已取得的科学成果（新闻内容细节），要求内容翔实、语言通俗易懂（请求）。

5. 科技新闻主题＋目标受众＋新闻内容风格＋请求。此模板强调新闻内容的风格，如幽默、严肃等。例如：以轻松幽默的风格（新闻内容风格）写一篇关于最新智能家居产品的科技新闻，面向普通消费者（目标受众），介绍产品的趣味性和实用性（科技新闻主题），无特定传播场景要求，但要保持语言风趣且信息准确（请求）。

6. 科技新闻主题 + 目标受众 + 新闻内容更新 + 请求。适用于对已有新闻进行更新或追踪报道的情况。例如：针对之前报道过的某科技公司数据泄露事件（科技新闻主题），为关注此事的公众（目标受众）提供最新进展和应对措施（新闻内容更新），无特定传播场景要求，但要确保信息的及时性和准确性（请求）。

7. 科技新闻主题 + 目标受众 + 新闻内容深度 + 请求。此模板适用于需要深入挖掘科技新闻背后的故事或影响的报道。例如：撰写一篇深度报道（新闻内容深度），探讨人工智能在医疗领域的应用及其伦理挑战（科技新闻主题），面向医疗行业从业者和决策者（目标受众），无特定传播场景要求，但要求分析全面、见解独到（请求）。

8. 科技新闻主题 + 目标受众 + 新闻内容创新性 + 请求。适用于强调科技创新性和突破性的新闻报道。例如：请为一项革命性的新型能源技术（科技新闻主题）撰写科技新闻稿，突出其创新性和对未来能源格局的潜在影响（新闻内容创新性），面向投资者和科技行业关注者（目标受众），无特定传播场景要求，但要求语言富有激情且具备前瞻性（请求）。

9. 科技新闻主题 + 目标受众 + 新闻内容实用性 + 请求。此模板关注科技新闻的实用价值和实际应用。例如：针对最新发布的操作系统更新（科技新闻主题），为普通用户和 IT 专业人士（目标受众）提供关于新功能和实用技巧的报道（新闻内容实用性），无特定传播场景要求，但要求内容实用、步骤清晰（请求）。

10. 科技新闻主题 + 目标受众 + 新闻内容互动性 + 社交媒体 + 请求。适用于在社交媒体上发布并鼓励受众互动的新闻报道。例如：为一款即将上市的 VR 游戏（科技新闻主题）在社交媒体上（传播场景）发布一篇预告性报道，吸引游戏玩家和科技爱好者（目标受众）参与讨论和预购（新闻内容互动性），要求内容引人入胜、互动性强（请求）。

生成科技新闻的风格请求

在利用大模型辅助创作科技新闻时，作者不仅需要提供具体的上下文提示词来引导大模型生成相关内容，还需要指明所期望的输出科技新闻的口气、风格、字数等。科技新闻通常涉及复杂的科学原理和技术概念，对非专业人士来说，可能会感到晦涩难懂。因此，科技新闻风格的选择和运用成为了必要的步骤，以便将科技信息以准确、简明扼要的方式传递给广大读者。作者所期望的输出科技新闻风格可以在请求后表达出来，即"……+ 请求 + 文本风格"。常见描述科技新闻风格表述语的关键词（但不限于）如下：

1. 准确真实。科技新闻的首要要求是准确性，所有信息必须基于事实，无误差地反映科技进展。例如：在报道新药物研发时，确保药物的疗效、副作用、试验阶段等数据准确无误。

2. 通俗易懂。用平易近人的语言解释科学原理和技术细节，避免使用过于专业的术语，使非专业人士也能理解。例如：解释量子计算机的工作原理时，可以用比喻或日常生活中的例子来辅助说明。

3. 富有吸引力。采用引人入胜的叙述方式，激发读者的好奇心和阅读兴趣。例如：开头可以描述一个科技改变生活的场景，再逐渐引入背后的科学原理。

4. 生动有趣。通过生动的描写和有趣的例子，使科技新闻变得活泼而不枯燥。例如：在介绍动物行为学的新发现时，可以描绘动物的有趣行为，增加文章的趣味性。

5. 科学严谨。保持科学的严谨性，对任何结论都提供充分的证据和逻辑支持。例如：在探讨气候变化的影响时，引用权威机构的研究数据和结论。

6. 客观中立。避免主观偏见和情绪色彩，以客观中立的立场报道科技新闻。例如：在报道科技争议时，平衡地呈现各方观点，不偏袒任何一方。

7. 深入浅出。将深奥的科学知识以浅显易懂的方式表达出来，帮助读者快速掌握核心要点。例如：在解释人工智能算法时，可以用简单的流程图或比喻来辅助理解。

8. 启发性强。引导读者思考科技对个人和社会的影响，激发创新思维和批判性思考。例如：在讨论基因编辑技术的伦理问题时，提出一系列启发性问题供读者思考。

9. 图文并茂。结合图表、插图和照片等视觉元素，增强科技新闻的可读性和易理解性。例如：在报道天文学新发现时，附上相关的星空图或望远镜拍摄的照片。

10. 前沿性强。关注科技领域的最新动态和前沿进展，为读者提供及时、前沿的科技资讯。例如：报道最新发布的科研成果、技术突破或创新产品，突出其领先性和创新性。

创作科技新闻示例

示例：社区健康饮食科普活动新闻稿

- 选用大模型：文心大模型 4.0（https://yiyan.baidu.com/）。
- 提示和提问：我想创作一篇关于健康饮食科普寓教于乐的科技新闻稿，新闻主题为社区居民健康饮食科普，目标受众为广大社区居民，报道内容以当天在 A 社区中心开展的社区居民健康饮食科普活动为新闻线索（活动情况附后），该活动主题为“健康饮食，美好生活”，形式为“讲座 + 烹饪示范”，活动资源为“营养师和烹饪用具”，请帮我生成该科技新闻稿文本。该文稿风格：突出寓教于乐、互动性强、贴近民众。字数 1500 字左右。

视窗 25

我想创作一篇关于健康饮食科普寓教于乐的科技新闻稿，新闻主题为社区居民健康饮食科普，目标受众为广大社区居民，报道内容以当天在A社区中心开展的社区居民健康饮食科普活动为新闻线索（活动情况附后），该活动主题为“健康饮食，美好生活”，形式为“讲座+烹饪示范”，活动资源为“营养师和烹饪用具”，请帮我生成该科技新闻稿文本。该文稿风格：突出寓教于乐、互动性强、贴近民众。字数1500字左右。

附：A社区居民健康饮食科普活动概况

一、活动背景。随着生活水平的提高，社区居民对健康的关注度日益增强。健康饮食作为维持和促进健康的重要因素，受到了广泛的关注。然而，许多居民在日常饮食中仍存在不少误区和不良习惯。为了提高社区居民的健康饮食意识，普及健康饮食知识，特举办此次“健康饮食科普活动”。
二、活动主题。本次活动的主题为“健康饮食，美好生活”。通过讲座和烹饪示范的形式，向社区居民传授健康饮食的理念、知识和技巧，帮助他们建立科学、合理的饮食习惯。
三、活动目标。提高社区居民对健康饮食的认识和重视程度。普及健康饮食的基本知识和技巧。纠正社区居民在饮食方面的误区和不良习惯。增强社区居民的动手能力和自我保健意识

选择插件

请输入问题或“/”获取收藏指令，可通过shift+回车换行

xx 社区科普活动火热开展，居民共享健康盛宴

随着生活品质的稳步提升，健康已成为每位社区居民关注的焦点。在这样的大背景下，XXX 社区于近日在社区中心多功能厅成功举办了一场别开生面的“健康饮食，美好生活”科普活动。此次活动旨在通过讲座与烹饪示范的形式，将健康饮食的知识与技巧传递给广大社区居民，引领他们走上科学、健康的饮食之路。

活动当天，多功能厅内座无虚席，200 多位社区居民齐聚一堂，共同参与了这场健康盛宴。活动伊始，主办方邀请了专业营养师为大家带来精彩纷呈的健康饮食讲座。营养师通过生动有趣的案例和故事，深入浅出地讲解了健康饮食的重要性、中国居民膳食指南的核心推荐以及常见食物的营养价值等内容。其间，还穿插了多轮互动问答环节，居民们踊跃发言，现场气氛热烈而活跃。

讲座结束后，紧接着进入了烹饪示范环节。专业厨师现场演示了多道健康菜肴的制作过程，并邀请居民们亲自动手参与。在厨师的悉心指导下，居民们纷纷化身“大厨”，亲手制作出一道道色香味俱佳的健康佳肴。示范现场香气四溢，欢声笑语不断。

值得一提的是，此次活动还特别注重寓教于乐和互动性。无论是讲座还是烹饪示范环节，都力求让居民们在轻松愉快的氛围中学习到实用的健康饮食知识。活动现场还设置了丰富的互动体验区，居民们可以品尝到各种健康食材和美味佳肴，更可以亲手体验健康烹饪的乐趣。

据了解，此次“健康饮食，美好生活”科普活动是 A 社区为提高社区居民健康水平而精心策划的系列活动之一。活动不仅得到了社区居民的热烈响应和积极参与，还获得了广泛的社会关注和好评。许多居民表示，通过此次活动，他们不仅学到了实用的健康饮食知识，还纠正了以往在饮食方面的误区和不良习惯。更重要的是，他们深刻体会到了健康饮食带来的美好生活和无限乐趣。

展望未来，XXX 社区将继续秉承“健康为先”的理念，定期举办各类健康科普活动，为社区居民提供更加全面、专业的健康服务。让我们携手共创一个健康、美好的社区生活！

（该内容由文心大模型 4.0 生成）

第十五章

大模型辅助科普创作的管控

大模型辅助科普创作的内容审查及其传播管控，对于确保科普内容的准确性和可靠性、维护科普内容的可信度和健康性、提高科普内容的吸引力和影响力等方面都具有重要意义。必须采取有效的措施和方法来加强内容审查和传播管控，为大模型辅助科普创作的发展提供有力保障。

创作者的编辑审核

对大模型辅助科普创作的内容，科普创作者的编辑、审验审核，对于确保科普内容准确性、维护科学性、防止误导、提高内容质量、保障信息安全、树立权威性、促进科学传播、规范行业发展等方面具有重要意义。其编辑审核事项主要包括：

政治立场审核

大模型辅助科普创作的内容政治立场审核是确保科普内容符合国家法律法规和政策要求的重要环节，其目的是确保科普内容在政治方向上与国家法律法规和政策保持一致，不涉及任何危害国家安全、损害民族团结等敏感话题，维护社会稳定和意识形态安全。其审核内容主要包括：

1. 国家安全审核：审核内容是否涉及危害国家安全的信息，如泄露国家机密、颠覆国家政权等。

2. 民族团结审核：审核内容是否涉及煽动民族分裂、破坏民族团结的信息，如传播民族仇恨、恶意贬低民族形象等。

3. 政治立场审核：审核内容是否涉及与主流政治立场相悖的观点和思想，是否符合社会主义核心价值观。

4. 法律合规性审核：审核内容是否违反法律法规，如传播淫秽色情、暴力恐怖等内容。

意识形态审核

大模型辅助科普创作的内容意识形态审核，是确保科普内容与社会主流意识形态相符的重要过程。其目的是确保科普内容中，不含有与主流意识形态相悖的观点和思想，维护社会稳定和团结，防止不良意识形态的传播和渗透。其审核内容主要包括：

1. 反动言论审核：审核内容中是否含有反对国家、反对社会主义的言论，是否散布颠覆国家政权的言论等。

2. 不良价值观审核：审核内容是否宣扬拜金主义、享乐主义等不良价值观，是否违背社会主义核心价值观。

3. 宗教极端思想审核：审核内容是否含有宗教极端思想，是否散布仇恨、煽动暴力等。

4. 文化侵略审核：审核内容是否含有文化侵略的倾向，是否恶意贬低和抹黑民族文化等。

科学事实审核

大模型辅助科普创作内容的科学事实审核，是确保科普内容科学性、准确性的关键环节。其目的是确保内容所涉及的科学知识准确无误，不误导公众对科学事实的认知和理解，提高科普内容的可信度和权威性。其审核内容主要包括：

1. **科学事实准确性**：审核内容中涉及的科学事实、数据、原理等是否准确无误，是否符合科学常识和学术共识。

2. **科学逻辑合理性**：审核内容中的科学论证、推理过程是否逻辑严密，是否符合科学逻辑和学术规范。

3. **科学观点客观性**：审核内容中的科学观点、立场等是否客观中立，是否受到主观偏见或利益冲突的影响。

伦理规范审核

大模型辅助科普创作内容的伦理规范审核，是确保科普内容符合伦理原则、维护公众利益的重要环节。其目的是确保内容在传播科学知识的同时，遵循伦理原则，尊重公众利益，避免对个人、社会或环境造成潜在的不良影响。其审核内容主要包括：

1. **隐私保护**：审核内容是否涉及侵犯个人隐私的信息，是否对个人隐私进行了合理保护。

2. **公正性原则**：审核内容是否遵循公正性原则，避免对特定群体或个人造成歧视或偏见。

3. **安全性考虑**：审核内容是否考虑到安全性问题，避免对公众造成潜在的安全风险。

4. 尊重知识产权：审核内容是否尊重知识产权，是否对引用的内容进行了合理标注和引用。

编辑审核方法

在审核过程中，创作者遵循以下要求：

1. 依法依规判断：在审查过程中，严格依据法律法规和政策进行判断。

2. 尊重创作自由：在确保内容符合各项法律法规的前提下，应尊重创作自由，鼓励多样性和创新性。

3. 人工审核：对大模型输出的内容进行逐字审核，识别出可能涉及敏感话题的内容，判断其是否符合要求。对于难以判断的内容，可以邀请相关领域的专家进行评审，提供专业意见和指导。

4. 及时更新审查标准：随着国家法律法规和政策的调整，应及时更新审查标准，确保内容始终符合最新的要求。

5. 编辑调整：根据审核结果，创作者进行适当的编辑、调整和改进。

6. 复审发布：对调整后的内容进行复审，确保符合要求后发布。

传播平台审查把关

在大模型辅助科普创作时，防范大模型辅助科普内容的误导性和谣言蔓延是至关重要的。传播平台在传播发布科普创作者利用大模型辅助创作的科普内容时，必须严格把关，要采用可信内容、避免过度解读、强化专家审查等。

采用可信内容

在大模型辅助创作科普内容时，传播平台机构应该采用可信内容，这是防范模型误导和谣言蔓延的重要措施之一。可信内容是指经过验证、可靠、准确的内容，这些内容应该来源可靠，经过充分验证和审查，并且适用于科普创作和传播。其主要措施如下：

1. 数据来源审查：传播平台机构在把关时，应要求作者在选择数据源时，尽量选择权威、可靠的机构或平台，如政府机构、学术研究机构、知名企业、专家自媒体等。同时，应对数据源进行充分审查，确保其可信、数据质量可靠。

2. 数据质量评估：传播平台机构在把关时，应尽量要求作者在获取数据时，对其质量进行评估，包括数据的完整性、准确性、可靠性和一致性等方面，确保数据的准确性和可用性。

3. 数据验证和标注：传播平台机构在把关时，应尽量要求作者对于关键的数据，进行人工验证和标注，确保数据的准确性和可信度。同时，可以采用机器学习等技术手段进行自动化验证和标注，提高数据处理效率。

4. 第三方审查：传播平台机构在把关时，可以请第三方机构或专家对数据进行审查，确保数据的科学性和准确性。这样可以增加数据的可信度，减少误导和谣言的风险。

5. 建立数据管理规范：传播平台机构应该制定严格的审查管理规范，确保大模型辅助创作科普内容传播的可信度和安全性。

避免过度解读

避免过度解读是大模型辅助创作科普内容中防范误导性和谣言蔓延

的重要措施之一。过度解读是指对大模型输出的结果或结论进行不恰当的延伸或夸大，导致信息失真或误导。为了防止过度解读，传播平台机构可以采取以下具体措施：

1. 明确大模型局限性：在科普内容中明确指出大模型的局限性，包括数据来源、模型假设、适用范围等。这有助于用户正确理解大模型输出的结果，避免过度解读。

2. 提供多角度信息：除了大模型输出外，还提供其他相关数据、事实或背景信息，以便用户进行综合判断。这有助于用户全面了解问题，避免仅凭大模型输出得出片面结论。

3. 强调大模型不确定性：在科普内容中强调大模型的不确定性，包括参数调整、数据波动等因素对大模型输出的影响。这有助于用户认识到大模型结果的相对性，避免将其绝对化。

4. 及时更新内容：随着科学研究的进展和数据的变化，及时更新科普内容，避免因信息过时而造成误导。这有助于保持内容的时效性和准确性。

5. 建立反馈机制：鼓励用户提供对科普内容的反馈意见，以便及时发现和纠正可能存在的过度解读问题。同时，可以借助用户社区的力量，共同监督和提升内容质量。

强化专家审核

强化专家审核是在大模型辅助创作科普内容中防范大模型误导和谣言蔓延的重要措施之一。专家审核是指邀请相关领域的专家对科普内容进行审核和把关，以确保内容的科学性、准确性和适宜性。传播平台机构的主要措施如下：

1. 选择合适的专家。选择在该领域有深厚专业知识和丰富经验的专家。确保专家无利益冲突，能够独立、客观地评估内容。

2. 明确审核标准与流程。制定详细的审核指南，明确指出需要审核的内容范围、重点和标准。制定标准化流程，确保审核过程有序、高效。

3. 深度参与内容创作。前置审核：在内容创作初期就引入专家审核，对内容的方向和框架进行指导。实时反馈：让专家在内容创作过程中提供反馈，及时调整和修正。

4. 提供充分的背景资料与数据。完整数据集：提供给专家完整、原始的数据集，以便他们进行深入分析。背景资料与文献：确保专家能够基于全面的信息进行判断。

5. 培训与能力建设。提高专家的数字素养：使其能够更好地理解和评估基于大模型的科普内容。定期培训与研讨会：让专家了解最新的科技发展趋势和审核要求。

6. 建立反馈与修正机制。实时互动：允许专家与内容创作者进行交流，探讨有争议的观点或发现。版本控制：对内容进行多次审核和修正，确保最终发布的内容准确无误。

7. 激励与合作机制。荣誉机制：对积极参与审核的专家给予一定的荣誉或奖励。合作项目：鼓励专家与内容创作者开展长期合作，共同推进科普事业的发展。

大模型的支撑保障

在大模型辅助科普创作中，规避数据隐私和安全问题至关重要，因为这事关保护用户隐私、遵守法律法规、维护作者声誉、保证内容质量、预防网络攻击等多方面，都具有重要意义。为此，大模型开发机构必须采取强有力措施，切实为大模型辅助科普创作提供支撑和保障。

提高生成质量

大模型在科普创作中，需要提供丰富的知识支持、自动化生成、语言优化和反馈评估等多种保障，使科普创作者能够更好地传递科学知识、解释科学原理和提供准确的科学信息。其关键保障包括：

1. 丰富的知识库：大模型通过在大规模文本语料库中的训练，积累了广泛的知识和信息，包括科学、技术、历史、文化等领域。这使得大模型能够提供丰富的参考和背景知识，为科普创作提供重要支撑。

2. 自动化的生成：大模型能够根据输入的问题或指令，自动生成符合语法和上下文逻辑的文本。在科普创作中，作者可以通过与大模型的交互，得到即时的建议、补充信息和创意，从而提高创作效率和质量。

3. 语言优化和纠错：大模型有强大的语言处理能力，能够帮助科普创作者优化文章的结构、语言和表达方式。它可以提供词汇选择、句子改写、语法纠错等建议，帮助创作者更准确地传达科学概念和原理。

4. 参考文献和引用：大模型可以提供相关领域的文献和引用资料，从而帮助科普创作者确保其作品的可信性和准确性。创作者可以通过与大模型的交互，获取相关文献和研究成果的引用，从而更好地支撑自身的科学观点和解释。

5. 反馈和评估：大模型可以作为一个反馈和评估的工具，帮助科普创作者检查和纠正文章中的错误、偏差和模棱两可之处。通过与大模型的交互，创作者可以及时获得反馈和指导，提高创作的准确性和可理解性。

强化技术手段

在大模型辅助创作科普内容的过程中，强化技术手段是规避数据隐私和安全问题的重要措施之一。大模型开发机构通过技术手段可以提高数据的安全性和隐私保护、增强对数据使用的监控和管理、提高数据的可追溯性和透明度等。这些技术手段主要包括：

1. 数据加密技术：数据加密技术是一种常用的隐私保护手段，通过将数据转换为密文，使得只有拥有解密密钥的授权用户才能读取和使用数据。例如，对称加密算法（如 AES）和非对称加密算法（如 RSA）可以用于数据的加密和解密。

2. 访问控制机制：访问控制机制是一种安全措施，用于限制对敏感数据的访问。例如，基于角色的访问控制（RBAC）可以根据用户的角色和权限来限制对特定数据或功能的使用。

3. 安全存储措施：安全存储措施包括将数据存储在加密的数据库或硬盘上，以及使用安全的文件存储和传输协议。例如，使用 SSL/TLS 协议可以确保数据在传输过程中的安全。

4. 数据使用日志和审计机制：通过记录数据的使用日志和实施审计机制，可以追踪数据的使用情况并检测潜在的安全风险。例如，使用日志记录工具可以记录用户对数据的访问和操作，以便后续审计和分析。

5. 数据分类和标记制度：数据分类和标记制度可以根据数据的敏感性和重要性对数据进行分类和标记，以便更好地管理和控制数据的使用。例如，可以将敏感数据标记为“机密”或“受保护”，并限制其访问和使用权限。

6. 数据来源验证技术和数据质量检测方法：这些技术可以确保数据的真实性和准确性。例如，使用数据校验工具可以对数据进行质量检测，以确保数据的完整性和准确性。同时，通过验证数据来源，可以确保数据的真实性和可信度。

遵守法律法规

遵守法律法规是在大模型辅助创作科普内容中规避数据隐私和安全问题的重要措施之一。遵守法律法规可以确保数据的合法性和合规性、建立信任和信誉、降低风险和责任。在全世界范围内，许多国家和地区都有关于数据隐私和安全的法律法规。如，欧盟 GDPR（通用数据保护条例）、美国 CCPA（加州消费者隐私法案）、新加坡 PDPA（个人数据保护法案）、澳大利亚 GDPA（隐私法案）等。中国的《网络安全法》和《个人信息保护法》等，明确规定了网络安全和个人信息保护的基本原则和要求。对于在大模型辅助创作科普内容中，大模型开发机构遵守法律法规的具体措施，主要包括：

（1）在收集和使用个人数据之前，获得用户的明确同意。上述法律法规通常要求组织采取适当的技术和组织安全措施来保护个人数据，确保数据的机密性、完整性和可用性。此外，它们还要求组织对数据的收集、使用和处理进行透明和公正的告知，并获得个人的明确同意。

（2）提供一个清晰、简洁和易于理解的隐私政策，向用户说明将如何处理他们的数据，并确保用户可以随时查阅和更正其个人信息。

（3）采取加密和其他安全措施来保护数据，确保数据的机密性、完整性和可用性。

（4）定期进行数据安全审计和风险评估，及时发现和修复数据安全隐患。

（5）建立完善的内部控制机制，确保数据的合法性、正当性和必要使用性，防止数据滥用和不当处理。

有效审查管控

在大模型辅助创作科普内容的传播过程中，大模型开发机构的有效审查是规避数据隐私和安全问题的重要措施之一。审查管控，能够有效确保数据在使用、存储和传输过程中的安全性，以及确保内容的准确性和适宜性。主要包括：

1. 数据隐私保护：大模型开发机构在数据收集、处理和使用过程中，应严格遵守隐私法规，确保个人数据的安全性和隐私性。对于敏感的个人信息，如身份证号、联系方式等，应进行脱敏处理或使用加密技术进行保护。

2. 数据安全防护：大模型开发机构应当建立完善的数据安全防护体系，包括数据加密、访问控制、安全审计等措施，以防止数据泄露、篡改或损坏。同时，应定期进行安全漏洞扫描和风险评估，及时发现和修复潜在的安全问题。

3. 内容审查：大模型开发机构对于大模型生成的内容，应进行严格的内容审查，确保其科学性、准确性和适宜性。审查可以使用人工审核和自动化审核相结合的方式，对于存在问题的内容应及时进行调整或删除。

4. 法律合规审查：在创作科普内容时，大模型开发机构应当遵守相关法律法规，如版权法、广告法等。对于可能涉及法律问题的内容，应进行法律合规审查，以避免法律风险。

5. 培训和意识提升：大模型开发机构应当对相关人员进行数据隐私和安全培训，提高其安全意识和操作技能。同时，应定期开展安全意识宣传活动，提醒员工注意信息安全问题。

附录

科普创作选题及参考大纲

（2024—2025 年）

当前，大模型辅助科普创作的选题，应该主要围绕科技前沿、新质生产力发展、人民生命健康等（但不限于）展开。

面向世界科技前沿

世界科技前沿是指在当前科技领域中，具有前瞻性、创新性和领导性的研究方向或领域，代表科技发展的最先进部分，具有高度创新性、多学科交叉、高风险性、长期影响和国际竞争等特点，是推动社会进步和持续发展的重要力量。这些前沿主要涉及：农业科学、植物学和动物学、生态与环境科学、地球科学、临床医学、生物科学、化学与材料科学、物理学、天文学与天体物理学、数学、信息科学等各种学科，及其交叉融合。其科普创作选题与纲要（但不限于）如下。

农业科学

农业科学在当前的前沿研究领域，将有助于提高农业生产效率、减少资源消耗和环境污染，以及提供更健康、安全和可持续的农产品。

1. 基因编辑与转基因技术

• 探索 CRISPR-Cas9 等基因编辑技术在农业中的应用，可以精确地修改作物基因，提高产量、抗病性和逆境适应能力。

• 研究转基因技术的潜力，可以引入外源基因来改善作物的性状和品质。

2. 数字农业与精准农业

• 借助物联网、人工智能和大数据分析等技术，实现农业生产的数字化和自动化，提高农作物管理的精确性和效率。

• 使用遥感技术和无人机监测农田，提供即时的作物生长信息，帮助农民做出决策。

3. 智能农业机械与机器人技术

• 研发智能化农业机械，如自动驾驶拖拉机和智能收割机，提高作业效率和减少人力成本。

• 开发农业机器人，可以自动执行重复性的工作，如除草、喷雾和采摘。

4. 温室农业与垂直农场

• 探索温室农业技术，可以在恶劣气候条件下栽培作物，延长种植季节，提供稳定的产量和品质。

• 研究垂直农场技术，通过多层叠加的种植系统，实现农作物的高密度种植，节约土地资源和水资源。

5. 循环农业与生态农业

• 推广循环农业模式，通过农业废弃物的循环利用和养殖业与种植业的循环协调，实现资源的最大化利用和减少环境污染。

• 倡导生态农业实践，如有机农业和生态保护农法，减少化肥和农药的使用，提供健康和环境友好的农产品。

植物学

植物学前沿科普的要点如下：

1. 植物基因组学：研究植物的基因组结构和功能，探索植物基因的调控机制和特征，以及基因组编辑和改造的技术方法。

2. 生长和发育：研究植物的生长和发育过程，包括细胞分裂、植物器官的形成和分化等，以及植物对环境刺激的响应和适应。

3. 植物信号传导：研究植物内部的信号传导机制，包括植物激素的合成、传递和作用，以及与植物生长、开花和抗病抗逆等相关的信号通路。

4. 植物逆境生物学：研究植物逆境适应的机制，包括面对干旱、高温、盐碱、病虫害等逆境条件下的植物生理和分子反应。

5. 植物天然产物：研究植物合成和积累的天然产物，包括药用植物中的化合物、香味植物中的挥发性物质等，以及与植物次生代谢相关的基因和代谢途径。

动物学

动物学前沿科普的要点如下：

1. 动物行为学：研究动物的行为模式和社会结构，探索动物个体间和群体间的相互作用、求偶和繁殖行为、食物获取等行为特征。

2. 进化生物学：研究动物的进化原理和机制，包括自然选择、遗传变异、物种形成等，以及与环境因素和生活方式的关联。

3. 神经科学：研究动物的神经系统结构和功能，包括神经细胞的电生理性质、神经信号传递、感知和认知等。

4. 动物生态学：研究动物与生态环境的关系，包括动物的栖息地利用、食物链和食物网、迁徙和迁移、生态系统功能和稳定性等。

5. 动物保护生物学：研究动物保护的理论和实践，包括保护生物多样性、物种保护、栖息地恢复、人类与野生动物的共存等问题。

生态与环境科学

生态与环境科学前沿科普的要点如下：

1. 气候变化与适应：研究气候变化对生态系统的影响以及生物体对气候变化的适应策略。这包括研究温室气体排放、全球变暖、海平面上升、极端天气事件等气候变化相关问题。

2. 生物多样性保护与恢复：研究如何保护和恢复生物多样性，包括保护关键物种、维护生态系统功能、建立保护区和采取可持续的资源管理方法。

3. 生态系统服务与可持续发展：研究生态系统对人类的价值与贡献，包括提供食物、水源、空气净化、土壤保持等生态系统服务，以及推动可持续发展的政策和实践。

4. 生态信息学与大数据应用：研究如何利用信息技术和大数据分析来解决生态与环境问题，包括生物遥感、生态模拟、数据挖掘和可视化等新技术在生态研究中的应用。

5. 污染治理与生态修复：研究污染物排放、环境污染和生态系统损害的治理措施，包括环境监测技术、废物处理和生态修复技术的发展和应用。

6. 生态合作与可持续发展：研究跨领域和跨国界的生态合作机制，以促进全球环境保护和可持续发展目标的实现。

地球科学

地球科学前沿科普的要点如下：

1. 地球动力学：研究地球内部的构造和运动，包括板块构造、地震活动和火山喷发等，以揭示地球的演化和地壳变动机制。

2. 地球化学与地球物理学：研究地球物质的组成、性质和变化，以及地球内部的物理过程，包括地球的磁场、地热活动和岩石的形成与变质。

3. 地球表层过程：研究地球表面的形态变化和地貌发育，包括河流侵蚀、风蚀、冰蚀以及海岸侵蚀等过程，以及相关的土壤形成和生态系统变化。

4. 水文学与水资源管理：研究地球上的水循环和水资源的分布与利用，包括地下水、河流、湖泊以及冰川的形成与变化，以及水资源管理和可持续利用的方法。

5. 气候与气象学：研究全球和各地区气候模式、气候变化以及天气现象的发展与变化，以揭示气候系统的机制和未来的变化趋势，以及对环境和人类社会的影响。

6. 地球与生态系统相互作用：研究地球系统和生态系统之间的相互作用，包括生态过程对地表特征和化学循环的影响，以及人类活动对生态系统和地球的影响。

7. 地球资源勘探与开发：研究地球上的矿产资源、能源资源和水资源的勘探、开发和利用，包括矿产资源的勘探技术、油气资源的开发以及可再生能源的利用。

8. 地球监测与遥感技术：研究利用遥感技术和地球观测数据来监测地球变化和环境状况，包括卫星遥感、激光测量和地球观测网络等技术在地球科学中的应用。

临床医学

临床医学前沿科普的要点如下：

1. 基因编辑和基因治疗：基因编辑技术如 CRISPR-Cas9 的出现，使得我们能够精确地修改人类基因，从而治疗一些现在难以治愈的遗传性疾病。

2. 精准医学：通过对患者个体基因组、表现型和环境因素进行综合分析，实现个体化的诊断、治疗和预防，以提高患者疗效，减少不必要的药物使用。

3. 免疫治疗：利用人体自身免疫系统对抗癌症和其他疾病。包括使用 CAR-T 细胞疗法、免疫检查点抑制剂等进行治疗。

4. 可穿戴医疗设备：如智能手环、智能手表等，可以监测患者的生理参数、运动、睡眠等信息，为医生提供更准确的诊断和治疗依据。

5. 人工智能在临床医学中的应用：通过机器学习和深度学习算法，可以帮助医生快速分析大量的临床数据，辅助诊断和制定治疗方案。

6. 器官移植和 3D 打印技术：通过 3D 打印技术打印生物材料，再生医学领域取得了重要进展。器官移植也在不断发展，如肝移植、肾移植等。

7. 先进的影像技术：如计算机断层扫描（CT）、磁共振成像（MRI）等，这些技术可以提供高分辨率、高质量的人体影像，用于疾病的诊断和治疗。

8. 精神健康和大脑研究：通过对大脑的研究，我们能够更好地理解精神疾病的发生机制，发展出更有效的治疗方法。

生物科学

生物科学前沿科普要点如下：

1. 基因编辑和基因治疗：基因编辑技术如 CRISPR-Cas9 已经引发了革命性的研究进展，可以精确编辑生物体的基因组，有望用于治疗遗传性疾病。基因治疗是利用基因工程技术来修复或替代患者的异常基因，以治疗疾病，包括癌症、遗传性疾病等。

2. 干细胞研究：干细胞是一类具有自我复制和分化能力的细胞，可以分化成多种细胞类型。干细胞研究在再生医学、组织工程和疾病治疗方面有广泛的应用前景，包括器官移植、组织修复和药物筛选等。

3. 人工智能与生物信息学：人工智能技术的发展为生物信息学提供了巨大支持，包括基因组学、蛋白质组学和转录组学等领域的大数据分析和挖掘。人工智能可以帮助加速新药开发、疾病早期诊断和个性化医疗的实现。

4. 合成生物学：合成生物学是一门通过合成和重新设计生物系统的方法来改造和创造生命的学科。它涉及基因组设计、合成生物部件和生物回路的构建，可以用于生物能源生产、环境修复和新药开发等领域。

5. 基因组学和单细胞测序：基因组学研究通过全基因组测序来研究生物的基因组组成和功能。而单细胞测序技术可以深入研究单个细胞的基因表达和基因突变等信息，揭示细胞发育、组织再生和疾病发生的机制。

6. 精准医学：精准医学旨在根据每个患者的基因组信息和个人特征来制定个性化的诊断和治疗方案。这种个性化的医疗模式可以提高治疗效果，减少副作用，对于癌症、心血管疾病和遗传性疾病等有着重要应用价值。

化学与材料科学

化学与材料科学前沿科普的要点如下：

1. 纳米材料：介绍纳米材料的概念和特点，包括尺寸效应、量子效应等。探讨纳米材料在生物医学、能源储存与转换、传感器和电子器件等方面的应用。

2. 二维材料：介绍二维材料的结构和性质，如石墨烯、氮化硼等。探讨二维材料在电子学、光电子学、催化剂和传感器等领域的应用潜力。

3. 共轭聚合物：介绍共轭聚合物的结构和性质，包括导电性和光电性。探讨共轭聚合物在有机电子、柔性电子和可穿戴设备等领域的应用。

4. 电催化：介绍电催化的原理和机制，以及催化剂的设计与合成。探讨电催化在电池、燃料电池和电解水等能源转换领域的应用。

5. 可持续化学：介绍可持续化学的概念和原则，包括绿色合成和循环经济等。探讨可持续化学在减少环境污染、提高资源利用效率和建设可持续社会等方面的应用。

6. 生物材料：介绍生物材料的分类和应用，包括生物医学和组织工程领域。探讨生物材料在药物传递、组织修复和人工器官等方面的应用。

物理学

物理学前沿科普要点如下：

1. 量子计算：介绍量子计算的基本原理和概念。探讨量子计算在解决复杂问题和破解密码等方面的应用。

2. 粒子物理学：介绍基本粒子（如夸克和轻子）和宇宙基本结构的研究。探讨粒子物理学对于了解宇宙起源和探索新粒子的重要性。

3. 弦论：介绍理论物理学的新领域——弦论。探讨弦论对于解决量子重力问题和统一粒子物理学的重要性。

4. 凝聚态物理学：介绍凝聚态物理学对于研究固体和液体性质的重要性。探讨凝聚态物理学在材料科学和纳米技术领域的应用。

5. 宇宙学：介绍研究宇宙起源和演化的科学——宇宙学。探讨宇宙学对于理解暗能量、暗物质和宇宙加速膨胀的重要性。

6. 光子学：介绍光子学在光通信、光存储和光电子学等领域的应用。探讨光子学在解决信息处理和能源转换的问题上的潜力。

天文学与天体物理学

天文学与天体物理学前沿科普的要点如下：

1. 黑洞和引力波：黑洞是空间中极度弯曲的区域，它具有极强的引力，连光都无法逃离。最近，通过引力波观测，科学家们首次直接探测到了黑洞的存在，并对其性质和形成机制进行了更深入的研究。引力波的预言由来已久，科学家在 2015 年首次观测到了时空震荡，它源自能产生剧烈能量的天文事件，如两个黑洞合并或恒星爆炸。引力波观测为我们提供了探索宇宙中极端天体和宇宙起源的全新手段。

2. 星际行星和系外生命：星际行星是围绕其他恒星存在的行星。科学家已经发现了一系列系外行星，其中一些可能具备适宜生命存在的条件。研究者正通过探测和分析这些星际行星的大气层和组成，努力解答宇宙中是否存在其他生命的问题。通过对地球上特殊环境生命体的研究，如极限环境中的微生物和古代化石，科学家们还试图探寻生命起源和演化的奥秘。

3. 暗物质和暗能量：暗物质是宇宙中存在的一种不发光、不与电磁波相互作用的物质，而暗能量则是引起宇宙加速膨胀的一种假设能量形式。这两者的存在仍然是未解之谜，但它们占据着宇宙能量和质量的绝大部分。科学家通过观测和模拟宇宙结构、星系团和宇宙微波背景辐射等等，正在努力揭示暗物质和暗能量的性质，并进一步了解宇宙的演化历程。

4. 爆发宇宙学：爆发宇宙学是通过观测和研究宇宙现象的爆发性事件，如超新星爆发或伽马射线爆发，探索宇宙的演化和物质的高能过程。这些宇宙爆发释放出巨大的能量，并对宇宙结构和星系形成产生重要影响。通过使用多波段观测、粒子物理学和数值模拟等方法，科学家们正在揭示爆发宇宙学中的物理机制、宇宙射线的起源以及宇宙中超强磁场的产生和演化等问题。

5. 星系演化：星系是由恒星、气体、尘埃等物质组成的庞大天体结构。研究者们正通过观测和模拟星系的形成和演化，揭示宇宙大尺度结构的生成规律，并在此基础上理解恒星形成、星系合并以及超大质量恒星和宇宙黑洞等天体的形成和发展过程。

数学

数学前沿科普的要点如下：

1. 群论和代数几何：群论是研究抽象代数结构的基础，以群为中心，进而探索对称性和变换的规律，在物理学、密码学和计算机科学等领域中有着重要应用。代数几何旨在研究代数和几何之间的关系，通过在代数方程中引入几何方法来研究几何形状和结构。在机器学习和图像处理等领域有广泛应用。

2. 拓扑与几何：拓扑学旨在研究空间的性质，关注的是形状和变形而不是度量和大小。它在网络分析、数据挖掘和材料科学等领域中有重要应用。几何学研究空间的形状，关注的是度量和大小。在计算机图形学、计算机辅助设计和机器人学等领域有广泛应用。

3. 数论与密码学：数论旨在研究整数的性质和关系，包括素数分布、整数因子和同余等。在密码学、编码理论和计算机安全等领域有重要应用。密码学旨在研究保护信息安全的方法和技术，包括密码算法、身份验证和数字签名等。在网络安全和数据保护中起着关键作用。

4. 算法与复杂性理论：算法旨在研究问题求解的方法和步骤，包括设计高效的算法和解决困难的计算问题等。在计算机科学和运筹学等领域有广泛应用。复杂性理论旨在研究问题的复杂性和计算资源的需求，包括计算问题的可解性和难解性等。在人工智能和优化问题等领域有重要应用。

5. 概率与统计：概率论旨在研究随机现象的规律性和概率分布，包括随机过程和随机变量等。在风险评估和决策分析等领域有广泛应用。统计学旨在研究数据分析和推断的方法和技术，包括数据收集、描述、分析和模型建立等。在实证科学研究和市场调研等领域有重要应用。

信息科学

信息科学前沿涉及到从传统计算机科学到人工智能、量子计算、网络安全等多个领域。其科普的要点如下：

1. 人工智能：人工智能的目标、定义和发展历程；机器学习、深度学习和强化学习的基本原理和应用；自然语言处理、计算机视觉和智能机器人等人工智能领域的研究及应用。

2. 量子计算：量子计算的基本概念和原理；与传统计算机的区别和

优势；量子位、量子门和量子纠缠等量子计算的关键技术；当前的量子计算研究进展和应用前景。

3. 网络安全：网络安全的威胁和挑战；密码学、安全协议和身份认证等基本概念和技术；网络攻击与防御的常见方法和策略；区块链技术和去中心化安全网络等新兴领域的研究和应用。

4. 数据科学与大数据分析：数据科学的基本概念、处理流程和应用领域；大数据的收集、存储和处理技术；数据挖掘、机器学习和预测分析等数据科学的核心算法；基于数据分析的商业智能和决策支持系统等应用。

5. 生物信息学：生物信息学的研究对象和目标；基因组学、转录组学和蛋白质组学等生物信息学的分析方法；生物序列比对、蛋白质结构预测和基因表达调控网络等关键技术；生物信息学在医学和生物科学研究中的应用。

面向人民生命健康

面向人民生命健康是指以人民的健康为重点，为人民提供全面、公正、高质量的医疗卫生服务，包括保障人民的身体健康和心理健康，预防疾病的发生和控制传染病的传播，提供及时的医疗救治和康复服务，推广健康的生活方式，提供全民参与的健康教育，以及加强医疗卫生体系的建设和管理。面向人民生命健康主要涉及：膳食营养、心理健康、健康习惯、疾病预防、心血管健康、未来健康等。通过科学、准确、及时地传播健康知识，可以提高公众的科学素养和健康意识，减少疾病的传播，推动医学研究和医疗服务的发展，最终达到保护人们生命健康的目标，对个人和社会都具有重要的意义。其科普创作选题与纲要（但不限于）如下。

膳食营养

膳食营养是人们日常饮食中至关重要的一部分，它对于维持身体健康、预防疾病起着重要的作用。其科普要点如下：

1. 膳食平衡：包括五大类食物，即谷物、蔬菜、水果、乳制品或豆类、肉类或蛋类。合理搭配各类食物，确保摄入的营养全面均衡。控制总能量摄入，避免过量或不足。

2. 谷物类食物：选择全谷物，如糙米、全麦面包，富含纤维、维生素和矿物质。控制精加工谷物的摄入，如白面包、白米饭。合理控制主食摄入量，避免过多导致能量过剩。

3. 蔬菜和水果：多样化摄入蔬菜和水果，以保证营养的多样性。食用新鲜、季节性的蔬菜和水果。控制加工和煮熟过程中的食用油、盐及其他添加剂。

4. 乳制品或豆类：选择低脂、无脂或脱脂的乳制品，如低脂牛奶、无糖酸奶。适量摄入豆类及其制品，如豆腐、豆浆。控制高糖豆制品的摄入，如甜豆浆、含糖豆腐脑。

5. 肉类或蛋类：选择瘦肉、禽肉、鱼类等富含蛋白质的食物。均衡摄入不同种类的蛋白质来源。避免过量摄入红肉和加工肉类。

心理健康

心理健康是人们身心健康的重要组成部分，它涉及人的思维、情感和行为等方面。其科普要点如下：

1. 心理健康认知：介绍心理健康的概念，即人们在日常生活中保持积极情感、适应压力和解决问题的能力。

2. 压力管理：解释压力的概念，并提供一些简单易行的压力管理方法，如放松技巧、运动、良好的睡眠等。

3. 情绪管理：介绍情绪的种类和表达方式，以及处理负面情绪的技巧，如情绪识别、情绪调节和情绪释放等。

4. 自尊与自信：讲解自尊和自信的意义以及培养方法，例如正面自我评价、学会接受自己的不完美、设定目标和迈向成功等。

5. 社交技巧：介绍积极的人际交往技巧，如有效沟通、建立支持性关系、处理冲突和拒绝等。

6. 心理健康问题的预防与早期干预：提供一些常见心理健康问题的预防方法，例如养成健康生活习惯、寻求社会支持、学会放松等，并强调早期干预的重要性。

7. 心理健康资源和支持：介绍一些心理健康专业机构、热线和在线资源，帮助人们获取必要的心理咨询和支持。

健康习惯

健康习惯是保持身体健康的基础，它涵盖了日常生活中一系列良好的行为和习惯。其科普要点如下：

1. 均衡饮食：介绍膳食均衡的重要性，包括摄入五大营养素（碳水化合物、蛋白质、脂肪、维生素和矿物质），以及减少盐、糖和油脂的摄入。

2. 定期运动：强调定期进行身体活动的好处，推荐每周进行中等强度的有氧运动 150 分钟，如快步走、游泳、骑自行车等，并提供一些简单易行的家庭锻炼方法。

3. 足够睡眠：介绍睡眠的重要性和充足睡眠对身心健康的影响，提供改善睡眠质量的建议，如保持规律的睡眠时间、创造良好的睡眠环境等。

4. 戒烟限酒：阐述戒烟和限制酒精摄入对健康的重要性，提供戒烟和限酒的方法和资源。

5. 手卫生和个人卫生：提供保持良好的手卫生习惯的方法，如勤洗手、正确咳嗽和打喷嚏，并提供一些常见疾病的预防措施。

6. 心理调适：介绍保持良好心理状态的重要性，推荐放松技巧、减压方法和积极的心理调适策略，如寻求社会支持、培养爱好、学会自我管理等。

7. 安全与防护：提供常见的安全和防护知识，如交通安全、健康出行、防晒措施等，以保护个人的身体健康。

疾病预防

疾病预防是人民生命健康科普的重要内容之一。在疾病预防的科普中，可以涵盖许多重要的健康主题，包括传染病预防、慢性病预防、免疫接种、健康检查等。其科普要点如下：

1. 传染病预防

- 预防流感：讲解流感的传播途径和预防措施，如勤洗手、咳嗽和打喷嚏时用纸巾遮掩、保持良好的室内通风等。
- 预防肠道传染病：介绍饮食卫生、饮用安全水源、洗手等措施可以减少肠道传染病的发生。

2. 慢性病预防

- 心血管病预防：强调控制高血压、高血脂、糖尿病等常见危险因素，提倡健康饮食、适量运动、戒烟限酒等生活方式的调整。

• 肥胖预防：推广健康的饮食习惯，如控制食物摄入量、均衡饮食，以及加强体育锻炼等。同时介绍肥胖的相关健康风险。

• 癌症预防：强调注意饮食健康，摄取足够的蔬菜水果，避免吸烟和过量饮酒，加强身体活动，做好癌症早期筛查等。

3. 免疫接种

• 宣传常规免疫接种：介绍婴幼儿、儿童和成人常规免疫接种的重要性，推广疫苗的安全性和有效性。

• 介绍新型疫苗：如新冠病毒疫苗、肺炎球菌疫苗等，讲解其研发背景、接种对象和接种程序。

4. 健康检查

• 宣传定期体检：强调定期体检的重要性，介绍常见的体检项目和检查手段，提醒人们及早发现和预防潜在疾病。

• 强调检查的个性化选择：根据不同人群、不同年龄段的特点，推荐适合的体检项目，如中老年人应重点关注心脑血管功能、骨质密度等。

心血管健康

心血管健康是指保护和维护心脏和血管的健康，预防和管理与心脏疾病有关的风险因素，从而提高人们的心血管健康水平。其科普要点如下：

1. 饮食建议

• 选择低盐食物：减少摄入过多的钠，降低高血压风险。

• 多摄入蔬果：富含维生素、矿物质和纤维素，有助于降低胆固醇和血压。

• 控制糖分摄入：限制高糖食物，防止肥胖和糖尿病。

- 增加鱼类摄入：富含 Omega-3 脂肪酸，有助于降低血脂和减少动脉炎症。

2. 锻炼建议

- 有氧运动：如快走、跑步、游泳等，每周至少 150 分钟。
- 耐力训练：增强肌肉力量，改善心肺功能。
- 灵活性训练：保持关节灵活性，降低受伤风险。
- 适度运动：避免过度劳累，合理安排运动强度和时间。

3. 心理健康建议

- 管理压力：学习应对压力的方法，如放松训练、冥想等。
- 保持良好的社交关系：与家人和朋友保持良好的交往，增强情感支持。
- 增加休闲活动：参与喜爱的活动，放松身心，减轻压力。
- 处理负面情绪：学会调整思考方式，积极面对挫折和困难。

4. 疾病预防

- 了解高血压、高血脂、糖尿病等心血管疾病的预防方法和风险因素。
- 定期体检：定期测量血压、血脂、血糖等指标，及时发现异常。
- 戒烟限酒：避免吸烟和过度饮酒，预防动脉硬化和心脏病。

5. 其他建议

- 维持健康体重：控制体重在正常范围，减少心脏负担。
- 控制血脂和血糖：遵循医生建议，及时治疗高血脂和糖尿病。
- 限制饮食中胆固醇的摄入：减少高胆固醇食物的摄入，如动物内脏、奶油等。
- 定期检查心脏：如必要，进行心电图、心超等检查，及早发现异常。

未来健康

未来健康是指面向人们未来的健康需求和挑战，传播相关科学知识和信息，提高人们对未来健康的认知和预防意识。其科普要点如下：

1. 基因健康

• 了解遗传性疾病：了解家族疾病史和遗传疾病的风险，充分了解个人的基因情况。

• 基因检测：通过基因检测了解个人的疾病风险，为未来健康预防提供个性化建议。

2. 营养与健康饮食

• 科学膳食：了解未来所需的食物营养需求，采取科学的饮食模式，确保充足的营养摄入。

• 膳食多样性：倡导多样化的饮食，在饮食中尽量涵盖各类食物，平衡各种营养素的摄入。

3. 心理健康

• 心理压力管理：学会有效地管理和缓解日常生活中的压力，通过放松训练、冥想等方式促进心理健康。

• 情绪调节：学会识别和理解自己的情绪，并采取适当的方式来应对和调节情绪。

4. 科技与健康

• 健康监测设备的应用：了解并应用各种健康监测设备，如智能手环、智能手表等，追踪和管理个人的健康指标。

• 健康应用和在线服务：利用健康应用和在线服务，获取健康资讯、管理健康数据、寻求医疗咨询等。

5. 预防与健康管理

- 预防接种：了解未来的传染病风险，及时接种预防疫苗，提高免疫力。

- 健康筛查：参与定期的健康筛查，包括体检、疾病筛查等，早期发现潜在的健康问题。

战略性新兴产业

战略性新兴产业是以重大技术突破和重大发展需求为基础，对经济社会全局和长远发展具有引领带动作用，知识技术密集、物质资源消耗少、成长潜力大、综合效益好的先进产业。目前国家有关部门已经做了精心布局，它代表新一轮科技革命和产业变革的方向，是培育发展新动能、获取未来竞争新优势的关键领域，主要包括新一代信息技术、生物技术、新能源、新材料、高端装备、新能源汽车、绿色环保，以及航空航天、海洋装备等。其科普的要点如下。

新一代信息技术

新一代信息技术是指以互联网、人工智能、大数据、物联网、区块链、云计算等为代表的新兴技术，在当前社会发展中扮演着重要的角色。其科普要点如下：

1. 互联网普及和应用：讲解互联网的基本概念和发展历程，包括互联网的构成、互联网的重要性以及互联网的常见应用。同时要介绍常见的互联网服务和应用，如电子邮件、社交媒体、电子商务等。

2. 人工智能：讲解人工智能的基本概念和原理，包括机器学习、深度学习、自然语言处理等。介绍人工智能的应用领域，如智能语音助手、智能驾驶、智能家居等。同时也要帮助人们了解人工智能的风险和伦理问题。

3. 大数据：讲解大数据的概念和特点，包括大数据的采集、存储、处理和分析。介绍大数据的应用，如个性化推荐、舆情分析、智慧城市等。同时也要强调大数据隐私保护和安全性的重要性。

4. 物联网：讲解物联网的基本原理和应用场景，包括物联网的架构、传感器技术、通信技术等。介绍物联网在智能家居、智慧医疗、智慧交通等领域的应用，以及带来的便利和挑战。

5. 区块链：讲解区块链的基本概念和原理，包括分布式账本、加密算法等。介绍区块链的应用，如数字货币、供应链金融、溯源管理等，同时也要讲解区块链的安全性和去中心化的优势。

6. 云计算：讲解云计算的基本概念和特点，包括云计算的服务模型、部署模式等。介绍云计算的优势，如弹性扩展、高可用性等。同时也要讲解云计算的安全性和隐私保护。

生物技术

生物技术是一门利用生物学知识和工程技术手段来解决生物系统中的问题的学科，涵盖广泛的领域。其科普要点如下：

1. 基因工程：基因工程是生物技术中的一个重要领域，它涉及对基因的操作和改造。通过基因工程技术，科学家可以将有益的基因导入到其他生物体中，或者通过剪切、复制和重组基因片段，实现对基因组的改变和重组。

2. 组织工程：组织工程是一种利用工程技术手段培养和修复人体组织和器官的技术。它包括细胞培养、生物材料的设计和结构化、生物反应器的设计和优化等方面。

3. 生物药物研发：生物技术在生物药物研发领域发挥着重要作用。通过生物技术手段，科学家可以利用细胞或生物体自身的机制，生产出更安全、更有效的药物。例如，利用重组 DNA 技术制造具有特定治疗作用的蛋白质。

4. 农业生物技术：农业生物技术是将生物技术应用于农业领域，通过改良植物和动物的遗传性状来提高农作物和畜禽的产量、抗病性、适应性等。例如，利用转基因技术培育具有抗虫、抗草药、抗病的作物品种。

5. 环境生物技术：环境生物技术致力于应用生物技术解决环境问题，包括生物修复、废物处理、污染物检测等。通过利用生物体的新陈代谢能力和生物酶的催化作用，可以对环境中的有机污染物进行降解和转化。

新能源

新能源是指相对传统能源而言的可再生能源，主要包括太阳能、风能、水能、地热能等。新能源的发展不仅可以减少对传统能源的依赖，降低环境污染，还有利于促进经济的可持续发展。加大新能源技术研发和应用的力度，推动新能源产业的发展对于实现可持续发展目标具有重要意义。其科普要点如下：

1. 太阳能：太阳能是指利用太阳光直接或间接转化成其他能源形式的技术。其中，太阳能光热利用是指利用太阳辐射能转化为热能，用于汽车、建筑、供热等领域；太阳能光伏利用是指利用太阳辐射能直接转化为电能，广泛应用于家庭、企业、公共设施等领域。

2. 风能：风能是利用风的动力将风能转化为电能的技术。风力发电利用风轮转动带动发电机产生电能，广泛应用于风电场、城市、农村等地。

3. 水能：水能是指利用水的能量转化为其他形式的能源的技术。水力发电利用水流的动能驱动涡轮发电机产生电能，被广泛应用于水电站、江河湖泊等地。

4. 地热能：地热能是指利用地球内部的热能的技术。地热供暖利用地热能进行供暖，广泛应用于地下热泵、地热发电等领域。

5. 其他能源：除了以上的新能源类型外，还有一些新兴的新能源技术，如潮汐能、生物质能等。潮汐能是指利用海洋潮汐运动转化为电能的技术，主要应用于海洋能发电；生物质能是指通过燃烧或发酵生物质材料（如植物、动物、废弃物等），将其转化为能源的技术，主要应用于生物质燃料、生物质发电等领域。

新材料

新材料是战略性新兴产业中的重要领域之一。它主要指通过研发和应用新的材料，来满足现有材料无法满足的性能需求，或者改善传统材料的性能。新材料的发展对于提高产品品质、降低成本、推动产业升级等方面具有重要意义。在新材料领域中，存在着许多细分的类别。其科普的要点如下：

1. 先进结构材料：这是一类能够在极端条件下保持稳定性和高强度的材料。例如，超高强度钢、高温合金等具有优异性能的材料，广泛应用于航空航天和高端装备领域。

2. 功能材料：这类材料具有特殊的物理、化学或电子性能，能够以某种方式响应外界刺激或实现特定功能。例如，形状记忆合金可根据温度变化改变其形状，光电材料可将光能转化为电能等。

3. 纳米材料：纳米材料是在纳米尺度下制备的材料，具有独特的物理、化学和生物学性能。纳米材料具有较大的比表面积和量子效应等特点，可用于制造高性能传感器、高效能催化剂等。

4. 生物材料：生物材料是模拟生物组织和器官的特性而制造的材料。它们具有良好的生物相容性和生物活性，可用于仿生医学器械、人工血管、组织工程等领域。

5. 碳纤维复合材料：碳纤维复合材料由碳纤维和树脂基体构成，具有高强度、高刚度、低密度等特点。碳纤维复合材料在航空航天、汽车、体育器材等领域有广泛应用，有助于减轻重量、提高性能。

6. 新型能源材料：新型能源材料包括太阳能电池材料、燃料电池材料、储能材料等。这些材料具有高能量转换效率、长寿命、环境友好等特点，有助于推动可再生能源的应用和开发。

高端装备

高端装备是战略性新兴产业中的一个重要领域，涵盖了各种高科技设备和装备，例如航空航天、机器人、智能制造等。其科普的要点如下：

1. 航空航天：航空航天技术包括飞机制造、火箭发射、卫星通信等。可以介绍不同类型的飞机（如客机、军用飞机、直升机等），以及它们的设计原理、制造过程和应用领域。此外，还可以讲解航天器的组成部分和功能，如卫星、火箭、航天飞机等。

2. 机器人：机器人是一种能够自主执行任务的机械装置。可以介绍不同类型的机器人，如工业机器人、服务机器人、医疗机器人等，并探讨它们的工作原理、感知能力和应用领域。此外，可以介绍机器人在自动化生产、辅助手术、危险环境探索等方面的应用。

3. 智能制造：智能制造是利用信息技术和先进制造技术实现生产过程智能化的理念。可以介绍工业互联网、物联网在制造领域的应用，以及智能制造系统的构成和优势。讨论数字化、网络化和智能化对制造业的影响，以及智能制造对提高生产效率、降低成本和实现可持续发展的重要性。

4. 高精尖救护设备：医疗设备中的高精尖救护设备，如人工心脏、人工器官等。讲解其原理、功能和应用，探讨其在医疗救护领域的意义和发展趋势。

5. 其他领域：其他高端装备领域，如新能源汽车、智能家居、激光技术、量子通信等。讨论相应技术的原理、特点和应用，以及其在推动社会进步和解决全球挑战方面的潜力。

新能源汽车

新能源汽车是战略性新兴产业中的重要组成部分，它们以替代传统燃油车辆为目标，采用新能源技术来驱动和供应能源。其科普的要点如下：

1. 电动汽车（EV）：电动汽车使用电池或超级电容器作为能源储存装置，取代了传统燃油发动机。可以介绍电动汽车的工作原理、不同类型的电池、充电方式和续航里程等特点。讨论电动汽车的环保优势、减少碳排放和改善空气质量的重要性。

2. 混合动力汽车（HEV）：混合动力汽车结合了传统燃油发动机和电

动机，同时利用燃油和电能驱动车辆。可以介绍混合动力系统的工作原理、能量转换和能量回收过程。探讨混合动力汽车在燃油效率提高、减少排放和缓解能源压力方面的优势。

3. 燃料电池汽车（FCV）：燃料电池汽车使用氢气和氧气通过化学反应产生电能，驱动电动机运行。可以介绍燃料电池的原理、燃料电池堆的结构和工作过程。讨论燃料电池汽车在零排放、长续航里程和短时间加注燃料等方面的优势和挑战。

4. 充电设施和基础设施：介绍新能源汽车使用的充电设施，如家庭充电桩、公共充电桩和快速充电站等。讨论充电设施的建设和覆盖范围对推广新能源汽车的重要性。同时，还可以探讨智能网联技术在充电设施管理和能源供应方面的应用。

5. 新能源汽车政策和市场发展：介绍各国政府对新能源汽车的支持政策，包括财政补贴、免税政策和减少市内限行等。讨论新能源汽车市场的发展趋势，包括销量增长、技术改进和价格下降等。同时，也可以讨论新能源汽车对能源结构调整与可持续发展的贡献。

绿色环保

绿色环保是战略性新兴产业中的重要分支，对实现可持续发展和保护环境具有重要意义。其科普重在增加公众对绿色环保的了解和认知，激发人们参与环保行动的热情，共同为建设美丽的地球贡献力量。其科普的要点如下：

1. 温室气体减排：绿色环保致力于减少温室气体的排放，尤其是二氧化碳、甲烷和氟利昂等导致全球变暖的气体。减少温室气体的排放可以通过节能减排、改善工业生产和交通运输等方面实现。

2. 资源循环利用：绿色环保鼓励资源的循环利用，减少资源的浪费和消耗。这包括提高废弃物的处理和回收利用效率，推广循环经济模式，减少对自然资源的依赖。

3. 污染物治理：绿色环保注重污染物的治理，包括大气污染、水体污染和土壤污染等。通过改进工业生产工艺、推广清洁能源、加强环境监控等手段，减少污染物的排放和对环境的危害。

4. 生态保护：绿色环保关注生态系统的保护和恢复，包括森林保护、湿地保护、物种保护等。通过建立自然保护区、加强生态修复和推动生态补偿等方式，维护生物多样性和生态平衡。

5. 可再生能源开发利用：绿色环保倡导可再生能源的开发和利用，包括太阳能、风能、地热能等清洁能源。推广可再生能源可以减少对传统化石燃料的依赖，减少空气污染和气候变化的影响。

6. 环境教育与意识提升：绿色环保强调提高公众的环境意识和环保素养。通过开展环境教育活动、加强环境法律法规的宣传和执行等措施，促进人们对环境保护的重视和参与。

航空航天

航空航天是战略性新兴产业中的关键领域，涵盖了航空航天技术及相关设备和装备。通过科普，可以提高公众对航空航天的认识和理解，促进航空航天产业的发展与创新。其科普的要点如下：

1. 飞行器类型：介绍不同类型的飞行器，如飞机、直升机、无人机和航天器等。可以讨论它们的结构、原理和适用领域，也可以解释气动力学和航空力学的基本原理，包括升力、阻力和稳定性等概念。

2. 航天器发射：讲解航天器的发射过程，包括火箭设计、发动机推进原理和发射场地等。可以介绍不同类型的火箭，如运载火箭、中型火箭和微小卫星火箭等，以及不同国家的航天发射中心和发射任务。

3. 卫星通信和导航：介绍卫星在通信、导航和遥感等方面的应用。可以讨论卫星通信的原理和系统，如地球同步轨道通信卫星和低轨道卫星通信系统等。还可以探讨全球定位系统（GPS）和卫星导航的工作原理和精度。

4. 空间探索和国际合作：讲解航天器在太空探索方面的作用，如探测器、卫星探测任务和空间站等。介绍不同国家和组织在空间探索方面的合作与交流，以及国际空间法和航天器安全问题。

5. 航空航天工业发展和创新：介绍航空航天工业的发展历程和技术突破。可以讨论航空材料、热防护技术、火箭发动机的研发和改进，以及高效空调系统和节能设计等方面的创新和应用。

6. 航空航天相关行业：除了航空航天制造，还可以介绍航空航天相关行业的发展，如航空运输、航空服务、航空维修和航天旅游等。讨论这些行业对于经济发展和社会进步的影响。

海洋装备

海洋装备是指应用于海洋活动中的各类设备和工具。它是现代海洋经济发展的重要基础和关键支撑，对于保障海洋资源开发利用、保护海洋环境、实施海洋科学研究以及维护国家海洋权益具有重要意义。其科普的要点如下：

1. 深海勘探装备：深海是地球上未被充分开发的区域，深海勘探装备可以探测海底地质、地形，收集深海生物样本等，有助于深入了解深海资源及生态环境。

2. 海洋工程装备：海洋工程装备包括船舶、平台、机械设备等，用于海洋能源开发、海底油气勘探、海洋渔业、海底通信等海洋工程项目，可以提高工作效率和安全性。

3. 水下机器人：水下机器人是指能够在水下执行任务的机器人，具备探测海底、进行科学研究、工程施工等功能。它可以减少人力风险，拓宽海洋探索的边界。

4. 遥感监测装备：通过卫星、飞机等遥感技术，可对海洋的水温、盐度、海底地貌等进行观测，并用于海洋环境保护、海洋灾害预警等。

5. 海洋生态保护装备：包括海洋生物保护装备、珊瑚礁保护装备等，用于保护海洋生态系统的物种多样性和生物资源。

6. 海洋环境监测装备：用于监测海洋污染、海洋酸化、浮游生物分布等，为海洋环境保护和资源可持续利用提供数据和支持。

未来产业

未来产业是指面向未来社会需求，由尚未成熟的技术突破驱动，可能发展成为战略性新兴产业的产业。这种产业代表未来科技和产业发展的方向，具有引领经济社会变革的作用，目前国家有关部门已经做了精心布局，但大多仍处于萌芽期或产业化的初期阶段。未来产业的发展依赖于科技创新，依据各地的经济、产业和科技发展特点进行布局，它主要包括类脑智能、量子信息、基因技术、未来网络、深海空天开发、氢能与储能等。其科普创作选题与要点如下：

类脑智能

类脑智能是指模拟人脑的结构和功能来实现智能的一种技术。它是未来产业发展的重要方向之一，它将使得智能系统具备更高的自主性和适应性，具有更广泛的应用前景。其科普要点如下：

1. 生成式人工智能：生成式人工智能（Generative AI）是一种能够自主创作内容的人工智能技术，如文本、图像、音频和视频等，这些内容在形式和结构上与人类创作的类似，但可能具有独特的创意和风格。生成式人工智能主要基于深度学习技术，特别是生成对抗网络（GANs）和变分自编码器（VAEs），这些技术使计算机能够学习数据的潜在分布，并生成新的、与训练数据相似的数据。生成式人工智能在许多领域都有广泛的应用，如艺术创作、音乐制作、电影特效、新闻报道、虚拟助手等，它可以帮助人们更高效地完成这些任务，甚至创造出前所未有的作品。生成式人工智能的一个关键特点是其创造力和原创性，虽然它是基于大量现有数据进行训练的，但能够生成具有独特风格和创意的新内容，这使得生成式人工智能在艺术和创意产业中具有巨大的潜力。生成式人工智能的发展也引发了一系列伦理问题，如版权、虚假信息传播、隐私侵犯等，在发展和应用生成式人工智能时，需要充分考虑这些问题，并制定相应的法规和道德准则。随着技术的不断进步，生成式人工智能将在更多领域得到应用，为人类带来更多便利和创新，同时研究人员将继续探索如何提高生成式人工智能的性能，使其更好地理解和模拟人类的创造力。

2. 模拟神经网络：类脑智能的核心是模拟神经网络，通过仿真神经元的连接和交互来模拟人脑的工作原理。这种网络能够自主学习和适应环境，具备类似人类思维和决策的能力。

3. 深度学习：类脑智能使用深度学习算法进行数据处理和信息分析。深度学习是一种基于人工神经网络的机器学习方法，它可以自动从大量的数据中学习特征和模式，并用于图像识别、语音识别、自然语言处理等领域。

4. 增强学习：类脑智能可以通过增强学习方法来实现智能决策和优化控制。增强学习是一种学习者通过与环境的交互来改进其行为策略的方法，使其可以在不断试错的过程中获取最优解。这种方法在机器人导航、自动驾驶等领域有广泛应用。

5. 脑机接口：类脑智能还涉及脑机接口技术，即将人脑信号转化为计算机能够处理的信号，实现人与计算机的直接交互。这种技术有望帮助残疾人重建运动功能、改善心理健康状况等。

6. 应用领域：类脑智能在诸多领域都有应用前景，如智能机器人、智能制造、智能交通等。它能够提升自动化生产的效率、改善交通运输的安全性、提供个性化的医疗保健服务等。

量子信息

量子信息是一种基于量子力学原理的新型信息处理和通信技术。其特点包括量子叠加、量子纠缠和量子态的储存和处理。量子信息技术在量子计算、量子通信、量子模拟和精密测量等领域有着广泛的应用前景，将为未来产业带来巨大发展。其科普要点如下：

1. 量子位：量子信息的存储和处理的基本单位是量子位，也称为量子比特或 qubit。与经典的比特（0 和 1）不同，量子位可以处于多个状态的叠加，这是量子信息处理的核心特性之一。

2. 量子纠缠：量子纠缠是指两个或多个量子位之间存在一种特殊的

相互依赖关系，纠缠状态不可以被单独描述，而是需要以整体的方式来描述。量子纠缠可以用于实现量子通信和量子计算中的一些关键操作。

3. 量子超导量子计算：超导量子计算是一种基于超导电路的量子计算方法。超导电路中的量子位可以通过控制电流和能量来实现储存和操作量子信息。

4. 量子通信与量子密钥分发（QKD）：量子通信旨在利用量子纠缠和量子态叠加的特性来实现信息的传输和保密性。量子密钥分发是一种利用量子纠缠来共享密钥的方法，具有高度的安全性和防窃听性。

5. 量子模拟：量子模拟旨在利用量子计算的能力来模拟和解决复杂的问题，例如化学反应、材料性质和天体物理学等。量子模拟可以提供高效的解决方案，以加速科学研究和工程设计。

6. 量子精密测量：量子信息技术可以用于提高测量的精度和灵敏度，在精密测量和传感领域有广泛的应用。例如，在量子雷达和量子陀螺仪中利用量子纠缠和量子叠加来提高测量的精确度和稳定性。

基因技术

基因技术的发展为人类提供了研究生命机制、改善人类健康和农业生产的强大工具。但同时也引发了一系列伦理、法律和社会问题，需要进行适当的监管和控制。其科普要点如下：

1. 基因组学：基因组学研究的是生物体内全部基因的组成和功能，包括 DNA 的序列和结构等。它可以揭示生物体的遗传特征以及与健康和疾病相关的基因变异。

2. 基因工程：基因工程是利用重组 DNA 技术来改变生物体的遗传信息，以创造新的生物体或改善已有生物体的性状。通过基因工程，人们可以制造出对人类健康和农业发展有重要作用的新物种或品种。

3. 基因编辑：基因编辑是指通过技术手段有针对性地改变生物体的基因序列，使之具有期望的性状。常用的基因编辑技术包括 CRISPR-Cas9 系统和 TALENs 技术等，它们可以精确地编辑 DNA 序列，对基因进行增删修改。

4. 基因测序：基因测序是确定生物体 DNA 序列的过程，通过测序技术可以获得生物体完整的基因组信息。基因测序的发展使得我们能够更深入地了解基因的功能和变异，以及其与健康和疾病之间的关系。

5. 基因组编辑：基因组编辑是指对一个生物体的整个基因组进行编辑的过程，包括染色体、基因和非编码区域等。基因组编辑技术的发展将有助于研究复杂性疾病的发病机理，并为精准医学的实现提供契机。

6. 基因表达调控：基因表达调控是指控制基因的转录和翻译过程，以调控蛋白质的合成。通过研究基因表达调控机制，可以揭示基因与生物体发育、疾病和环境响应等之间的关系。

7. 未来健康：未来健康涵盖许多不同的领域和方面，如预防医学，即通过科学的生活方式、饮食习惯和运动方式来预防疾病的发生；个性化医疗，即根据个人的基因、生活习惯和环境因素来定制个性化的治疗方案；数字化医疗，即利用数字技术和互联网来提高医疗服务的效率和质量，例如远程医疗、电子病历等；精准医疗，即利用大数据和人工智能技术来进行精准的疾病诊断和治疗；心理健康，即关注人们的心理健康问题，提供心理咨询和支持服务。

未来网络

未来网络是指在现有互联网基础上，采用新的技术和架构进行改进和创新，以满足未来社会和经济发展的需求。其科普要点如下：

1. 元宇宙（Metaverse）：元宇宙主要包括游戏、虚拟社交、虚拟数字人、VR/AR 设备、AI 技术、云技术和区块链技术等，这些技术共同构建了丰富多元的元宇宙生态。在技术层面，元宇宙的底层技术支持包括人工智能、区块链、云计算和边缘计算等，这些技术提供了元宇宙运行所需的基础设施和可能的实现手段，如 VR、AR 和智能可穿戴设备等，为用户提供接入元宇宙的窗口和应用体验。

2. 第五、六代移动通信网络（5G、6G）：5G 是未来网络的基石，它将提供更高的传输速度、更低的延迟和更多的连接能力；5G 网络将使得物联网、智能城市、自动驾驶等应用成为可能。6G 的通信速度会比 5G 更快，延时更低，其传输能力相比 5G 能提升 100 倍，网络延时也从毫秒级降到微秒级；6G 将 5G 与卫星网络相结合以实现全球覆盖，构建人机物智慧互联、智能体高效互通的新型网络，在大幅提升网络能力的基础上，具备智慧内生、多维感知、数字孪生、安全内生等新功能。

3. 软件定义网络（SDN）：SDN 将网络的控制层与数据层分离，以灵活、可编程的方式管理网络。SDN 可以实现对网络流量的动态调整和优化，提高网络的灵活性和可靠性。

4. 软件定义广域网（SD-WAN）：SD-WAN 是一种利用软件定义技术优化广域网的解决方案。通过智能路由和负载均衡等功能，SD-WAN 可以提供更高的带宽利用率和更好的网络性能。

5. 边缘计算：边缘计算将计算和存储能力移动到网络边缘，以更好地支持实时应用和大规模数据处理。边缘计算可以降低网络延迟，并提供更快速的计算和响应能力。

6. 量子网络：量子网络利用量子力学原理，实现更加安全和高效的通信和计算。量子网络具有信息传输的高速度和信息安全的特点，可以用于加密通信、量子计算等领域。

7. 区块链和分布式账本技术：区块链是一种去中心化的分布式账本技术，可以确保数据的安全性和透明性。未来网络可以利用区块链技术实现去中心化的身份验证、数据交换和智能合约等功能。

8. 虚拟现实和增强现实：虚拟现实和增强现实技术可以提供更加沉浸式和交互式的用户体验。未来网络将支持虚拟现实和增强现实应用的高带宽和低延迟需求。

深海空天开发

深海空天开发是未来产业中的重要领域，它包括对深海和空天环境的科学研究、资源探测和技术应用。通过科普，激发公众对深海空间的兴趣和好奇心。同时，关注环境保护和可持续利用的重要性，促进深海空天开发与保护的平衡发展。其科普要点如下：

1. 深海开发：介绍深海的概念和特点，深入解释深海海洋学、地球物理学和海底地质学等学科的重要性。讨论深海资源（如石油、天然气、金属矿产等）的探测和开发技术，以及深海生物多样性的重要性和保护。

2. 深海探索：介绍深海探测器和无人潜水器的原理和功能，如声呐探测和摄像技术。可以讲解深海探测任务（如地质勘探、生态调查和考古发现等）的意义和成就。还可以讨论深海火山、热液喷口和冷泉等地质奇观，以及深海生物适应极端环境的特点和研究进展。

3. 空天开发：介绍航天器的设计、制造和发射过程。可以讨论火箭的发射原理、航天器的结构和功能，以及太空探测器在行星科学、空间观测和天体物理学方面的应用。讲解航天技术在通信、导航和气象等领域的重要性和创新。

4. 航天工程与应用：介绍航天工程的应用范围，如卫星通信、卫星导航、地球观测和空间站。可以讲解人类航天飞行的历史和意义，探讨未来载人航天的发展方向和挑战。同时，也可以讨论航天器的再入、抗辐射技术和空间垃圾处理等问题。

5. 深海空天技术创新：介绍深海空天开发中的相关技术创新，如新材料、机器人和智能系统等。可以讨论先进的潜水装备、自主探测器和可重复使用的航天器等创新技术的应用前景。还可以探讨深海空天开发对环境保护、资源利用和可持续发展的影响。

氢能与储能

氢能与储能涉及到利用氢能源进行能源生产、存储和利用的技术和设施。氢能与储能是未来产业中备受关注的领域。随着氢能技术的进一步发展和成熟，它将有望为能源转型提供可持续和环保的解决方案。其科普要点如下：

1. 氢能源的来源：氢气是一种来源丰富的能源，可以从多种可再生能源或者化石燃料中提取。目前主要使用电解水方法将水分解为氢气和氧气来获取氢气。

2. 氢能在能源转换中的应用：氢能可通过燃烧与氧气反应产生热能，也可以通过与燃料电池结合来产生电能。燃料电池是通过将氢气与氧气反应来产生电能，并只产生水蒸气作为副产物。

3. 氢能的储存技术：氢气是一种非常轻便的气体，因此如何储存氢气是现存挑战之一。目前常用的储氢方法有压缩储氢和液态储氢两种。压缩储氢是将氢气压缩到高压容器中，液态储氢则是将氢气冷却至低温并加压成液态。此外，还有固态储氢技术正在研究中，它能利用吸附材料将氢气吸附和释放。

4. 氢能的优势与挑战：相比于常规燃料，氢能具有高能量密度、环境友好和无尾气排放等优点。然而，氢能在采集、储存和使用过程中也面临一些挑战，例如高成本、安全性和分布式基础设施建设等问题。

5. 氢能的应用前景：氢能在交通、航空航天、能源储备和工业生产等领域有巨大的应用潜力。例如，氢燃料电池车辆已经开始商业化应用，氢能也在智能电网和储能系统中发挥重要作用。